Kafka 并不难学！

入门、进阶、商业实战

邓杰 ◎ 编著

电子工业出版社
Publishing House of Electronics Industry
北京·BEIJING

内 容 简 介

本书基于Kafka 0.10.2.0以上版本，采用"理论+实践"的形式编写。全书共68个实例。

全书共分为4篇：第1篇，介绍了消息队列和Kafka、安装与配置Kafka环境；第2篇，介绍了Kafka的基础操作、生产者和消费者、存储及管理数据；第3篇，介绍了更高级的Kafka知识及应用，包括安全机制、连接器、流处理、监控与测试；第4篇，是对前面知识的综合及实际应用，包括ELK套件整合实战、Spark实时计算引擎整合实战、Kafka Eagle监控系统设计与实现实战。

本书的每章都配有同步教学视频（共计155分钟）。视频和图书具有相同的结构，能帮助读者快速而全面地了解每章的内容。本书还免费提供所有案例的源代码。这些代码不仅能方便读者学习，也能为以后的工作提供便利。

本书结构清晰、案例丰富、通俗易懂、实用性强。特别适合Kafka系统的初学者和进阶读者作为自学教程。另外，本书也适合社会培训学校作为培训教材，还适合大中专院校的相关专业作为教学参考书。

图书在版编目（CIP）数据

Kafka并不难学！：入门、进阶、商业实战 / 邓杰编著. —北京：电子工业出版社，2018.11
ISBN 978-7-121-35247-8

Ⅰ.①K… Ⅱ.①邓… Ⅲ.①分布式操作系统 Ⅳ.①TP316.4

中国版本图书馆CIP数据核字（2018）第239574号

策划编辑：吴宏伟
责任编辑：牛　勇
印　　刷：北京天宇星印刷厂
装　　订：北京天宇星印刷厂
出版发行：电子工业出版社
　　　　　北京市海淀区万寿路173信箱　邮编：100036
开　　本：787×980　1/16　印张：23　字数：513千字　彩插：2
版　　次：2018年11月第1版
印　　次：2018年11月第1次印刷
定　　价：89.00元

凡所购买电子工业出版社图书有缺损问题，请向购买书店调换。若书店售缺，请与本社发行部联系，联系及邮购电话：（010）88254888，88258888。
质量投诉请发邮件至zlts@phei.com.cn，盗版侵权举报请发邮件至dbqq@phei.com.cn。
本书咨询联系方式：010-51260888-819　faq@phei.com.cn。

前言

关注以下公众号,回复"KAFKA",可获取教学视频、实例素材、实例源文件。

开源软件 Kafka 的应用越来越广泛。Kafka 简单易学,其学习曲线平缓且学习周期短。只需要较短的时间学习,就可以学会 Kafka 应用开发,完成一个高可用集群的部署和高可用应用程序的编写。

面对 Kafka 的普及和学习热潮,笔者愿意分享自己多年的开发经验,带领读者比较轻松地掌握 Kafka 的相关知识。这便是笔者编写本书的原因。

本书使用通俗易懂的语言进行讲解,从基础操作到集群管理,再到 Kafka 底层设计等内容均有涉及。本书具有以下特点。

1. 免费提供 155 分钟教学视频

作者按照图书的内容和结构,录制了同步对应的教学视频。既有上课式讲解,又有具体的代码操作。

2. 可加入本书 QQ 学习群提问、交流

本书 QQ 学习群:825943084。加入本群可与千人成为同学,共享资源。图 1 所示为群内交流情况。

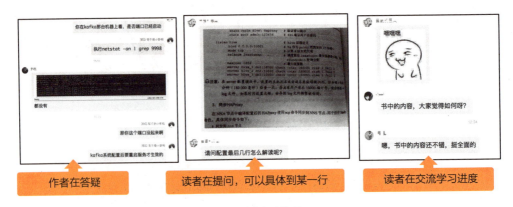

图 1　群内交流情况

3．通过 68 个实例进行讲解

本书提供了 68 个实例，将理论讲解最终都落实到代码实现上来。而且，这些实例会伴随着图书内容的推进，不断地趋近于工程化的项目风格，具有很高的应用价值。

4．免费提供实例素材

书中实例用到的素材已经提供，如图 2 所示。读者可以采用这些素材完全再现书中的实例效果。

图 2　本书实例用到的素材

5．免费提供实例的源文件

在网上已经提供了书中实例的源文件，如图 3 所示。读者可以一边阅读本书，一边参照源文件动手练习。这样不仅能提高学习的效率，还能对书中的知识有更加直观的认识，从而逐渐培养自己的编码能力。

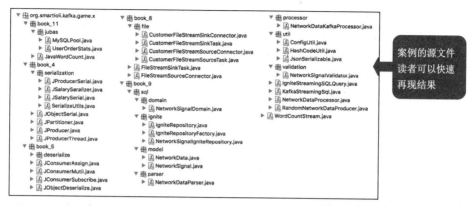

图 3 本书实例源文件

6. 覆盖的知识面广

本书几乎囊括了 Kafka 0.10.2.0 版本中的全部功能。读者在系统学习之后，本书还有查阅的价值。读者可以把本书当成一本 Kafka 工具书长期保留在身边。无论何时何地，只要遇到生僻操作，都可以及时找到说明。

7. 采用短段、短句，便于流畅阅读

本书采用丰富的层次，并采用短小的段落和语句，所以，读来有顺水行舟的轻快感。

8. 实例的商业性、应用性强

本书提供的实例多数来源于真正的商业项目，具有高度的参考价值。有些代码甚至可以直接移植到实际的项目中，进行重复使用。使得"从学到用"这个过程变得更加直接。

致谢

感谢我的女朋友邹苗苗对我生活上的细心照顾与琐事上的宽容，使得我能安心写作！感谢我的父母对我的养育之恩！

感谢各位读者选择了本书！希望本书能对您的学习有所助益。

虽然我们对书中所述内容都尽量核实，并多次进行文字校对，但因时间紧张，加之水平所限，书中难免有疏漏和错误，敬请广者批评指正。

联系编辑请发 E-mail 到 wuhongwei@phei.com.cn。

邓杰　2018 年 8 月

目　录

第 1 篇　准备

第 1 章　了解消息队列和 Kafka ... 2
- 1.1　本章教学视频说明 ... 2
- 1.2　消息队列 ... 2
  - 1.2.1　什么是消息队列 ... 3
  - 1.2.2　消息队列主要有哪些作用 ... 3
- 1.3　为什么需要 Kafka ... 6
- 1.4　Kafka 的基本概念 ... 7
  - 1.4.1　代理、生产者、消费者、消费者组 ... 7
  - 1.4.2　主题、分区、副本、记录 ... 8
- 1.5　了解 Kafka 的工作机制——生产消息/消费消息 ... 9
- 1.6　Kafka 的使用范围 ... 10
  - 1.6.1　Kafka 的设计初衷 ... 10
  - 1.6.2　Kafka 的特性 ... 11
  - 1.6.3　Kafka 适用于哪些场景 ... 13
- 1.7　小结 ... 14

第 2 章　安装及配置 Kafka ... 15
- 2.1　本章教学视频说明 ... 15
- 2.2　安装与配置基础环境 ... 16
  - 2.2.1　安装并配置 Linux 操作系统 ... 16
  - 2.2.2　实例 1：安装与配置 Java 运行环境 ... 18
  - 2.2.3　实例 2：配置 SSH 免密码登录 ... 21
  - 2.2.4　实例 3：安装与配置 Zookeeper ... 23
- 2.3　实例 4：部署 Kafka ... 27

2.3.1　单机模式部署 27
　　　2.3.2　分布式模式部署 29
2.4　实例5：安装与配置 Kafka 监控工具 32
　　　2.4.1　获取并编译 Kafka Eagle 源代码 32
　　　2.4.2　安装与配置 Kafka Eagle 33
2.5　实例6：编译 Kafka 源代码 37
　　　2.5.1　安装与配置 Scala 运行环境 38
　　　2.5.2　安装与配置 Gradle 39
　　　2.5.3　了解 Kafka 源代码的编译过程 40
2.6　实例7：将 Kafka 源代码导入编辑器 42
　　　2.6.1　导入 IntelliJ IDEA 编辑器 42
　　　2.6.2　导入 Eclipse 编辑器 44
2.7　了解元数据的存储分布 46
2.8　了解控制器的选举流程 48
　　　2.8.1　了解控制器的启动顺序 48
　　　2.8.2　了解主题分区 Leader 节点的选举过程 52
　　　2.8.3　了解注册分区和副本状态机 59
　　　2.8.4　了解分区自动均衡和分区重新分配 61
2.9　小结 66

第 2 篇　入门

第3章　Kafka 的基本操作 68
3.1　本章教学视频说明 68
3.2　操作 Zookeeper 集群 68
　　　3.2.1　Zookeeper 的作用及背景 69
　　　3.2.2　实例8：单机模式启动 Zookeeper 系统 70
　　　3.2.3　实例9：单机模式关闭 Zookeeper 系统 72
　　　3.2.4　实例10：分布式模式启动 Zookeeper 集群 74
　　　3.2.5　实例11：分布式模式关闭 Zookeeper 集群 77
3.3　操作 Kafka 集群 77
　　　3.3.1　实例12：单机模式启动 Kafka 系统 78
　　　3.3.2　实例13：单机模式关闭 Kafka 系统 79

- 3.3.3 实例14：分布式模式启动 Kafka 集群 ... 81
- 3.3.4 实例15：分布式模式关闭 Kafka 集群 ... 84
- 3.4 管理主题 ... 85
  - 3.4.1 什么是主题 ... 86
  - 3.4.2 实例16：创建主题 ... 87
  - 3.4.3 实例17：查看主题 ... 88
  - 3.4.4 实例18：修改主题 ... 92
  - 3.4.5 实例19：删除主题 ... 94
- 3.5 管理分区与副本 ... 95
  - 3.5.1 分区和副本的背景及作用 ... 95
  - 3.5.2 实例20：修改分区 ... 96
  - 3.5.3 实例21：修改副本数 ... 97
- 3.6 小结 ... 99

第4章 将消息数据写入 Kafka 系统——生产 ... 100

- 4.1 本章教学视频说明 ... 100
- 4.2 了解 Kafka 生产者 ... 101
- 4.3 使用脚本操作生产者 ... 101
  - 4.3.1 实例22：通过监控工具查看消息 ... 102
  - 4.3.2 实例23：启动消费者程序，并查看消息 ... 103
- 4.4 发送消息到 Kafka 主题 ... 104
  - 4.4.1 了解异步模式 ... 104
  - 4.4.2 实例24：生产者用异步模式发送消息 ... 105
  - 4.4.3 了解同步模式 ... 105
  - 4.4.4 实例25：生产者用同步模式发送消息 ... 106
  - 4.4.5 多线程发送消息 ... 107
  - 4.4.6 实例26：生产者用单线程发送消息 ... 107
  - 4.4.7 实例27：生产者用多线程发送消息 ... 110
- 4.5 配置生产者的属性 ... 112
- 4.6 保存对象的各个属性——序列化 ... 115
  - 4.6.1 实例28：序列化一个对象 ... 115
  - 4.6.2 实例29：在生产者应用程序中实现序列化 ... 117
- 4.7 自定义主题分区 ... 122

         4.7.1　实例30：编写自定义主题分区的算法 122
         4.7.2　实例31：演示自定义分区类的使用 123
   4.8　小结 125

第5章　从Kafka系统中读取消息数据——消费 126
   5.1　本章教学视频说明 126
   5.2　了解Kafka消费者 126
         5.2.1　为什么需要消费者组 126
         5.2.1　消费者和消费者组的区别 127
         5.2.2　消费者和分区的对应关系 127
   5.3　使用Kafka系统的脚本操作消费者 130
         5.3.1　认识消费者新接口 130
         5.3.2　实例32：用新接口启动消费者程序，并查看消费者信息 131
         5.3.3　实例33：用旧接口启动消费者程序，并查看消费者元数据的
                  存储结构 134
   5.4　消费Kafka集群中的主题消息 136
         5.4.1　主题如何自动获取分区和手动分配分区 137
         5.4.2　实例34：主题自动/手动获取分区 137
         5.4.3　实例35：反序列化主题消息 140
         5.4.4　如何提交消息的偏移量 145
         5.4.5　实例36：使用多线程消费多个分区的主题 146
   5.5　配置消费者的属性 150
   5.6　小结 151

第6章　存储及管理数据 152
   6.1　本章教学视频说明 152
   6.2　分区存储数据 152
         6.2.1　熟悉分区存储 153
         6.2.2　了解消息的格式 154
   6.3　清理过期数据的两种方法 155
   6.4　网络模型和通信流程 156
         6.4.1　基本数据类型 156
         6.4.2　通信模型 157

6.4.3 通信过程..157

6.6 小结..159

第 3 篇　进阶

第 7 章　Kafka 安全机制..162

7.1 本章教学视频说明..162
7.2 了解 Kafka 的安全机制..162
7.2.1 身份验证..163
7.2.2 权限控制..163
7.3 使用 SSL 协议进行加密和身份验证..164
7.3.1 了解 SSL 协议..164
7.3.2 实例 37：创建 SSL 密钥库，并查看密钥库文件..165
7.3.3 实例 38：创建私有证书..167
7.3.4 实例 39：导出证书，使用 CA 对证书进行签名..170
7.3.5 实例 40：在服务端配置 SSL 协议，并创建主题..173
7.3.6 实例 41：在客户端配置 SSL 协议，并读/写数据..174
7.4 使用 SASL 协议进行认证..176
7.4.1 给客户端配置"Java 认证和授权服务"（JAAS）..176
7.4.2 给服务端配置 SASL..178
7.4.3 实例 42：开启 SASL/Kerberos 认证协议..178
7.4.4 实例 43：开启 SASL/PLAIN 认证协议..181
7.4.5 实例 44：开启 SASL/SCRAM 认证协议..184
7.5 权限控制..187
7.5.1 权限控制的基础命令..187
7.5.2 配置 ACL（访问控制列表）..188
7.5.3 实例 45：启动集群..189
7.5.4 实例 46：查看授权、添加授权、删除授权..190
7.6 小结..195

第 8 章　用 Kafka 连接器建立数据管道..196

8.1 本章教学视频说明..196
8.2 认识 Kafka 连接器..196

8.2.1 了解连接器的使用场景	197
8.2.2 特性及优势	198
8.2.3 连接器的几个核心概念	198

8.3 操作 Kafka 连接器 199
 8.3.1 配置 Kafka 连接器的属性 199
 8.3.2 认识应用接口——REST API 202
 8.3.3 实例 47：单机模式下，将数据导入 Kafka 主题中 203
 8.3.4 实例 48：单机模式下，将 Kafka 主题中的数据导出 205
 8.3.5 实例 49：分布式模式下，将数据导入 Kafka 主题 206

8.4 实例 50：开发一个简易的 Kafka 连接器插件 210
 8.4.1 编写 Source 连接器 211
 8.4.2 编写 Sink 连接器 217
 8.4.3 打包与部署 220

8.5 小结 225

第 9 章 Kafka 流处理 226

9.1 本章教学视频说明 226
9.2 初识 Kafka 流处理 227
 9.2.1 什么是流处理 227
 9.2.2 什么是流式计算 227
 9.2.3 为何要使用流处理 228

9.3 了解流处理的架构 229
 9.3.1 流分区与任务 230
 9.3.2 线程模型 232
 9.3.3 本地状态存储 234
 9.3.4 容错性（Failover） 235

9.4 操作 KStream 和 KTable 235
 9.4.1 流处理的核心概念 236
 9.4.2 窗口操作 237
 9.4.3 连接操作 241
 9.4.4 转换操作 246
 9.4.5 聚合操作 247

9.5 实例 51：利用流处理开发一个单词统计程序 248

9.5.1 创建 Kafka 流主题 248
9.5.2 统计流主题中单词出现的频率 249
9.5.3 预览操作结果 250
9.6 实例 52：利用 Kafka 流开发一个 SQL 引擎 251
9.6.1 构建生产流数据源 251
9.6.2 构建 Kafka 流处理 253
9.6.3 构建数据结构和执行 SQL 逻辑 254
9.6.4 观察操作结果 255
9.7 小结 256

第 10 章 监控与测试 257

10.1 本章教学视频说明 257
10.2 Kafka 的监控工具——Kafka Eagle 系统 258
10.2.1 实例 53：管理主题 258
10.2.2 实例 54：查看消费者组信息 259
10.2.3 实例 55：查看 Kafka 与 Zookeeper 集群的状态和性能 263
10.3 测试生产者性能 264
10.3.1 了解测试环境 264
10.3.2 认识测试工具 265
10.3.3 实例 56：利用工具测试生产者性能 266
10.4 测试消费者性能 275
10.4.1 了解测试环境 275
10.4.2 认识测试工具 276
10.4.3 实例 57：利用脚本测试消费者的性能 276
10.4 小结 280

第 4 篇 商业实战

第 11 章 Kafka 与 ELK 套件的整合 282

11.1 本章教学视频说明 282
11.2 安装与配置 ELK 283
11.2.1 安装与配置 LogStash 283
11.2.2 实例 58：LogStash 的标准输入与输出 285

		11.2.3	安装与配置 ElasticSearch	287
		11.2.4	实例 59：使用 ElasticSearch 集群的 HTTP 接口创建索引	292
		11.2.5	实例 60：使用 ElasticSearch 集群的 HTTP 接口查看索引	293
		11.2.6	实例 61：使用 ElasticSearch 集群的 HTTP 接口添加数据	294
		11.2.7	安装与配置 Kibana	296
		11.2.8	实例 62：启动并验证 Kibana 系统	298
	11.3	实例 63：实现一个游戏日志实时分析系统		299
		11.3.1	了解系统要实现的功能	300
		11.3.2	了解平台体系架构	300
		11.3.3	采集数据	302
		11.3.4	分流数据	304
		11.3.5	实现数据可视化	306
	11.4	小结		308

第 12 章 Kafka 与 Spark 实时计算引擎的整合 309

	12.1	本章教学视频说明		309
	12.2	介绍 Spark 背景		310
		12.2.1	Spark SQL——Spark 处理结构化数据的模块	310
		12.2.2	Spark Streaming——Spark 核心应用接口的一种扩展	311
		12.2.3	MLlib——Spark 的一个机器学习类库	311
		12.2.4	GraphX——Spark 的一个图计算框架	311
	12.3	准备 Spark 环境		311
		12.3.1	下载 Spark 基础安装包	311
		12.3.2	安装与配置 Spark 集群	312
	12.4	操作 Spark		315
		12.4.1	实例 64：使用 Spark Shell 统计单词出现的频率	315
		12.4.2	实例 65：使用 Spark SQL 对单词权重进行降序输出	317
		12.4.3	实例 66：使用 Spark Submit 统计单词出现的频率	319
	12.5	实例 67：对游戏明细数据做实时统计		322
		12.5.1	了解项目背景和价值	323
		12.5.2	设计项目实现架构	323
		12.5.3	编码步骤一　实现数据采集	325
		12.5.4	编码步骤二　实现流计算	327

12.5.5　编码步骤三　打包应用程序 330
12.5.6　编码步骤四　创建表结构 332
12.5.7　编码步骤五　执行应用程序 332
12.5.8　编码步骤六　预览结果 333
12.6　小结 333

第 13 章　实例 68：从零开始设计一个 Kafka 监控系统——Kafka Eagle 334

13.1　本章教学视频说明 334
13.2　了解 Kafka Eagle 监控系统 335
  13.2.1　设计的背景 335
  13.2.2　应用场景 336
13.3　从结构上了解 Kafka Eagle 337
  13.3.1　了解 Kafka Eagle 的整体架构和代码结构 337
  13.3.2　设计 Kafka Eagle 的 7 大功能模块 339
13.4　实现 Kafka Eagle 的功能模块 347
  13.4.1　编码步骤一　实现数据面板 347
  13.4.2　编码步骤二　实现主题管理 348
  13.4.3　编码步骤三　实现消费者实例详情 350
  13.4.4　编码步骤四　实现集群监控 350
  13.4.5　编码步骤五　实现性能监控 351
  13.4.6　编码步骤六　实现告警功能 351
  13.4.7　编码步骤七　实现系统功能 352
13.5　安装及使用 Kafka Eagle 监控系统 353
  13.5.1　准备环境 353
  13.5.2　快速部署 354
  13.5.3　了解 Kafka Eagle 的基础命令 358
13.6　小结 358

第 1 篇　准备

业界已有的消息队列系统，在扩展性、可靠性、资源利用率和吞吐率方面存在明显不足，故 LinkedIn 团队开始尝试设计一款新的消息队列系统，进而诞生了 Kafka 消息队列系统。

本篇将介绍学习 Kafka 前的准备工作，包括 Kafka 的基本概念和架构，以及详细的安装步骤。

- ▶ 第 1 章　了解消息队列和 Kafka
- ▶ 第 2 章　安装及配置 Kafka

第1章 了解消息队列和Kafka

本章的知识都是 Kafka 基础,学习起来会非常轻松。本章能够帮助读者从零开始认识 Kafka,内容包含消息队列、Kafka 的起源、Kafka 的基础知识等。

1.1 本章教学视频说明

视频内容:什么是消息队列、消息队列与 Kafka 之间的联系、Kafka 的基本概念、Kafka 的工作机制,以及 Kafka 的使用范围等。

视频时长:10 分钟。

视频截图见图 1-1。

图 1-1 本章教学视频截图

1.2 消息队列

在高并发的应用场景中,由于来不及同步处理请求,接收到的请求往往会发生阻塞。例如,大量的插入、更新请求同时到达数据库,这会导致行或表被锁住,最后会因为请求堆积过多而触发"连接数过多的异常"(Too Many Connections)错误。

因此,在高并发的应用场景中需要一个缓冲机制,而消息队列则可以很好地充当这样一个角色。消息队列通过异步处理请求来缓解系统的压力。

1.2.1 什么是消息队列

"消息队列"(Message Queue,MQ)从字面来理解,是一个队列,拥有先进先出(First Input First Output,FIFO)的特性。它主要用于不同进程或线程之间的通信,用来处理一系列的输入请求。

消息队列采用异步通信机制。即,消息的发送者和接收者无须同时与消息队列进行数据交互,消息会一直保存在队列中,直至被接收者读取。每一条消息记录都包含详细的数据说明,包括数据产生的时间、数据类型、特定的输入参数。

1.2.2 消息队列主要有哪些作用

在实际的应用中,消息队列主要有以下作用。

- 应用解耦:多个应用可通过消息队列对相同的消息进行处理,应用之间相互独立,互不影响;
- 异步处理:相比于串行和并行处理,异步处理可以减少处理的时间;
- 数据限流:流量高峰期,可通过消息队列来控制流量,避免流量过大而引起应用系统崩溃;
- 消息通信:实现点对点消息队列或聊天室等。

1. 应用解耦

由于消息与平台和语言无关,并且在语法上也不再是函数之间的调用,因此,消息队列允许应用接口独立地进行扩展,只用应用接口遵守同样的接口约束。

举例,用户使用客户端上传一张个人图片,具体流程如图 1-2 所示。

(1)图片上传系统将图片信息(如唯一 ID、图片类型、图片尺寸等)批量写入消息队列,写入成功后会将结果直接返回给客户端。

(2)人脸识别系统定时从消息队列中读取数据,完成对新增图片的识别。

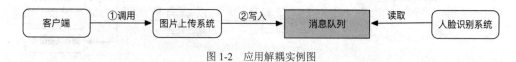

图 1-2 应用解耦实例图

图片上传系统无须关心人脸识别系统是否对上传的图片进行了处理,它只需要关心是否成功将图片信息写入消息队列。

由于用户无须立即知晓人脸识别的结果,因此人脸识别系统可选择不同的调度策略来处理消息队列中的图片信息。

2. 异步处理

用户在注册账号时,服务程序需要给用户发送邮件注册信息和短信注册信息。比较传统的做法是——通过串行和并行的方式来实现。

(1)串行方式:先将用户注册信息写入数据库,然后发送短信注册信息,再发送邮件注册信息。以上三个任务全部完成后,才会将结果返回给用户。具体流程如图1-3所示。

假设这三个阶段的耗时均为20 ms,不考虑网络等其他消耗,则整个过程需耗时60 ms。

(2)并行方式:先将用户注册信息写入数据库,然后在发送短信注册信息的同时还发送邮件注册信息。以上任务全部完成后才会将结果返回给用户。具体流程如图1-4所示。

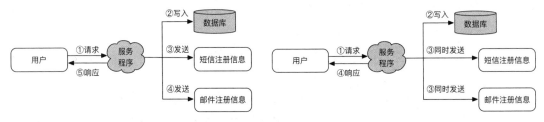

图1-3 串行方式流程图　　　　　图1-4 并行处理流程图

假设这三个阶段的耗时均为20 ms,不考虑网络等其他消耗,则整个过程需耗时40 ms。

> **提示:**
> 与串行的不同之处是,并行处理提高了处理效率,减少了处理时间。

针对上述应用场景,采传统方式时,系统的性能(如并发量、吞吐量、响应时间等)会产生瓶颈。此时需要引入消息队列异步处理非必要业务环节。具体架构如图1-5所示。

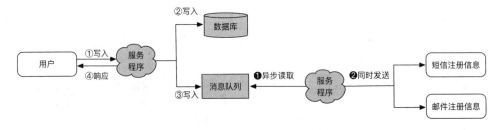

图1-5 更改并行处理流程图

用户将注册信息写入数据库约耗时 20ms（和串行和并行的处理时间相同）。短信和邮件注册信息写入消息队列后会直接将结果返回给用户。由于写入消息队列的速度非常快，基本可以忽略。

另外，"通过异步读取消息队列中的短信注册信息"过程和"邮件注册信息"过程相当于同时进行的，那么整个过程约耗时 20ms。

> 提示：
> 从上面的分析可以看出，在调整架构后，系统的整体处理时间是串行方式的 1/3，是并行方式的 1/2。

3．数据限流

数据限流也是消息队列的常用场景之一，一般在促销和"秒杀"活动中使用得较为广泛。

例如，在电商的"双 11"活动中，由于瞬间的数据访问量过大，服务器接收到的数据请求过大，则导致服务器上的应用服务无法处理请求而崩溃。

为了解决这类问题，一般需要先将用户请求写入消息队列（相当于用消息队列做一次缓冲），然后服务器上的应用服务再从消息队列中读取数据。具体流程如图 1-6 所示。

图 1-6　数据限流流程图

数据限流具有以下优点：

- 用户请求写数据到消息队列时，不与应用业务服务直接接触，中间存在一次缓冲。这极大地减少了应用服务处理用户请求的压力。
- 可以设置队列的长度，用户请求遵循 FIFO 原则。后来的用户请求处于队列之外时，是无法秒杀到商品的，这些请求会直接被舍弃，返给用户"商品已售完"的结果。

> 提示：
> FIFO（First Input First Output，先进先出）是一种较为传统的执行方法，按照请求的进入顺序依次进行处理。

4．消息通信

消息队列具有高效的通信机制，所以其在点对点通信和聊天室通信中被广泛应用。具体流程如图 1-7 和 1-8 所示。

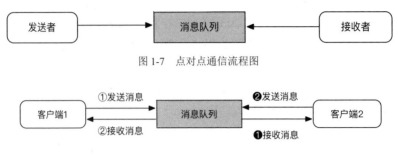

图 1-7　点对点通信流程图

图 1-8　聊天室通信流程图

1.3　为什么需要 Kafka

　　Kafka 起源于 LinkedIn 公司。起初，LinkedIn 需要收集各个业务系统和应用的指标数据来进行数据分析，原先是使用"自定义开发"系统来实现的。但这期间需要采集的数据量非常大，且内容很复杂。除要采集操作系统的基础指标（例如：内存、CPU、磁盘、网络等）外，还要采集很多和业务相关的数据指标。

　　随着数据量的增长、业务需求的复杂度提高，这个"自定义开发"系统的问题也越来越多。例如，在处理一个 HTTP 请求数据时，由于数据内容是以 XML 数据格式进行传输的，需要先对这部分数据做解析处理，然后才能拿来做离线分析。由于这样一个自定义开发系统不够稳定，且 XML 数据格式的解析过程也非常复杂，所以系统经常出现问题。出现问题后，定位分析也比较麻烦，需要很长的处理时间，所以无法做到实时服务。

　　之后，LinkedIn 想寻找一种可支持大数据实时服务并且支持水平扩展的解决方案。尝试过使用 ActiveMQ，但是它不支持水平扩展，并且 ActiveMQ 内部有很多 Bug。

 说明：

　　ActiveMQ 是一个开源的消息系统，完全采用 Java 编程语言来实现，因此能很好地兼容 Java 消息服务（Java Message Service，JMS）规范。

　　于是，LinkedIn 团队开发了一个既满足实时处理需求，又可支持水平拓展的消息系统——Kafka，它还拥有高吞吐量特性。

　　2010 年，Kafka 项目被托管到 Github 开源社区。一时间，大量开发者被这个项目所吸引。2011 年，Kafka 成为 Apache 项目基金会的一个开源项目。2012 年，Apache 项目基金会开始对 Kafka 项目进行孵化。之后，不断有 LinkedIn 员工和社区成员来维护和改善 Kafka 项目，Kafka 项目得到持续不断地改进。如今，Kafka 项目成为 Apache 项目基金会的顶级项目之一。

1.4 Kafka 的基本概念

Kafka 是一个分布式实时数据流平台,可独立部署在单台服务器上,也可部署在多台服务器上构成集群。它提供了发布与订阅功能。用户可以发送数据到 Kafka 集群中,也可以从 Kafka 集群中读取数据。

Kafka 系统中有几个核心概念,下面分别介绍。

1.4.1 代理、生产者、消费者、消费者组

1. 代理(Broker)

在 Kafka 集群中,一个 Kafka 进程(Kafka 进程又称为 Kafka 实例)被称为一个代理(Broker)节点。代理节点是消息队列中的一个常用概念。通常,在部署分布式 Kafka 集群时,一台服务器上部署一个 Kafka 实例。

2. 生产者(Producer)

在 Kafka 系统中,生产者通常被称为 Producer。

Producer 将消息记录发送到 Kafka 集群指定的主题(Topic)中进行存储,同时生产者(Producer)也能通过自定义算法决定将消息记录发送到哪个分区(Partition)。

例如,通过获取消息记录主键(Key)的哈希值,然后使用该值对分区数取模运算,得到分区索引。计算公式如下。

```
# 计算主题分区的索引值
分区索引值 = 键的哈希值取绝对值 % 分区数
# 计算公式翻译成 Java 代码
int partition = Math.abs(key.hashCode()) % numPartitions;
```

3. 消费者(Consumer)

消费者(Consumer)从 Kafka 集群指定的主题(Topic)中读取消息记录。

在读取主题数据时,需要设置消费组名(GroupId)。如果不设置,则 Kafka 消费者会默认生成一个消费组名称。

4. 消费者组(Consumer Group)

消费者程序在读取 Kafka 系统主题(Topic)中的数据时,通常会使用多个线程来执行。

一个消费者组可以包含一个或多个消费者程序,使用多分区和多线程模式可以极大提高读取数据的效率。

> **提示：**
> 一般而言，一个消费者对应一个线程。
> 在给应用程序设置线程数量时，遵循"线程数小于等于分区数"原则。如果线程数大于分区数，则多余的线程不会消费分区中的数据，这样会造成资源浪费。

1.4.2 主题、分区、副本、记录

1. 主题（Topic）

Kafka 系统通过主题来区分不同业务类型的消息记录。

例如，用户登录数据存储在主题 A 中，用户充值记录存储在主题 B 中，则如果应用程序只订阅了主题 A，而没有订阅主题 B，那该应用程序只能读取主题 A 中的数据。

2. 分区（Partition）

每一个主题（Topic）中可以有一个或者多个分区（Partition）。在 Kafka 系统的设计思想中，分区是基于物理层面上的，不同的分区对应着不同的数据文件。

Kafka 通过分区（Partition）来支持物理层面上的并发读写，以提高 Kafka 集群的吞吐量。

每个主题（Topic）下的各分区（Partition）中存储数据的具体流程如图1-9所示。

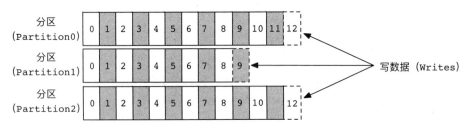

图1-9 各分区存储数据的流程

每个分区（Partition）内部的消息记录是有序的，每个消息都有一个连续的偏移量序号（Offset）。

一个分区只对应一个代理节点（Broker），一个代理节点可以管理多个分区。

3. 副本（Replication）

在 Kafka 系统中，每个主题（Topic）在创建时会要求指定它的副本数，默认是 1。通过副本（Replication）机制来保证 Kafka 分布式集群数据的高可用性。

> **提示：**
> 在创建主题时，主题的副本系数值应如下设置：
> （1）若集群数量大于等于 3，则主题的副本系数值可以设置为 3；
> （2）若集群数量小于 3，则主题的副本系数值可以设置为小于等于集群数量值。
> 例如，集群数为 2，则副本系数可以设置为 1 或者 2；集群数为 1，则副本系数只能设置为 1。
> 通常情况下，当集群数量大于等于 3 时，为了保证集群数据不丢失，会将副本系数值设置为 3。当然，集群数量大于等于 3 时，副本系数值也可以设置为 1 或者 2，但是会存在数据丢失的风险。

4．记录（Record）

被实际写入到 Kafka 集群并且可以被消费者应用程序读取的数据，被称为记录（Record）。每条记录包含一个键（Key）、值（Value）和时间戳（Timestamp）。

1.5 了解 Kafka 的工作机制——生产消息/消费消息

Kafka 作为一个消息队列系统，其核心机制就是生产消息和消费消息。

在 Kafka 基本结构中，生产者（Producer）组件和消费者（Consumer）组件互不影响，但又是必须存在的。缺少生产者和消费者中的任意一方，整个 Kafka 消息队列系统将是不完整的。

Kafka 消息队列系统最基本的结构如图 1-10 所示。

- 生产者（Producer）负责写入消息数据。将审计日志、服务日志、数据库、移动 App 日志，以及其他类型的日志主动推送到 Kafka 集群进行存储。
- 消费者（Consumer）负责读取消息数据。例如，通过 Hadoop 的应用接口、Spark 的应用接口、Storm 的应用接口、ElasticSearch 的应用接口，以及其他自定义服务的应用接口，主动拉取 Kafka 集群中的消息数据。

另外，Kafka 是一个分布式系统，用 Zookeeper 来管理、协调 Kafka 集群的各个代理（Broker）节点。当 Kafka 集群中新添加了一个代理节点，或者某一台代理节点出现故障时，Zookeeper 服务将会通知生产者应用程序和消费者应用程序去其他的正常代理节点读写。

> **提示：**
> 这里只需对 Kafka 的基本结构有一个宏观的认知即可，后面章会详细介绍 Kafka 的具体内容。

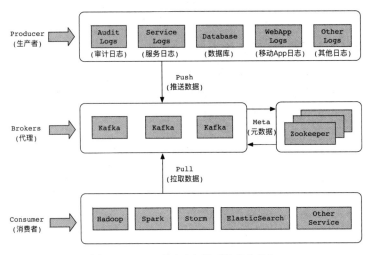

图 1-10 Kafka 消息中间件系统基本结构

1.6 Kafka 的使用范围

Kafka 作为一个分布式消息队列系统，拥有处理海量数据的能力。它不仅在实时业务场景中有天然优势，而且在处理某些场景中的离线任务时也表现不俗，这得益于 Kafka 底层的通用性和其强大的应用接口（API）。

在实时业务场景中，Kafka 能够和 Spark、Flink、Storm 等实时计算引擎完美地结合。同时，Kafka 也提供了应用接口（API），可以将主题（Topic）中的数据导出到 Hive 仓库做离线计算。

1.6.1 Kafka 的设计初衷

Kafka 雏形由 LinkedIn 开发，设计之初被 LinkedIn 用来处理活动流数据和运营数据。

提示：

活动流数据，是指浏览器访问记录、页面搜索记录、查看网页详细记录等站点内容。

运营数据，是指服务器的基本指标，例如 CPU、磁盘 I/O、网络、内存等。

在后续版本迭代中，Kafka 被设计成一个统一的平台，可用来处理大公司所有的实时数据。需要它能够满足以下需求。

1. 高吞吐量

日常生活中所使用的支付宝、微信、QQ 这类软件的用户量非常庞大，每秒产生的数据流量也非常巨大。面对这类场景，若要实时地聚合消息日志，必须具有高吞吐量才能支持高容量事件流。

2. 高可用队列

分布式消息队列系统都具有异步处理机制。另外，分布式消息队列系统一般都拥有处理大量数据积压能力，以便支持其他离线系统的定期数据加载。

3. 低延时

实时应用场景对时延的要求极为严格。耗时越少，则结果越理想。这意味着，设计出来的系统必须拥有低延迟处理能力。

4. 分布式机制

系统还需具有支持分区、分布式、能实时处理消息等特点，并能在机器出现故障时保证数据不丢失。

为满足这些需求，Kafka 拥有了许多独特的特性，这使得它更类似于数据库日志，而不是传统的消息传递系统。在 1.6.2 小节将介绍这些独特的特性。

1.6.2 Kafka 的特性

如今 Kafka 的社区非常活跃，有大量的开发人员不断地改善 Kafka 的不足。在 Kafka 迭代过程中，每个版本中都会添加很多新特性。

1. 异步生产数据

从 Kafka 0.8.2 起，生产者（Producer）写数据时不再区分同步和异步，所有的操作请求均以异步的方式发送，这样大大地提高了客户端写数据的效率。

异步方式将数据批量的发送到 Kafka 不同的代理（Broker）节点，因此也减少了 Kafka 服务端的资源开销。这种方式在与 Kafka 系统进行网络通信时，能够有效地减少等待时间。

2. 偏移量迁移

在 Kafka 0.8.2 之前，消费者（Consumer）每次读取 Kafka 集群主题（Topic）中的数据时，会产生"消费"记录，比如偏移量（Offset）、"消费"线程信息、时间戳等信息。这些信息都保存在 Zookeeper 集群中，这样 Zookeeper 的性能会严重影响 Kafka 集群的吞吐量。

从 Kafka 0.8.2 版本开始，消费者（Consumer）应用程序可以把"消费"记录提交到 Kafka 集群，并以内部主题的方式进行存储，Kafka 系统将其命名为__consumer_offsets。一直持续到 Kafka 0.10.0 版本，Kafka 官网才将该特性设置为默认属性。

说明:

在 Kafka 集群主题中,＿＿consumer_offsets 属于内部主题。外界客户端应用程序无法直接读取该主题内的数据,需要设置特别的属性才能实现。

3. 安全机制

在 Kafka 0.9 之前,Kafka 系统是没有安全机制的,在通过外网进行数据传输时,只能通过设置 Linux 操作系统的防火墙或者网络安全来控制。如果用户使用的数据是非常敏感的(比如银行的交易流水记录),应用 Kafka 是让人非常担忧的,因为数据的安全性难以得到保证。

在 Kafka 0.9 版本以后,系统添加了安全机制,可以通过 SSL 和 SASL 安全机制来进行身份确认。生产者(Producer)和消费者(Consumer)必须进行身份验证,才能操作 Kafka 集群。

另外,Kafka 代理(Broker)与 Zookeeper 集群进行连接时也需要身份验证。在设置了安全机制的 Kafka 集群中,数据均采用加密方式进行传输。由于加密方式依赖操作系统的 CPU 和 Java 虚拟机(Java Virtual Machine,JVM),所以,在采用加密方式传输数据时性能可能会降低。

 提示:

在后面的章中会详细介绍 Kafka 的安全机制,这里作为一个特性让读者先有所了解。

4. 连接器

Kafka 在 0.9 版本中,添加了一个名为 Connect 的模块,即连接器。从命名上来看,它可以在外部系统与数据集之间建立一个数据流管道,以实现数据的读与写。

Kafka 使用了一个通用的框架,可以在这个框架上非常便捷地开发和管理 Kafka 连接器(Connect)接口。Kafka 连接器还支持在分布式模式或者单机模式下运行,并可以通过 REST API 提交和管理 Kafka 集群。

5. 机架感知

Kafka 0.10 及以后版本中添加了机架感知功能。引入机架感知的概念,能够显著提升 Kafka 集群的可用性。

如果所有备份数据都在一个单个机架上,一旦这个机架出现故障,则导致所有的备份数据变得不可用,这样是很危险的。所以,需要使用机架感知来让 Kafka 的备份数据分布到不同的机架上,以保证数据的高可用性。

6. 数据流

在 Kafka 0.10 及以后版本中,添加了数据流特性。在实际业务场景中,如需将 Kafka 集群中的数据进行流处理之后再重新回写到 Kafka 集群中,那使用 Kafka Streams(数据流)这一特性能够很轻易地实现。

Kafka Streams 是一个用来处理流式数据的库，属于 Java 类库。它并不是一个流处理框架，与 Flink、Storm、Spark 等这类流处理框架是不一样的。

Kafka Streams 不仅只是一个类库，它依然拥有一系列流处理功能，例如连接（JOIN）、过滤（Filter）、聚合（Aggregate）等，能够实现一个功能齐全、低延时的实时流处理。

7. 时间戳

在 Kafka 0.10 及以后版本中，生产者（Producer）写入的每一条消息记录都加入了时间戳（Timestamp）。在写入消息的过程中，如果用户没有指定该消息的时间，则该消息的时间会被自动添加上。

Kafka 数据流（Streams）实现了基于时间事件的实时流处理，用户可以使用时间戳来跟踪和查找消息记录。

8. 消息语义

在 Kafka 0.11.0.0 版本中，实现了消息记录只处理一次（Exactly Once Semantics，EOS）。

在 Kafka 中，单个代理（Broker）节点可能会出现宕机，或者生产者（Producer）在向 Kafka 集群主题（Topic）发送消息时出现网络故障。Kafka 生产者在处理这类异常行为时会有以下几种不同语义。

- 至少一次：如果在 Kafka 中设置 ACKS=ALL，则意味着写入的消息至少有一条。如果生产者（Producer）等待 Kafka 集群服务端确认发生超时，或者收到服务端响应的错误码，则会触发重试机制。若是 Kafka 代理（Broker）节点在发送确认之前失败了，但是消息却成功写入到了 Kafka 集群主题（Topic），由于失败再次触发重试机制导致消息被重写，最终导致结果不正确。
- 至多一次：生产者（Produce）在发送消息到 Kafka 集群主题（Topic）时，最多允许消息成功写入一次，这样可避免数据重复。
- 精准一次：这是最符合要求的，但是也是最困难的。因为它需要消息传递系统与生产者和消费者的应用程序之间进行配合。在成功读取一条消息后，如果用户将 Kafka 的偏移量（Offset）的值回退到原点，则用户将会从回退的偏移量值开始读取消息，一直读取到最新的消息为止。

1.6.3 Kafka 适用于哪些场景

在实际的使用场景中，Kafka 有着广泛的应用。例如，日志收集、消息系统、活动追踪、运营指标、流式处理、事件源等。

1. 日志收集

在实际工作中，系统和应用程序都会产生大量的日志。为了方便管理这些日志，可以利用 Kafka 将这些零散的日志收集到 Kafka 集群中，然后通过 Kafka 的统一接口将这些数据开放给不同的消费者（Consumer）。统一接口包括：Hadoop 的应用接口、HBase 的应用接口、ElasticSearch 的应用接口等。

2. 消息系统

线上业务流量很大的应用，可以使用 Kafka 作为缓冲，以减少服务端的压力。这样能够有效地解耦生产者（Producer）和消费者（Consumer），以及缓冲消息数据。

3. 用户轨迹

可使用 Kafka 记录浏览器用户或者手机 App 用户产生的各种记录，例如浏览的网页、搜索的内容、点击的内容等。

这些用户活动信息会被服务器收集 Kafka 集群中进行存储，然后消费者通过"消费"这些活动数据来做实时分析，或者加载到 Hive 数据仓库做离线数据分析与挖掘。

4. 记录运营监控数据

Kafka 也可用来记录运营监控数据，包括收集各种分布式应用系统的数据（如 Hadoop 系统、Hive 系统、HBase 系统等）。

5. 实现流处理

Kafka 是一个流处理平台，所以在实际应用场景中也会与其他大数据套件结合使用，例如 Spark Streaming、Storm、Flink 等。

6. 事件源

事件源是一种应用程序的设计风格，其中状态更改会产生一条带有时间戳的记录，然后将这条以时间序列产生的记录进行保存。在面对非常大的存储数据时，可以使用这种方式来构建非常优秀的后端程序。

1.7 小结

本章介绍了什么是消息队列，并引出了 Kafka 的相关知识。分别介绍了 Kafka 的起源、基本概念、基本结构，以及使用范围。

通过本章的学习，读者可以对 Kafka 有了一个大概的了解，知道了 Kafka 在实际工作中能做哪些事情。

第 2 章

安装及配置Kafka

本章将介绍 Kafka 集群的安装与配置，包含以下内容：安装与配置基础环境、安装 Kafka 集群、安装与配置 Kafka 监控工具、编译 Kafka 源代码，以及将 Kafka 源代码导入代码编辑器中等。其中涉及的实战内容并不复杂。

2.1 本章教学视频说明

视频内容：基础环境的准备、安装 Kafka 集群、安装与配置 Kafka 监控工具、编译 Kafka 源代码，以及将 Kafka 源代码导入代码编辑器等。

视频时长：19 分钟。

视频截图见图 2-1 所示。

图 2-1　本章教学视频截图

2.2 安装与配置基础环境

需安装以下几个软件。

1. Linux 操作系统

Kafka 设计之初便是以 Linux 操作系统作为前提的，因此 Linux 操作系统能完美支持 Kafka。本节以 64 位 CentOS 6.6 为例。

 提示：

CentOS（Community Enterprise Operating System，社区企业操作系统）是 Linux 发行版之一。

2. Java 软件开发工具包（Java Development Kit，JDK）

Kafka 的源代码是利用 Scala 语言编写的，它需要运行在 Java 虚拟机（Java Virtual Machine，JVM）上。因此，在安装 Kafka 之前需要先安装 JDK。

3. ZooKeeper

Kafka 是一个分布式消息中间件系统，它依赖 ZooKeeper 管理和协调 Kafka 集群的各个代理（Broker）节点。因此，在安装 Kafka 集群之前需要先安装 ZooKeeper 集群。

在安装 CentOS、JDK、ZooKeeper 之前，需要准备好这些软件的安装包。安装包选择 rpm 或 tar.gz 类型均可。本书选择的是 64 位操作系统下的 tar.gz 类型的安装包，版本信息与下载地址见表 2-1。

表 2-1 版本信息与下载地址

软件	下载地址	版本
CentOS	https://www.centos.org/download	6.6
JDK	http://www.oracle.com/technetwork/java/javase/downloads/index.html	1.8
Zookeeper	http://zookeeper.apache.org/releases.html#download	3.4.6

2.2.1 安装并配置 Linux 操作系统

目前，市场上 Linux 操作系统的版本有很多，如 RedHat、Ubuntu、CentOS 等。读者可以根据自己的喜好选取合适的 Linux 操作系统，这对学习本书的影响不大。

CentOS 6.6 安装包下载界面如图 2-2 所示。本书选择 64 位 CentOS 6.6 的镜像文件进行下载。

CentOS Linux 6		
Release	Based on RHEL Source (Version)	Archived Tree
6.10	6.10	● Tree
6.9	6.9	● Tree
6.8	6.8	● Tree
6.7	6.7	● Tree
6.6	6.6	● Tree

图 2-2　CentOS 操作系统下载预览

 提示：

如果有现成的物理机或者云主机供学习使用，则可以跳过下面内容，直接进入 2.2.2 小节开始学习。如果是自行安装虚拟机学习使用，则请继续阅读下面内容。

在 Windows 操作系统中，安装 Linux 操作系统虚拟机可以使用 VMware 或 VirtualBox。

在 Mac 操作系统中，安装 Linux 操作系统虚拟机可以使用 Parallels Desktop 或 VirtualBox。

 提示：

无论在 Windows 操作系统中还是在 Mac 操作系统环境中，VirtualBox 软件都是免费的。而 VMware 和 Parallels Desktop 均属于商业产品，用户需要付费使用。

使用这些软件安装 Linux 操作系统虚拟机，不涉及复杂的操作，均是直接单击"下一步"按钮，直到最后单击"完成"按钮。

1. 配置网络

安装完 Linux 操作系统虚拟机后，如果虚拟机需要连接外网，应做一个简单的网络配置。具体操作命令如下：

```
# 打开网络配置文件
[hadoop@dn1 ~]$ vi /etc/sysconfig/network-scripts/ifcfg-eth0

# 修改 ONBOOT 的值为 yes
ONBOOT=yes

# 保存并退出
```

完成网络配置后，重启虚拟机使配置生效。具体操作命令如下：

```
# 重启 Linux 操作系统虚拟机。如果是非 root 用户，则重启可能需要使用 sudo 命令
```

```
[hadoop@dn1 ~]$ sudo reboot
```

2. 配置 hosts 系统文件

这里安装的是三台 Linux 操作系统虚拟机。在其中一台配置好主机的 hosts 文件，然后使用复制命令将该 hosts 文件分发到其他两台机器中。

（1）在其中一个主机上配置 hosts 文件，具体操作命令如下：

```
# 打开 dn1 节点的 hosts 文件并编辑
[hadoop@dn1 ~]$ sudo vi /etc/hosts

# 添加如下内容
10.211.55.5     dn1
10.211.55.6     dn2
10.211.55.8     dn3

# 保存并退出
```

（2）使用 Linux 的复制命令分发文件。具体操作命令如下：

```
# 在/tmp 目录中添加一个临时主机名文本文件
[hadoop@dn1 ~]$ vi /tmp/add.list

# 添加如下内容
dn2
dn3
# 保存并退出

# 将/etc/hosts 文件复制到/tmp 目录中
[hadoop@dn1 ~]$ cp /etc/hosts /tmp
# 使用 scp 命令将 hosts 文件下发到其他主机
[hadoop@dn1 ~]$ for i in `cat /tmp/add.list`;do scp /tmp/hosts $i:/tmp;done
```

（3）登录到其他主机，将/tmp 目录下的 hosts 文本文件复制到/etc 目录中。

2.2.2 实例 1：安装与配置 Java 运行环境

本书选择的是 Oracle 官方的 JDK8，版本号为 8u144，如图 2-3 所示。

Product / File Description	File Size	Download
Linux ARM 32 Hard Float ABI	77.89 MB	jdk-8u144-linux-arm32-vfp-hflt.tar.gz
Linux ARM 64 Hard Float ABI	74.83 MB	jdk-8u144-linux-arm64-vfp-hflt.tar.gz
Linux x86	164.65 MB	jdk-8u144-linux-i586.rpm
Linux x86	179.44 MB	jdk-8u144-linux-i586.tar.gz
Linux x64	162.1 MB	jdk-8u144-linux-x64.rpm
Linux x64	176.92 MB	jdk-8u144-linux-x64.tar.gz
Mac OS X	226.6 MB	jdk-8u144-macosx-x64.dmg
Solaris SPARC 64-bit	139.87 MB	jdk-8u144-solaris-sparcv9.tar.Z
Solaris SPARC 64-bit	99.18 MB	jdk-8u144-solaris-sparcv9.tar.gz
Solaris x64	140.51 MB	jdk-8u144-solaris-x64.tar.Z
Solaris x64	96.99 MB	jdk-8u144-solaris-x64.tar.gz
Windows x86	190.94 MB	jdk-8u144-windows-i586.exe
Windows x64	197.78 MB	jdk-8u144-windows-x64.exe

图 2-3　JDK 下载版本预览

提示：

在学习本书时，可能 Oracle 官方网站的 JDK 版本号又更新了，选择其他版本号的 JDK 进行下载也是可以的，这并不影响对本书内容的学习。

实例描述

在 Linux 操作系中安装 JDK。其中涉及下载安装包、解压安装包并配置、同步安装包等操作。

1. 安装 JDK

由于 CentOS 操作系统可能会自带 OpenJDK 环境，所以，在安装 JDK 之前，需要先检查 CentOS 操作系统中是否存在 OpenJDK 环境。如存在，则需要先将其卸载。

具体操作步骤如下。

（1）卸载 CentOS 操作系统自带 JDK 环境。如果不存在自带的 JDK 环境，则可跳过此步骤。

```
# 查找 Java 安装依赖库
[hadoop@dn1 ~]$ rpm -qa | grep java
# 卸载 Java 依赖库
[hadoop@dn1 ~]$ yum -y remove java*
```

（2）将下载的 JDK 安装包解压缩到指定目录下（可自行指定），详细操作命令如下。

```
# 解压 JDK 安装包到当前目录
[hadoop@dn1 ~]$ tar -zxvf jdk-8u144-linux-x64.tar.gz
# 移动 JDK 到 /data/soft/new 目录下，并改名为 jdk
```

```
[hadoop@dn1 ~]$ mv jdk-8u144-linux-x64 /data/soft/new/jdk
```

2. 配置 JDK

将 JDK 解压缩到指定目录后，需要配置 JDK 的全局环境变量，具体操作步骤如下。

（1）添加 JDK 全局变量，具体操作命令如下。

```
# 打开当前用户下的.bash_profile 文件并进行编辑
[hadoop@dn1 ~]$ vi ~/.bash_profile

# 添加如下内容
export JAVA_HOME=/data/soft/new/jdk
export $PATH:$JAVA_HOME/bin

# 进行保存并退出
```

（2）若要使配置的内容立即生效，则需要执行以下命令。

```
# 使用 source 命令或者英文点(.)命令，让配置文件立即生效
[hadoop@dn1 ~]$ source ~/.bash_profile
```

（3）验证 JDK 环境是否安装成功，具体操作命令如下。

```
# 使用 Java 语言 version 命令来检验
[hadoop@dn1 ~]$ java -version
```

如果操作系统终端显示了对应的 JDK 版本号（如图 2-4 所示），则认为 JDK 环境配置成功。

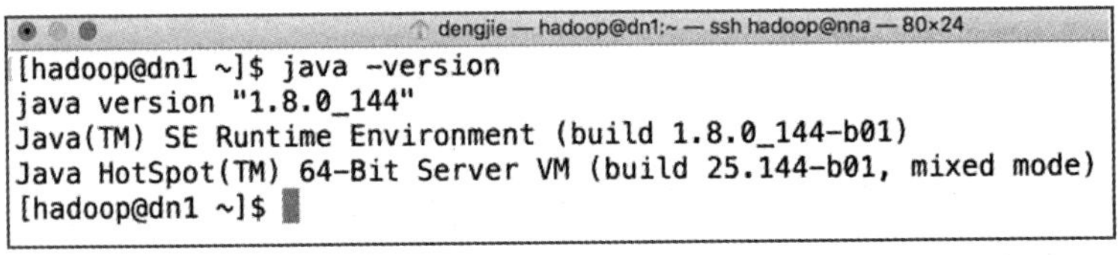
dengjie — hadoop@dn1:~ — ssh hadoop@nna — 80×24
[hadoop@dn1 ~]$ java -version
java version "1.8.0_144"
Java(TM) SE Runtime Environment (build 1.8.0_144-b01)
Java HotSpot(TM) 64-Bit Server VM (build 25.144-b01, mixed mode)
[hadoop@dn1 ~]$

图 2-4　JDK 打印版本信息

3. 同步安装包

将第一台主机上解压后的 JDK 文件夹和环境变量配置文件.bash_profile 分别同步到其他两个主机上。具体操作命令如下。

```
#在/tmp 目录中添加一个临时主机名文本文件
[hadoop@dn1 ~]$ vi /tmp/add.list

# 添加如下内容
dn2
dn3
# 保存并退出
```

```
#使用 scp 命令同步 JDK 文件夹到指定目录
[hadoop@dn1 ~]$ for i in 'cat /tmp/add.list';do scp -r /data/soft/new/jdk
$i: /data/soft/new/;done
#使用 scp 命令将 .bash_profile 文件分发到其他主机
[hadoop@dn1 ~]$ for i in 'cat /tmp/add.list';do scp ~/.bash_profile
$i:~/;done
```

2.2.3 实例 2：配置 SSH 免密码登录

Secure Shell 简称 SSH，由 IETF 的网络小组所制定。SSH 协议建立在应用层基础上，专为远程登录会话和其他网络服务提供安全性保障。

 提示：

国际互联网工程任务组（The Internet Engineering Task Force，IETF）是一个公开性质的大型民间国际团体，汇集了大量与互联网架构和"互联网正常运作"相关的网络设计者、运营者、投资人及研究人员。

1. 了解 SSH 协议

利用 SSH 协议可以有效地防止在远程管理过程中重要信息的泄露。SSH 起初是 UNIX 操作系统上的一个应用程序，后来扩展到其他操作系统平台。

正确使用 SSH 协议可以弥补网络中的漏洞。几乎所有的 UNIX 平台（例如 Linux、AIX、Solaris）都可以运行 SSH 客户端。

 提示：

AIX 是 IBM 基于 AT&T Unix System V 开发的一套类似 UNIX 的操作系统，可运行在利用 IBM 专有的 Power 系列芯片设计的小型机上。

Solaris 是 Sun MicroSystems 研发的计算机操作系统，它是 UNIX 操作系统的衍生版本之一。

在 Windows、Linux 和 MacOS 操作系统上的 SSH 客户端，可以使用 SSH 协议登录到 Linux 服务器。在 SSH 工具中输入 Linux 服务器的用户名和密码，或者在 Linux 服务器中添加客户端的公钥来进行登录。

登录的流程如图 2-5 所示。

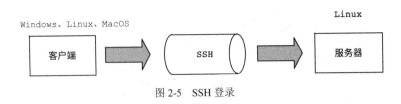

图 2-5　SSH 登录

2. 配置 SSH 免密登录

在 Kafka 集群启动时，实现三台主机免密码登录。这里使用 SSH 来实现。

实例描述

在 Linux 操作系统中配置 SSH 免密登录，涉及创建密钥、认证授权、文件赋权等操作。

具体操作步骤如下：

（1）创建密钥。

在 Linux 操作系统中，使用 ssh-keygen 命令来创建密钥文件，具体操作命令如下。

```
# 生成当前节点的私钥和公钥
[hadoop@dn1 ~]$ ssh-keygen -t rsa
```

接下来只需按 Enter 键，不用设置任何信息。命令操作结束后会在/home/hadoop/.ssh/目录下生成对应的私钥和公钥等文件。

（2）认证授权。

将公钥（id_rsa.pub）文件中的内容追加到 authorized_keys 文件中，具体操作命令如下。

```
# 将公钥(id_rsa.pub)文件内容追加到 authorized_keys
[hadoop@dn1 ~]$ cat ~/.ssh/id_rsa.pub >> ~/.ssh/authorized_keys
```

（3）文件赋权。

在当前账号下，需要给 authorized_keys 文件赋予 600 权限，否则会因为权限限制导致登录失败。文件权限操作命令如下。

```
# 赋予 600 权限
[hadoop@dn1 ~]$ chmod 600 ~/.ssh/authorized_keys
```

（4）在其他节点上创建密钥。

在 Kafka 集群的其他节点下，使用 ssh-keygen -t rsa 命令生成对应的公钥。然后在第一台主机上使用 Linux 同步命令将 authorized_keys 文件分发到其他节点的/home/hadoop/.ssh/目录中。详细操作命令如下。

```
#在/tmp 目录中添加一个临时主机名文本文件
[hadoop@dn1 ~]$ vi /tmp/add.list
```

```
# 添加如下内容
dn2
dn3
# 保存并退出

#使用 scp 命令同步 authorized_keys 文件到指定目录
[hadoop@dn1 ~]$ for i in `cat /tmp/add.list`;do scp ~/.ssh/authorized_keys $i:/home/hadoop/.ssh;done
```

> **提示：**
> 如果在登录过程中系统没有提示输入密码，即表示免密码登录配置成功。反之，则配置失败。读者需核对配置步骤是否和本书一致。

为了方便维护集群，通常在所有主机中选择一台主机作为"管理者"，让其负责下发配置文件。这台主机与其他主机之间的免密关系如图 2-6 所示。

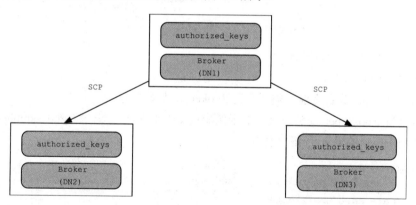

图 2-6　SSH 免密关系

在维护集群（例如执行启动、查看状态、停止等操作）时，通常在拥有"管理者"权限的主机上执行批处理脚本。

2.2.4　实例 3：安装与配置 Zookeeper

Zookeeper 是一个分布式应用程序协调服务系统，是大数据生态圈的重要组件。Kafka、Hadoop、HBase 等系统均依赖 Zookeeper 来提供一致性服务。

Zookeeper 是将复杂且容易出错的核心服务进行封装，然后对外提供简单易用、高效稳定的接口。

实例描述

Zookeeper 安装涉及下载软件包、配置 Zookeeper 系统文件、配置环境变量、启动 Zookeeper 等操作。

1. 安装 Zookeeper

（1）下载 Zookeeper 软件包。

按表 2-1 中的地址下载 3.4.6 版本安装包，然后将其解压到指定位置。本书所有的安装包都会被解压到 /data/soft/new 目录下。

（2）解压软件包。

对 Zookeeper 软件包进行解压和重命名，具体操作命令如下：

```
# 解压文件命令
[hadoop@dn1 ~]$ tar -zxvf zookeeper-3.4.6.tar.gz
# 重命名 zookeeper-3.4.6 文件夹为 zookeeper
[hadoop@dn1 ~]$ mv zookeeper-3.4.6 zookeeper
# 创建状态数据存储文件夹
[hadoop@dn1 ~]$ mkdir -p /data/soft/new/zkdata
```

2. 配置 Zookeeper 系统文件

（1）配置 zoo.cfg 文件。

在启动 Zookeeper 集群之前，需要配置 Zookeeper 集群信息。

读者可以将 Zookeeper 安装目录下的示例配置文件重命名，即，将 zoo_sample.cfg 修改为 zoo.cfg。按如下所示编辑 zoo.cfg 文件。

```
# 配置需要的属性值
# zookeeper 数据存放路径地址
dataDir=/data/soft/new/zkdata
# 客户端端口号
clientPort=2181
# 各个服务节点地址配置
server.1=dn1:2888:3888
server.2=dn2:2888:3888
server.3=dn3:2888:3888
```

（2）配置注意事项。

在配置的 dataDir 目录下创建一个 myid 文件，该文件里面写入一个 0~255 的整数，每个 Zookeeper 节点上这个文件中的数字要是唯一的。本书的这些数字是从 1 开始的，依次对应每个 Kafka 节点。主机与代理节点（Broker）的对应关系如图 2-7 所示。

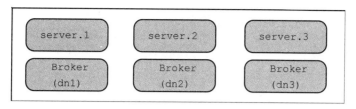

图 2-7　主机与代理节点（Broker）的对应关系

(3) 操作细节。

文件中的数字要与 DataNode 节点下的 Zookeeper 配置的数字保持一致。例如，server.1=dn1:2888:3888，则 dn1 主机下的 myid 配置文件应该填写数字 1。

在 dn1 主机上配置好 ZooKeeper 环境后，可使用 scp 命令将其传输到其他节点，具体命令如下。

```
#在/tmp 目录中添加一个临时主机名文本文件
[hadoop@dn1 ~]$ vi /tmp/add.list

# 添加如下内容
dn2
dn3
# 保存并退出

#使用 scp 命令同步 Zookeepers 文件夹到指定目录
[hadoop@dn1 ~]$ for i in `cat /tmp/add.list`;do scp -r
/data/soft/new/zookeeper $i:/data/soft/new;done
```

完成文件传输后，dn2 主机和 dn3 主机上的 myid 文件中的数字分别被修改为 2 和 3。

3. 配置环境变量

在 Linux 操作系统中，可以对 Zookeeper 做全局的环境变量配置。这样做的好处是，可以很方便地使用 Zookeeper 脚本，不用切换到 Zookeeper 的 bin 目录下再操作。具体操作命令如下。

```
# 配置环境变量
[hadoop@dn1 ~]$ vi ~/.bash_profile
# 配置 zookeeper 全局变量
export ZK_HOME=/data/soft/new/zookeeper
export PATH=$PATH:$ZK_HOME/bin
# 保存编辑内容，并退出
```

之后，用以下命令使刚刚配置的环境变量立即生效：

```
# 使环境变量立即生效
[hadoop@dn1 ~]$ source ~/.bash_profile
```

接着，在其他两台主机上也做相同的配置操作。

4. 启动 Zookeeper

在安装了 Zookeeper 的节点上，分别执行启动进程的命令：

```
# 在不同的节点上启动 zookeeper 服务进程
[hadoop@dn1 ~]$ zkServer.sh start
[hadoop@dn2 ~]$ zkServer.sh start
[hadoop@dn3 ~]$ zkServer.sh start
```

但这样管理起来不够方便。可以对上述启动命令进行改进，例如编写一个分布式启动脚本（zk-daemons.sh），具体如下：

```
# 编写 Zookeeper 分布式启动脚本，可以输入 start|stop|restart|status 等命令
#! /bin/bash
hosts=(dn1 dn2 dn3)
for i in ${hosts[@]}
    do
        ssh hadoop@$i "source /etc/profile;zkServer.sh $1" &
    done
```

5. 验证

完成启动命令后，在终端中输入 jps 命令。若显示 QuorumPeerMain 进程名称，即表示服务进程启动成功。也可以使用 Zookeeper 的状态命令 status 来查看，具体操作命令如下。

```
# 使用 status 命令来查看
[hadoop@dn1 ~]$ zk-daemons.sh status
```

结果如图 2-8 所示。在 Zookeeper 集群运行正常的情况下，若有三个节点，则会选举出一个 Leader 和两个 Follower。

```
[hadoop@dn1 bin]$ zk-daemons.sh status
[hadoop@dn1 bin]$ JMX enabled by default
JMX enabled by default
Using config: /data/soft/new/zookeeper/bin/../conf/zoo.cfg
JMX enabled by default
Using config: /data/soft/new/zookeeper/bin/../conf/zoo.cfg
Using config: /data/soft/new/zookeeper/bin/../conf/zoo.cfg
Mode: leader
Mode: follower
Mode: follower
```

图 2-8　进程状态预览结果

> **提示：**
> 读者也可以查看 Zookeeper 的运行日志 zookeeper.out 文件，其中记录了 Zookeeper 的启动过程以及运行过程。

2.3 实例 4：部署 Kafka

安装 Kafka 比较简单，单机模式和分布式模式的部署步骤基本一致。由于生产环境所使用的操作系统一般是 Linux，所以本书 Kafka 集群的部署也是基于 Linux 操作系统来完成的。

> **实例描述：**
> 按两种模式部署（单机模式部署和分布式模式）Kafka 系统，并观察结果。

2.3.1 单机模式部署

如果是测试环境或需要在本地调试 Kafka 应用程序代码，则会以单机模式部署一个 Kafka 系统。

部署的步骤也非常简单：启动一个 Standalone 模式的 Zookeeper，然后启动一个 Kafka Broker 进程。

> **提示：**
> 本书选择的 Kafka 安装包版本是 0.10.2.0，读者在学习本书时，Kafka 官方可能发布了更新的版本。读者可以选择更新的版本来安装，其配置过程依然可以参考本书所介绍的，这并不影响对本书的学习。

1. 下载 Kafka 安装包

访问 Kafka 官方网站，找到下载地址，然后在 Linux 操作系统中使用 wget 命令进行下载。具体操作命令如下。

```
# 使用wget命令下载安装包
[hadoop@dn1 ~]$ wget https://archive.apache.org/dist/kafka/0.10.2.0\
/kafka_2.11-0.10.2.0.tgz
```

2. 解压 Kafka 安装包

下载了 Kafka 安装包后，在 Linux 操作系统指定位置进行解压操作。具体操作命令如下。

```
# 解压安装包
[hadoop@dn1 ~]$ tar -zxvf kafka_2.11-0.10.2.0.tgz
```

```
# 重命名
[hadoop@dn1 ~]$ mv kafka_2.11-0.10.2.0 kafka
```

3. 配置 Kafka 全局变量

在/home/hadoop/.bash_profile 文件中，配置 Kafka 系统的全局变量。具体操作命令如下。

```
# 编辑.bash_profile 文件
[hadoop@dn1 ~]$ vi ~/.bash_profile
# 添加如下内容
export KAFKA_HOME=/data/soft/new/kafka
export PATH=$PATH:$KAFKA_HOME/bin
# 保存并退出
```

接着，使用 source 命令使刚刚配置的环境变量立即生效：

```
# 使用 source 命令使配置立即生效
[hadoop@dn1 ~]$ source ~/.bash_profile
```

4. 配置 Kafka 系统

配置单机模式的 Kafka 系统步骤比较简单，只需要在$KAFKA_HOME/conf/server.properties 文件中做少量的配置即可。具体操作命令如下。

```
# 配置 server.properties 文件
[hadoop@dn1 ~]$ vi $KAFKA_HOME/conf/server.properties

# 修改如下内容
broker.id=0                                    # 设置一个 broker 唯一 ID
log.dirs=/data/soft/new/kafka/data             # 设置消息日志存储路径
zookeeper.connect=localhost:2181               # 指定 Zookeeper 的连接地址

# 然后保存并退出
```

5. 启动 Zookeeper

以 Standalone 模式启动 Zookeeper 进程，具体操作命令如下。

```
# 启动 Standalone 模式 Zookeeper
[hadoop@dn1 ~]$ zkServer.sh start
# 查看 Zookeeper 状态
[hadoop@dn1 ~]$ zkServer.sh status

# 终端会显示如下内容
JMX enabled by default
Using config: /data/soft/new/zookeeper/bin/../conf/zoo.cfg
Mode: standalone
```

6. 启动 Kafka 单机模式

在当前主机上使用 Kafka 命令来启动 Kafka 系统，具体操作命令如下。

```
# 启动Kafka单机模式
[hadoop@dn1 ~]$ kafka-server-start.sh $KAFKA_HOME/conf/server.properties &
```

启动成功后，终端会打印出如图 2-9 所示信息。

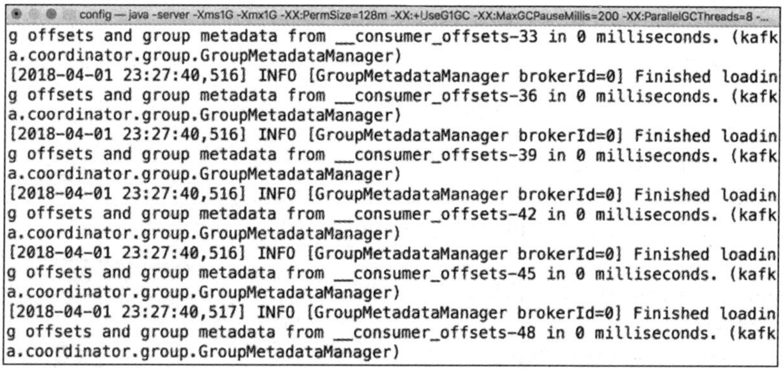

图 2-9　Kafka 启动信息

2.3.2　分布式模式部署

在生产环境中，一般会以分布式模式来部署 Kafka 系统，以便组建集群。

在分布式模式中，不推荐使用 Standalone 模式的 Zookeeper，这样具有一定的风险。如果使用的是 Standalone 模式的 Zookeeper，则一旦 Zookeeper 出现故障则导致整个 Kafka 集群不可用。所以，一般在生产环境中会以集群的形式来部署 ZooKeeper。

1. 下载

和单机模式的下载步骤一致。

2. 解压

可参考单机模式的解压模式和重命名方法。

3. 配置 Kafka 全局变量

可参考单机模式的全局配置过程。

4. 配置 Kafka 系统

在分布式模式下配置 Kafka 系统和单机模式不一致。打开 $KAFKA_HOME/conf/server.properties 文件，编辑相关属性，具体修改内容见代码 2-1。

代码 2-1　Kafka 系统属性文件配置

```
# 设置 Kafka 节点唯一 ID
broker.id=0
# 开启删除 Kafka 主题属性
delete.topic.enable=true
# 非 SASL 模式配置 Kafka 集群
listeners=PLAINTEXT://dn1:9092
# 设置网络请求处理线程数
num.network.threads=10
# 设置磁盘 IO 请求线程数
num.io.threads=20
# 设置发送 buffer 字节数
socket.send.buffer.bytes=1024000
# 设置收到 buffer 字节数
socket.receive.buffer.bytes=1024000
# 设置最大请求字节数
socket.request.max.bytes=1048576000
# 设置消息记录存储路径
log.dirs=/data/soft/new/kafka/data
# 设置 Kafka 的主题分区数
num.partitions=6
# 设置主题保留时间
log.retention.hours=168
# 设置 Zookeeper 的连接地址
zookeeper.connect=dn1:2181,dn2:2181,dn3:2181
# 设置 Zookeeper 连接超时时间
zookeeper.connection.timeout.ms=60000
```

5. 同步安装包

配置好一个主机上的 Kafka 系统后，使用 Linux 同步命令将配置好的 Kafka 文件夹同步到其他的主机上。具体操作命令如下。

```
#在/tmp 目录中添加一个临时主机名文本文件
[hadoop@dn1 ~]$ vi /tmp/add.list

# 添加如下内容
dn2
dn3
# 保存并退出

#使用 scp 命令同步 Kafka 文件夹到指定目录中
[hadoop@dn1 ~]$ for i in `cat /tmp/add.list`;do scp -r /data/soft/new/kafka
 $i:/data/soft/new;done
```

由于 Kafka 集群中每个代理（Broker）节点的 ID 必须唯一，所以同步完成后需要将其他两台主机上的 broker.id 属性值修改为 1 和 2（或者是其他不重复的正整数）。

6. 启动 Zookeeper 集群

在启动 Kafka 集群之前，需要先启动 Zookeeper 集群。

启动 Zookeeper 集群无须在每台主机上分别执行 Zookeeper 启动命令，只需执行分布式启动命令即可：

```
# 分布式命令启动 Zookeeper
[hadoop@dn1 ~]$ zk-daemons.sh start
```

7. 启动 Kafka 集群

Kafka 系统本身没有分布式启动 Kafka 集群的功能，只有单个主机节点启动 Kafka 进程的脚本。可以通过封装单个节点启动 Kafka 进程的步骤，来实现分布式启动 Kafka 集群，具体见代码 2-2。

代码 2-2　Kafka 分布式启动

```
#! /bin/bash
# 配置 Kafka 代理（Broker）地址信息
hosts=(dn1 dn2 dn3)
for i in ${hosts[@]}
    do
    # 执行启动 Kafka 进程命令
    ssh hadoop@$i "source /etc/profile;kafka-server-start.sh $KAFKA_HOME/config/server.properties" &
    done
```

8. 验证

启动 Kafka 集群后，可以通过一些简单的 Kafka 命令来验证集群是否正常。具体如下。

```
# 使用 list 命令来展示 Kafka 集群的所有主题（Topic）名
[hadoop@dn1 ~]$ kafka-topics.sh --list -zookeeper
dn1:2181,dn2:2181,dn3:2181
```

执行后，Linux 终端会打印出所有的 Kafka 主题（Topic）名称，如图 2-10 所示。

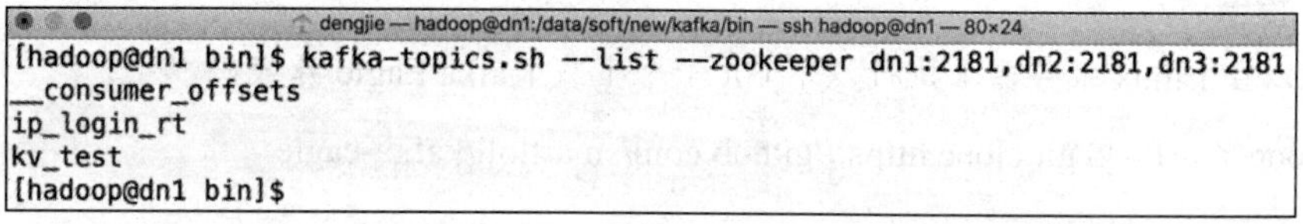

图 2-10　Kafka 主题（Topic）名称预览

从图 2-10 中可以看出，除打印 Kafka 业务数据的主题（Topic）名称外，还打印出 Kafka 系统内部主题——__consumer_offsets，该主题用来记录 Kafka 消费者（Consumer）产生的消费记录，其中包含偏移量（Offset）、时间戳（Timestamp）和线程名等信息。

> **提示：**
> 这里读者有一个大致的了解即可，后面的章会详细介绍 Kafka 系统的内部主题。

2.4 实例 5：安装与配置 Kafka 监控工具

在实际业务场景中，需要频繁关注 Kafka 集群的运行情况。例如，查看集群的代理（Broker）节点健康状态、主题（Topic）列表、消费组（Consumer Group）列表、每个主题所对应的分区（Partition）列表等。

当业务场景并不复杂时，可以使用 Kafka 提供的命令工具，配合 Zookeeper 客户端命令来快速地实现。但是，随着业务场景的复杂化，消费组和主题的增加，再使用 Kafka 和 Zookeeper 命令监控则会增加维护的成本，这时 Kafka 监控系统便显得尤为重要。

实例描述

在 Github 开源社区中下载 Kafka Eagle 源代码，编译获取安装包，然后执行安装步骤，并观察执行结果。

2.4.1 获取并编译 Kafka Eagle 源代码

Kafka Eagle 监控系统的源代码托管在 Github 上。

1．下载

打开浏览器，输入"https://github.com"进入 Github 官网，然后搜索"Kafka Eagle"关键字，获取具体下载地址为 https://github.com/smartloli/kafka-eagle。

然后直接单击"Clone or download"按钮进行下载，将下载的 kafka-eagle-master.zip 文件上传到 Linux 服务器中。

> **提示：**
> 也可以在 Linux 服务器上执行以下 Git 命令下载 Kafka Eagle 源代码：
> [hadoop@dn1 ~]$ git clone https://github.com/smartloli/kafka-eagle

2. 编译

Kafka Eagle 是用 Java 语言开发的，通过 Maven 构建。Maven 是对 Java 语言进行编译的一个工具。截止到本书编写完时，Kafka Eagle 发布了 1.2.1 版本，支持在 Mac、Linux 和 Windows 环境下运行，同时兼容 Kafka-0.8.x、Kafka-0.9.x、Kafka-0.10.x 和 Kafka-1.0.x 及以上版本。

Kafka Eagle 源代码编译在 MacOS、Linux 和 Windows 环境下均可操作。这里以 MacOS 环境来演示，具体操作命令如下：

```
# 进入 kafka eagle 目录
dengjiedeMacBook-Pro:workspace dengjie$ cd kafka-egale
# 执行编译脚本
dengjiedeMacBook-Pro:kafka-egale dengjie$ ./build.sh
```

编译成功后，会在 kafka-egale/kafka-eagle-web/target 目录中生成打包好的压缩文件，编译结果如图 2-11 所示。

```
                          kafka-egale — -bash — 80×24
[INFO] Building tar : /Users/dengjie/workspace/kafka-egale/kafka-eagle-web/targe
t/kafka-eagle-web-1.2.1-bin.tar.gz
[INFO] ------------------------------------------------------------------------
[INFO] Reactor Summary:
[INFO]
[INFO] ke ................................................. SUCCESS [  0.001 s]
[INFO] kafka-eagle-common ................................. SUCCESS [  2.051 s]
[INFO] kafka-eagle-api .................................... SUCCESS [  0.145 s]
[INFO] kafka-eagle-core ................................... SUCCESS [  0.944 s]
[INFO] kafka-eagle-plugin ................................. SUCCESS [  0.130 s]
[INFO] ke ................................................. SUCCESS [  7.879 s]
[INFO] ------------------------------------------------------------------------
[INFO] BUILD SUCCESS
[INFO] ------------------------------------------------------------------------
[INFO] Total time: 11.251 s
[INFO] Finished at: 2018-04-05T09:20:20+08:00
[INFO] Final Memory: 43M/470M
[INFO] ------------------------------------------------------------------------
```

图 2-11　编译 Kafka Eagle 的结果

2.4.2　安装与配置 Kafka Eagle

1. 解压缩安装并重命名

将编译好的 kafka-eagle-web-1.2.1-bin.tar.gz 安装包进行解压缩安装并重命名：

```
# 解压
[hadoop@dn1 ~]$ tar -zxvf kafka-eagle-web-1.2.1-bin.tar.gz
# 重命名
[hadoop@dn1 ~]$ mv kafka-eagle-web-1.2.1 kafka-eagle
```

2. 配置环境变量

在 .bash_profile 文件中配置 KE_HOME 环境变量：

```
# 编辑~/.bash_profile 文件
[hadoop@dn1 ~]$ vi ~/.bash_profile

# 添加如下内容
export KE_HOME=/data/soft/new/kafka-eagle
export PATH=$PATH:$KE_HOME/bin
# 保存并退出
```

然后使用 source 命令使配置的环境变量立即生效:

```
# 使用 source 命令
[hadoop@dn1 ~]$ source ~/.bash_profile
```

3. 配置 Kafka Eagle 系统文件

进入 $KE_HOME/conf 目录中，编辑 system-config.properties 配置文件，配置内容见代码 2-3。

代码 2-3　Kafka Eagle 配置文件

```
######################################
# 设置Kafka多集群的Zookeeper地址
######################################
kafka.eagle.zk.cluster.alias=cluster1
cluster1.zk.list=dn1:2181,dn2:2181,dn3:2181
#cluster2.zk.list=tdn1:2181,tdn2:2181,tdn3:2181


######################################
# 配置Zookeeper连接池大小
######################################
kafka.zk.limit.size=25


######################################
# 浏览器访问Kafka Eagle的端口地址
######################################
kafka.eagle.webui.port=8048


######################################
# Kafka的消费信息是否存储在Topic中
######################################
kafka.eagle.offset.storage=kafka


######################################
# 配置邮件告警服务器
######################################
kafka.eagle.mail.enable=false
kafka.eagle.mail.sa=alert_sa
```

```
kafka.eagle.mail.username=alert_sa@126.com
kafka.eagle.mail.password=123456
kafka.eagle.mail.server.host=smtp.126.com
kafka.eagle.mail.server.port=25


######################################
# 管理员删除 Topic 的口令
######################################
kafka.eagle.topic.token=keadmin


######################################
# 是否开启 Kafka SASL 安全认证
######################################
kafka.eagle.sasl.enable=false
kafka.eagle.sasl.protocol=SASL_PLAINTEXT
kafka.eagle.sasl.mechanism=PLAIN
kafka.eagle.sasl.client=/data/soft/new/kafka-eagle/conf/kafka_client_jaas.conf


######################################
# Kafka Eagle 数据存储到 MySQL
######################################
#kafka.eagle.driver=com.mysql.jdbc.Driver
#kafka.eagle.url=jdbc:mysql://127.0.0.1:3306/ke?useUnicode=true&characterEncoding=UTF-8&zeroDateTimeBehavior=convertToNull
#kafka.eagle.username=root
#kafka.eagle.password=123456


######################################
# Kafka Eagle 数据默认存储到 Sqlite
######################################
kafka.eagle.driver=org.sqlite.JDBC
kafka.eagle.url=jdbc:sqlite:/data/soft/new/kafka-eagle/db/ke.db
kafka.eagle.username=root
kafka.eagle.password=root
```

4. 启动 Kafka Eagle 系统

配置完成后，在 Linux 控制台执行启动命令：

```
# Kafka Eagle 通过 ke.sh 脚本来控制系统，参数有启动 (start)、停止 (stop)、重启 (restart)
  等
[hadoop@dn1 ~]$ ke.sh start
```

启动成功后，控制台会打印出对应的日志信息，如图 2-12 所示。

图 2-12 启动 Kafka Eagle 系统

控制台日志中显示了一个用户名为 admin、密码为 123456 的账号，可用于登录系统。

5．预览

（1）在浏览器中输入 http://dn1:8048/ke，访问 Kafka Eagle 系统，之后按要求输入用户名和密码，如图 2-13 所示。输入正确的用户名和密码后单击"Signin"按钮。

图 2-13 Kafka Eagle 登录界面

（2）进入 Kafka Eagle 系统主界面中，如图 2-14 所示。

图 2-14　Kafka Eagle 主界面

6. 停止 Kafka Eagle 系统

停止 Kafka Eagle 系统的方式有两种：① 通过执行$KE_HOME/bin/ke.sh 脚本来停止；② 通过 Linux 操作系统的 kill 命令来直接停止。

（1）通过指定 stop 参数来停止 Kafka Eagle 系统：

```
# 停止 Kafka Eagle 系统
[hadoop@dn1 ~]$ ke.sh stop
```

（2）通过 Linux 操作系统的 kill 命令停止 Kafka Eagle 系统：

```
# 使用 kill 直接停止 Kafka Eagle 系统
[hadoop@dn1 ~]$ kill -9 `ps -fe |grep Bootstrap | grep kafka-eagle
 | awk -F ' ' '{print $2}'`
```

2.5　实例 6：编译 Kafka 源代码

在学习 Kafka 技术时，阅读 Kafka 的源代码是很有必要的。在实际生产环境中，Kafka 系统可能会随业务场景的复杂化、数据量的增加等出现异常，要修复这类异常问题则需要打补丁，然后重新编译 Kafka 源代码。

本节将介绍在 MacOS 操作系统下编译 Kafka 源代码。在其他操作系统中，编译 Kafka 源代码的过程基本类似，只不过是环境变量配置有所区别。

Kafka 系统的核心模块是使用 Scala 语言编写的，所以，可以使用 Gradle 工具进行编译和构建。

实例描述

编译 Kafka 源代码需要准备如下环境：（1）安装与配置 Scala 运行环境；（2）安装与配置 Gradle。同时，执行 2.5.3 小节的编译步骤，观察执行结果。

2.5.1 安装与配置 Scala 运行环境

本书所使用的 Kafka 版本是 0.10.2.0，从 Kafka 官方网站可知，该版本所需要的 Scala 版本在 2.10 以上。本书中所选择的 Kafka 安装包是 kafka_2.11-0.10.1.1.tgz，所以，这里选择最新的 Scala-2.12 版本进行安装与配置，如图 2-15 所示。

0.10.2.0

- Released February 21, 2017
- Release Notes
- Source download: kafka-0.10.2.0-src.tgz (asc, md5)
- Binary downloads:
  - Scala 2.10 - kafka_2.10-0.10.2.0.tgz (asc, md5)
  - Scala 2.11 - kafka_2.11-0.10.2.0.tgz (asc, md5)
  - Scala 2.12 - kafka_2.12-0.10.2.0.tgz (asc, md5)

图 2-15 Kafka 系统依赖的 Scala 版本

1. 下载 Scala 安装包

访问 Scala 官方网站，获取软件包下载地址：http://www.scala-lang.org/download，然后选择对应的安装包进行下载，如图 2-16 所示

Archive	System	Size
scala-2.12.3.tgz	Mac OS X, Unix, Cygwin	19.36M
scala-2.12.3.msi	Windows (msi installer)	123.65M
scala-2.12.3.zip	Windows	19.40M
scala-2.12.3.deb	Debian	143.95M
scala-2.12.3.rpm	RPM package	123.97M
scala-docs-2.12.3.txz	API docs	53.14M
scala-docs-2.12.3.zip	API docs	107.38M
scala-sources-2.12.3.tar.gz	Sources	

图 2-16 下载 Scala 安装包

2. 安装 Scala

下载完成后，将 Scala 安装包解压缩到指定目录进行安装，具体操作命令如下。

```
# 这里解压缩到 MacOS 操作系统的指定目录
dengjiedeMacBook-Pro:~ dengjie$ tar -zxvf scala-2.12.3.tgz
# 将 Scale-2.12.3 移动到/usr/local 目录下，并重命名为 Scale
dengjiedeMacBook-Pro:~ dengjie$ mv scala-2.12.3 /usr/local/scala
```

3. 配置 Scala 环境变量

完成安装后，在 .bash_profile 文件中配置 Scala 运行环境变量，具体操作命令如下。

```
# 打开~/.bash_profile 文件
dengjiedeMacBook-Pro:~ dengjie$ vi ~/.bash_profile

# 添加如下内容
export SCALA_HOME=/usr/local/scala
export PATH=$PATH:$SCALA_HOME/bin

# 保存并退出
```

然后用 source 命令使配置的环境变量立即生效，具体操作命令如下。

```
# 使用 source 命令
dengjiedeMacBook-Pro:~ dengjie$ source ~/.bash_profile
```

4. 验证

安装与配置好 Scala 环境后，在操作系统终端中输入 Scala 命令来验证环境是否配置成功。具体操作命令如下。

```
# 输入版本验证命令
dengjiedeMacBook-Pro:~ dengjie$ scala -version
```

如打印出如图 2-17 所示的信息，则表示安装与配置成功。

```
dengjiedeMacBook-Pro:~ dengjie$ scala -version
Scala code runner version 2.12.3 -- Copyright 2002-2017, LAMP/EPFL and Lightbend, Inc.
dengjiedeMacBook-Pro:~ dengjie$
```

图 2-17 Scala 版本信息

2.5.2 安装与配置 Gradle

通过浏览器访问 Gradle 的官方地址 https://gradle.org/install，获取 MacOS 操作系统安装与配置 Gradle 的方法。

通过以下命令可以一键完成 Gradle 的安装与配置。

```
# 使用 brew 来进行一键安装与配置
dengjiedeMacBook-Pro:~ dengjie$ brew install gradle
```

安装与配置完成后，在操作系统终端中输入以下 Gradle 命令来进行版本验证。

```
# 输入版本验证命令
dengjiedeMacBook-Pro:~ dengjie$ gradle -version
```

如打印出如图 2-18 所示的信息，则表示安装与配置成功。

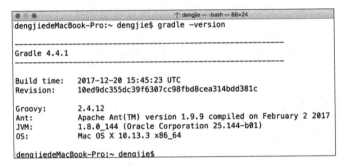

图 2-18　Gradle 版本信息

2.5.3　了解 Kafka 源代码的编译过程

访问 Kafka 官网地址 http://kafka.apache.org/downloads 下载 Kafka 源代码压缩包。本书使用的 Kafka 版本是 kafka-0.10.2.0，这里选择 kafka-0.10.2.0-src.tgz 压缩包。将下载的 Kafka 源代码解压到 MacOS 操作系统的指定目录，Kafka 源代码目录结构如图 2-19 所示。

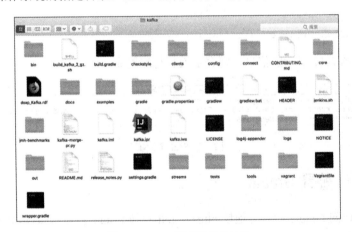

图 2-19　Kafka 源代码目录结构

1. 离线下载依赖包

如果编译环境网络状况不好，则在执行编译命令之前可以先下载核心依赖包 gradle-3.3-all.zip，然后再将它移到 gradle/wrapper/ 目录中，最后修改 gradle/wrapper/gradle-wrapper.properties。

具体修改内容见代码 2-4。

代码 2-4　修改编译配置文件

```
#Wed May 10 10:25:30 CST 2017
distributionBase=GRADLE_USER_HOME
distributionPath=wrapper/dists
zipStoreBase=GRADLE_USER_HOME
zipStorePath=wrapper/dists
# 上面内容保持不变，修改 Gradle 核心依赖包路径地址
distributionUrl=gradle-3.3-all.zip
```

 提示：

gradle-3.3-all.zip 包的下载地址为 https://services.gradle.org/distributions。

2. 在线编译 Kafka 源代码

如果编译网络环境状态良好，则无需配置任何配置文件，直接执行以下编译命令即可。

```
# 先清理无效文件，然后再执行编译命令
dengjiedeMacBook-Pro:kafka dengjie$ ./gradlew clean && ./gradlew releaseTarGz
```

成功执行上述编译命令后，会自动下载 gradle-3.3-bin.zip 依赖包，下载完成后会存放在 /Users/dengjie/.gradle/wrapper/dists 目录中。下载过程所需的时间，完全取决于当时的网络状况。

编译成功后，操作系统控制台会打印出如图 2-20 所示的信息。

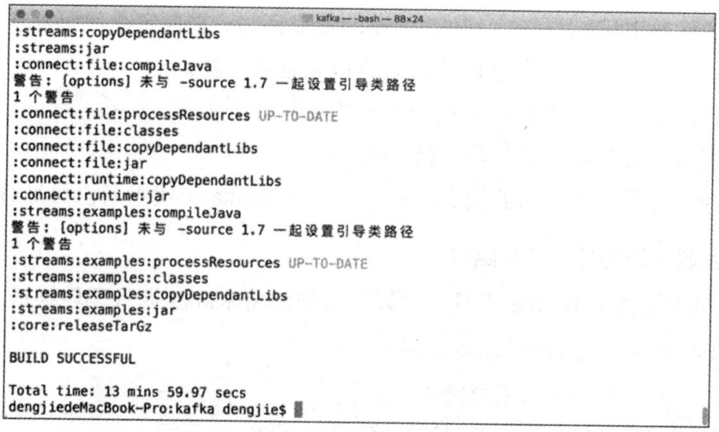

图 2-20　成功编译 Kafka 源代码

编译之后的 Kafka 二进制压缩包文件，会自动存放在 core/build/distributions 目录中。这里的压缩包文件和在 Kafka 官网上提供的一样，读者可以直接使用编译好的 Kafka 安装包。

2.6 实例7：将 Kafka 源代码导入编辑器

在实际应用场景中，可能会遇到一些 Kafka 异常问题，需要阅读 Kafka 源代码来分析异常问题产生的原因。

如果直接打开 Kafka 源代码查看，则阅读起来会很不方便，所以需要借助代码编辑器来阅读 Kafka 源代码。这里列举两种常见的代码编辑器——IntelliJ IDEA 和 Eclipse。可以通过访问各自的官方网站来获取软件安装包，其下载地址见表 2-2。

表 2-2 代码编辑器下载地址

软件	下载地址	版本
IntelliJ IDEA	https://www.jetbrains.com/idea/download	社区版
Eclipse（Scala-IDE）	http://scala-ide.org/download/sdk.html	64 位最新版

实例描述

从表 2-2 中获取编辑器安装包，按照下列两种情况将 Kafka 源代码导入:（1）在 IntelliJ IDEA 编辑器中导入 Kafka 源代码；（2）在 Eclipse 编辑器中导入 Kafka 源代码。

2.6.1 导入 IntelliJ IDEA 编辑器

IntelliJ IDEA 简称 IDEA，是 Java 语言开发的集成环境。它在智能代码提示、重构、版本控制工具（如 Git、SVN 等）、代码分析等方面的功能非常完善。

IDEA 是 JetBrains 公司的产品，目前分为旗舰版和社区版。

- 旗舰版包含所有功能，但是需要付费购买；
- 社区版属于免费产品，功能较少，但对于阅读 Kafka 源代码来说已足够了。

1. 将 Kafka 源代码转成 IDEA 结构

Kafka 源代码中提供了 Gradle 工具，可以很方便地将 Kafka 源代码转换成 IDEA 结构。只需执行一条转换命令即可，具体操作命令如下。

```
# 进入Kafka源代码目录，然后执行下列命令
dengjiedeMacBook-Pro:kafka dengjie$ gradle idea
```

执行命令后，如果转换成功，则控制台会打印出如图 2-21 所示的信息。

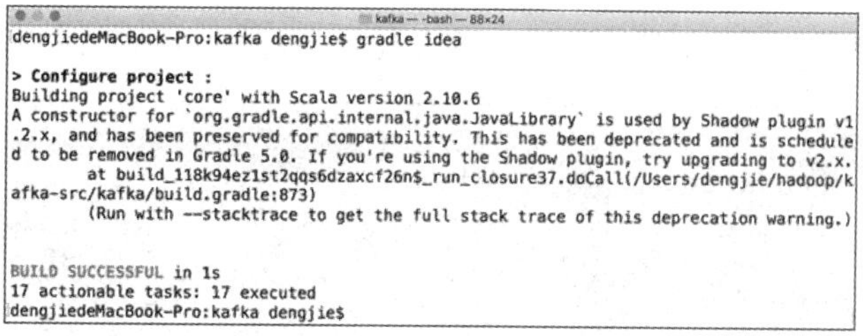

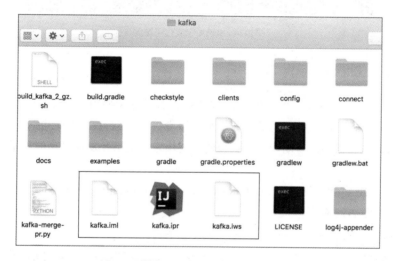

图 2-21　转成 IDEA 结构

之后，在 Kafka 源代码目录会生产三个文件——kafka.iml、kafka.iws 和 kafka.ipr，如图 2-22 所示。

图 2-22　IDEA 结构文件

2. 导入 Kafka 代码

打开 IDEA 社区版代码编辑器，然后选择菜单 "File" - "Open" 命令，在弹出的对话框中选中 Kafka 源代码目录并单击 "Open" 按钮，弹出如图 2-23 所示对话框供用户选择。

图 2-23　IDEA 代码编辑器对话框

单击 "New Window" 按钮，表示重新在一个新的 IDEA 编辑器窗口中导入 Kafka 源代码。

之后等待代码编辑器自动下载需要的依赖包。初始化完成后会出现如图 2-24 所示的结果。

图 2-24　IDEA 完成代码导入

2.6.2　导入 Eclipse 编辑器

Eclipse 是一款著名的跨平台开源集成开发环境,最开始主要用于 Java 语言开发。通过安装不同的插件,Eclipse 可以支持不同的计算机编程语言,比如 Scala、C++、Python 等。

Eclipse 代码编辑器的所有功能都是免费的。使用它,无论开发项目功能,还是阅读源代码都不错。

访问 Scala-IDE 官网网站 http://scala-ide.org/download/sdk.html,获取"Mac OS X Cocoa 64 bit"软件安装包,如图 2-25 所示。

图 2-25　Scala IDE for Eclipse 下载

 提示:
可根据实际的操作系统来选择软件安装包。本书的环境是 Mac 操作系统,故选择 Mac 操作系统的软件安装包。

1. 将 Kafka 源代码转成 Eclipse 结构

Kafka 源代码中提供了 Gradle 工具,它可以很方便地将 Kafka 源代码转换成 Eclipse 结构。只需执行以下换命令。

```
# 进入Kafka源代码目录，然后执行下列命令
dengjiedeMacBook-Pro:kafka dengjie$ gradle eclipse
```

如果转换成功，则控制台会打印出如图2-26所示的结果。

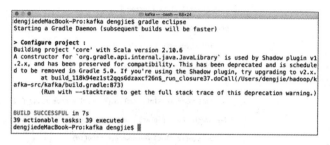

图2-26 转成Eclipse结构

2. 导入Kafka代码

（1）打开"Scala IDE for Eclipse"代码编辑器，然后选择菜单"File" - "Import"命令，在弹出的对话框中找到"Gradle"选项并展开选择"Existing Gradle Project"选项，然后单击"Next"按钮，如图2-27所示。

（2）弹出一个对话框，提示需要选择已存在的Gradle项目，单击"Browser"按钮并选择对应的Kafka源代码目录，单击"Finish"按钮，如图2-28所示。

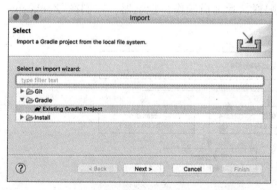
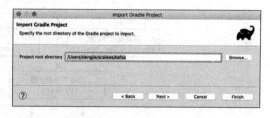

图2-27 选择"Gradle"选项　　　　　图2-28 选择Kafka源代码

（3）代码编辑器开始自行下载依赖包，在下载完成后会出现如图2-29所示的结果。

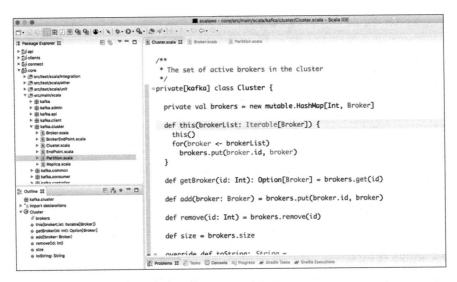

图 2-29　完成代码导入

2.7　了解元数据的存储分布

在 Kafka 系统中，核心组件的元数据信息均存储在 Zookeeper 系统中。这些元数据信息具体包含：控制器选举次数、代理节点和主题、配置、管理员操作、控制器。它们在 Zookeeper 系统中的分布如图 2-30 所示。

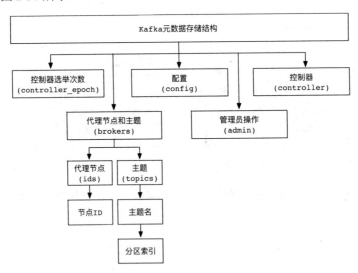

图 2-30　Kafka 元数据在 Zookeeper 系统中的分布

1. 控制器选举次数

在 Kafka 系统中，控制器每进行一次选举次数，都会在 Zookeeper 系统/controller_epoch 节点下进行记录，该值为一个数字。在 Kafka 集群中，第一个代理节点（Broker）启动时，该值为 1。

在 Kafka 集群中，如果遇到代理节点宕机或者变更，则 Kafka 集群会重新选举新的控制器。每次控制器发生变化时，Zookeeper 系统/controller_epoch 节点中的值就会加 1。

> **提示：**
> 在 Zookeeper 系统中，元数据存储的格式为"英文斜杠+英文名称"，例如：/admin。通常会将这种存储类型称之为节点，如"/admin 节点"。

2. 代理节点和主题

- 在 Zookeeper 系统/brokers 节点中，存储着 Kafka 代理节点和主题的元数据信息。
- 在 Zookeeper 系统/brokers/ids 节点中，存储着代理节点的 ID 值。
- 在 Zookeeper 系统/brokers/topics 节点中，存储着主题和分区的元数据信息。

3. 配置

在 Kafka 系统中，修改主题属性这类操作会被存储到 Zookeeper 系统/config 节点中。/config 节点主要包含以下三个子节点。

- topic：存储着 Kafka 集群主题的额外属性，比如修改过主题的属性操作；
- client：存储着客户端和主题配置信息，包含消费者应用和生产者应用；
- changes：存储着修改信息。

4. 管理员操作

在执行管理员操作（比如删除、分配等）时，在 Zookeeper 系统/admin 节点会生成相应的子节点，内容如下。

- delete_topics：存储着待删除主题名的标记；
- reassign_partitions：存储着重新分配分区操作的命令；
- preferred_replica_election：存储着恢复 Leader 分区平衡操作的命令。

5. 控制器

在 Kafka 系统正常运行时，在 Zookeeper 系统/controller 节点下会存储一个 Kafka 代理节点的 ID 值。该 ID 值与 Kafka 代理节点 ID 相同，表示代理节点上存在控制器功能。

2.8 了解控制器的选举流程

控制器，其实就是 Kafka 系统的一个代理节点。它除具有一般代理节点的功能外，还具有选举主题分区 Leader 节点的功能。

 提示：

只有当代理节点上存在控制器时才具有这种功能。

在启动 Kafka 系统时，其中一个代理节点（Broker）会被选举为控制器，负责管理主题分区和副本状态，还会执行分区重新分配的管理任务。

在 Kafka 系统运行过程中，如果当前的控制器出现故障导致不可用，则 Kafka 系统会从其他正常运行的代理节点中重新选举出新的控制器。

2.8.1 了解控制器的启动顺序

在 Kafka 集群中，每个代理节点（Broker）在启动时会实例化一个 KafkaController 类。该类会执行一系列业务逻辑，选举出主题分区的 Leader 节点。具体选举主题分区 Leader 节点的步骤如下。

（1）第一个启动的代理节点，会在 Zookeeper 系统里面创建一个临时节点/controller，并写入该节点的注册信息，使该节点成为控制器。

（2）其他的代理节点陆续启动时，也会尝试在 Zookeeper 系统里面创建/controller 节点。但由于/controller 节点已经存在，所以会抛出"创建/controller 节点失败异常"的信息。创建失败的代理节点会根据返回的结果，判断出在 Kafka 集群中已经有一个控制器被成功创建了，所以放弃创建/controller 节点。这样确保了 Kafka 集群控制器的唯一性。

（3）其他的代理节点，会在控制器上注册相应的监听器。各个监听器负责监听各自代理节点的状态变化，当监听到节点状态发生变化时，会触发相应的监听函数进行处理。

1. 查看控制器创建的优先级

控制器创建的优先级是按照 Kafka 系统代理节点成功启动的顺序来创建的。用户可以通过改变 Kafka 系统代理节点的启动顺序，来查看控制器的创建优先级。具体操作命令如下所示：

（1）启动 Kafka 集群的各节点。

顺序依次是：dn1、dn2、dn3。脚本内容见代码 2-5。

代码 2-5 按照执行顺序启动 Kafka 集群

```
#! /bin/bash

# Kafka 代理节点地址，按照指定顺序启动
```

```
hosts=(dn1 dn2 dn3)

# 打印启动分布式脚本信息
mill=`date "+%N"`
tdate=`date "+%Y-%m-%d %H:%M:%S,${mill:0:3}"`

echo [$tdate] INFO [Kafka Cluster] begins to execute the $1 operation

# 执行分布式开启命令
function start()
{
    for i in ${hosts[@]}
        do
            smill=`date "+%N"`
            stdate=`date "+%Y-%m-%d %H:%M:%S,${smill:0:3}"`
            ssh hadoop@$i "source /etc/profile;echo [$stdate] INFO [Kafka Broker $i] begins
 to execute the startup operation.;kafka-server-start.sh $KAFKA_HOME/config/server.properties>/dev/null" &
            sleep 1
        done
}

# 执行分布式关闭命令
function stop()
{
    for i in ${hosts[@]}
        do
            smill=`date "+%N"`
            stdate=`date "+%Y-%m-%d %H:%M:%S,${smill:0:3}"`
            ssh hadoop@$i "source /etc/profile;echo [$stdate] INFO [Kafka Broker $i] begins
 to execute the shutdown operation.;kafka-server-stop.sh>/dev/null;" &
            sleep 1
        done
}

# 查看Kafka代理节点状态
function status()
{
    for i in ${hosts[@]}
        do
            smill=`date "+%N"`
            stdate=`date "+%Y-%m-%d %H:%M:%S,${smill:0:3}"`
```

```
                ssh hadoop@$i "source /etc/profile;echo [$stdate] INFO [Kafka Broker $i]
status
 message is :;jps | grep Kafka;" &
                sleep 1
          done
}

# 判断输入的 Kafka 命令参数是否有效
case "$1" in
    start)
        start
        ;;
    stop)
        stop
        ;;
    status)
        status
        ;;
    *)
        echo "Usage: $0 {start|stop|status}"
        RETVAL=1
esac
```

然后，在 Zookeeper 系统中查看/controller 临时节点的内容，具体操作命令如下。

```
# 进入 Zookeeper 集群
[hadoop@dn1 bin]$  zkCli.sh -server dn1:2181

# 执行查看命令
[zk: dn1:2181(CONNECTED) 1] get /controller
```

执行上述命令后，可以看到代理节点 0（即 dn1 节点）上成功创建了控制器。输出结果如图 2-31 所示。

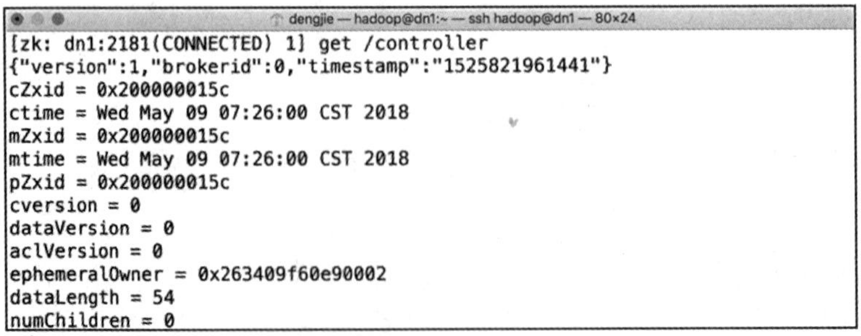
dengjie — hadoop@dn1:~ — ssh hadoop@dn1 — 80×24
[zk: dn1:2181(CONNECTED) 1] get /controller
{"version":1,"brokerid":0,"timestamp":"1525821961441"}
cZxid = 0x200000015c
ctime = Wed May 09 07:26:00 CST 2018
mZxid = 0x200000015c
mtime = Wed May 09 07:26:00 CST 2018
pZxid = 0x200000015c
cversion = 0
dataVersion = 0
aclVersion = 0
ephemeralOwner = 0x263409f60e90002
dataLength = 54
numChildren = 0

图 2-31　控制器内容结果

提示：

本书的 Kafka 集群配置的代理节点 ID 分别是 0、1、2，它们分别对应的主机名是 dn1、dn2、dn3。

（2）修改 Kafka 集群节点启动顺序。

新的启动顺序为：dn3、dn1、dn2。修改代码 2-5 中第 4 行内容，变更信息如下。

```
# 修改代码 2-5 中第 4 行内容
hosts=(dn3 dn1 dn2)
```

然后，执行该脚本再次重启 Kafka 集群。重启命令如下所示。

```
# 重启 Kafka 集群命令
# 先执行停止命令
[hadoop@dn1 bin]$ kafka-daemons.sh stop
# 然后执行启动命令
[hadoop@dn1 bin]$ kafka-daemons.sh start
```

接着，在 Zookeeper 系统中执行“get /controller”命令，查看输出结果。可以看到代理节点 2（即 dn3 节点）上成功创建了控制器，如图 2-32 所示。

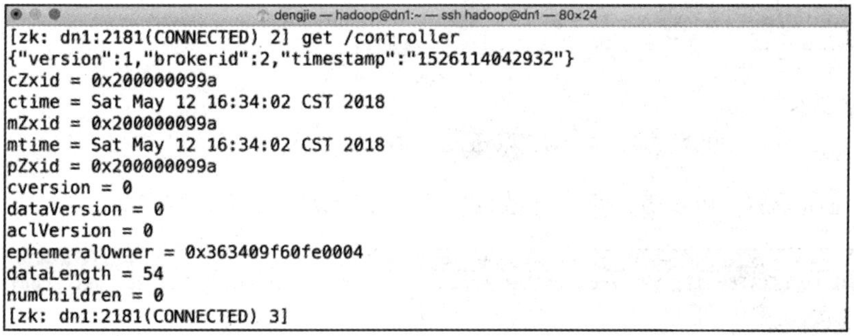
dengjie — hadoop@dn1:~ — ssh hadoop@dn1 — 80×24
[zk: dn1:2181(CONNECTED) 2] get /controller
{"version":1,"brokerid":2,"timestamp":"1526114042932"}
cZxid = 0x200000099a
ctime = Sat May 12 16:34:02 CST 2018
mZxid = 0x200000099a
mtime = Sat May 12 16:34:02 CST 2018
pZxid = 0x200000099a
cversion = 0
dataVersion = 0
aclVersion = 0
ephemeralOwner = 0x363409f60fe0004
dataLength = 54
numChildren = 0
[zk: dn1:2181(CONNECTED) 3]

图 2-32　修改启动顺序后的控制器内容

2. 切换控制器所属的代理节点

当控制器被关闭或者与 Zookeeper 系统断开连接时，Zookeeper 系统上的临时节点就会被清除。Kafka 集群中的监听器会接收到变更通知，各个代理节点会尝试到 Zookeeper 系统中创建一个控制器的临时节点。第一个成功在 Zookeeper 系统中创建的代理节点，将会成为新的控制器。每个新选举出来的控制器，会在 Zookeeper 系统中获取一个递增的 controller_epoch 值。

为了观察选举变化过程，可以先将 dn3 代理节点的 Kafka 进程停止，让 Kafka 集群中的控制器处理关闭状态。具体操作命令如下。

```
# 使用kill命令关闭Kafka进程
[hadoop@dn3 bin]$ kill -9 `ps -fe | grep kafka | grep server |
awk -F ' ' '{print $2}'`
```

然后，在 Zookeeper 系统中执行查看命令，输出结果如图 2-33 所示。与图 2-32 中的结果对比，控制器已经从 dn3 节点切换到 dn2 节点了。

```
dengjie — hadoop@dn1:~ — ssh hadoop@dn1 — 80×24
[zk: dn1:2181(CONNECTED) 12] get /controller
{"version":1,"brokerid":1,"timestamp":"1526116680017"}
cZxid = 0x2000000b0d
ctime = Sat May 12 17:18:00 CST 2018
mZxid = 0x2000000b0d
mtime = Sat May 12 17:18:00 CST 2018
pZxid = 0x2000000b0d
cversion = 0
dataVersion = 0
aclVersion = 0
ephemeralOwner = 0x363409f60fe0005
dataLength = 54
numChildren = 0
```

图 2-33　新的控制器内容

接着，去查看 controller_epoch 的值是否有增加。操作命令如下。

```
# 进入Zookeeper集群中
[hadoop@dn1 bin]$  zkCli.sh -server dn1:2181

# 执行查看命令
[zk: dn1:2181(CONNECTED) 1] get /controller_epoch
```

执行上述命令后，可以看到选举次数已经累加了一次，如图 2-34 所示。

```
dengjie — hadoop@dn1:~ — ssh hadoop@dn1
[zk: dn1:2181(CONNECTED) 19] get /controller_epoch
36
cZxid = 0x100000024
ctime = Mon Jan 01 15:25:18 CST 2018
mZxid = 0x2000000b0e
mtime = Sat May 12 17:18:00 CST 2018
pZxid = 0x100000024
cversion = 0
dataVersion = 35
aclVersion = 0
ephemeralOwner = 0x0
dataLength = 2
numChildren = 0
```

```
dengjie — hadoop@dn1:~ — ssh hadoop@dn
[zk: dn1:2181(CONNECTED) 20] get /controller_epoch
37
cZxid = 0x100000024
ctime = Mon Jan 01 15:25:18 CST 2018
mZxid = 0x2000000bb7
mtime = Sat May 12 17:23:00 CST 2018
pZxid = 0x100000024
cversion = 0
dataVersion = 36
aclVersion = 0
ephemeralOwner = 0x0
dataLength = 2
numChildren = 0
```

图 3-34　查看选举次数

2.8.2　了解主题分区 Leader 节点的选举过程

选举控制器的核心思想是：各个代理节点公平竞抢在 Zookeeper 系统中创建/controller 临时

节点，最先创建成功的代理节点会成为控制器，并拥有选举主题分区 Leader 节点的功能。

整个控制器的选举流程如图 2-35 所示。

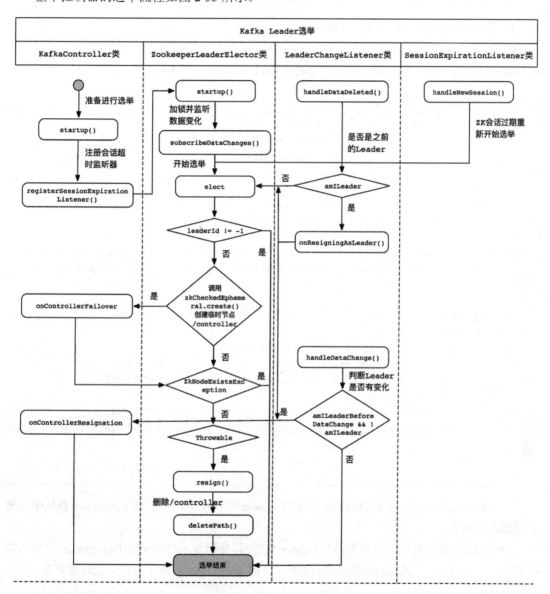

图 2-35 控制器选举流程图

从图 2-35 中可知，当 Kafka 系统实例化 KafkaController 类时，主题分区 Leader 节点的选举流程便会开始。其中涉及的核心类包含 KafkaController 类、ZookeeperLeaderElector 类、

LeaderChangeListener 类、SessionExpirationListener 类。

下面围绕这四个核心的类，详细介绍 Kafka 系统控制器 Leader 选举流程。

1. 了解 KafkaController 类的作用

KafkaController 类在实例化 ZookeeperLeaderElector 类时，分别设置了两个关键的回调函数——onControllerFailover 和 onControllerResignation。具体实现见代码 2-6。

代码 2-6　KafkaController 实现代码

```
class KafkaController (val config: KafkaConfig,
                      zkUtils: ZkUtils,
                      val brokerState: BrokerState,
                      time: Time,
                      metrics: Metrics,
                      threadNamePrefix: Option[String] = None)
                      extends Logging with KafkaMetricsGroup{

    private val controllerElector = new ZookeeperLeaderElector(controllerContext,
        ZkUtils.ControllerPath, onControllerFailover,onControllerResignation,
        config.brokerId, time)                    // 初始化 ZK 选举实例

    /** 准备选举 */
    def startup() = {
    inLock(controllerContext.controllerLock) {
            info("Controller starting up")           // 打印开始选举信息
            registerSessionExpirationListener()      // 注册会话过期监听器
            isRunning = true                         // 标记正常运行
            controllerElector.startup                // 开始执行选举逻辑
            info("Controller startup complete")      // 完成所有选举操作后，打印选举完成日志
        }
    }
}
```

在 onControllerFailover 回调函数中初始化 Leader 依赖模块，包括在 Zookeeper 系统中递增控制器选举次数。

当 Kafka 系统当前代理节点不再是 Leader 角色时，会触发 onControllerResignation 回调函数重新进行注册选举。KafkaController 类启动后，会向 Zookeeper 系统注册会话超时监听器，并尝试选举 Leader。

2. 了解 ZookeeperLeaderElector 类的作用

ZookeeperLeaderElector 类实现了主题分区的 Leader 节点选举功能，但是它并不会处理"代

理节点与 Zookeeper 系统之间出现会话超时"这种情况。

ZookeeperLeaderElector 类主要负责创建元数据存储路径、实例化变更监听器等，并通过订阅数据变更监听器来实时监听数据的变化，进而开始执行选举 Leader 的逻辑。具体实现见代码 2-7。

代码 2-7　ZookeeperLeaderElector 实现代码

```
class ZookeeperLeaderElector(controllerContext: ControllerContext,
                    electionPath: String,
                    onBecomingLeader: () => Unit,
                    onResigningAsLeader: () => Unit,
                    brokerId: Int,
                    time: Time)
    extends LeaderElector with Logging {

    var leaderId = -1
    // 如果不存在，则在 Zookeeper 系统上创建一个选举路径
    val index = electionPath.lastIndexOf("/")
    if (index > 0)
 controllerContext.zkUtils.makeSurePersistentPathExists(electionPath.substring(0, index))
    // 实例化一个 Leader 变更监听器
    val leaderChangeListener = new LeaderChangeListener

    /** 开始选举 */
    def startup {
        // 加锁
        inLock(controllerContext.controllerLock) {
            controllerContext.zkUtils.zkClient.subscribeDataChanges(electionPath,
            leaderChangeListener)
            elect           // 执行选举
        }
    }
}
```

ZookeeperLeaderElector 类完成选举前的准备工作后，开始执行 startup() 函数来订阅数据变化监听器，同时调用 elect 方法来执行选举 Leader 的逻辑。

通常情况下，触发执行 elect 方法的条件有以下几点：

- 代理节点启动。
- 在上一次创建临时节点成功后，由于网络原因或服务器故障等导致连接中断。然后调用 resign() 函数并删除 Zookeeper 系统中的 /controller 节点。

- 在上一次创建临时节点成功后,由于网络原因或服务器故障等导致连接中断。再次进入 elect 方法,发现 Kafka 系统中已经有代理节点成了 Leader。
- 在上一次创建临时节点成功后,在执行 onBecomingLeader() 函数时抛出了异常信息,执行业务逻辑后,再尝试选举 Leader。

elect 方法的具体实现逻辑见代码 2-8。

代码 2-8　elect 实现逻辑

```
def elect: Boolean = {
  val timestamp = time.milliseconds.toString
  val electString = Json.encode(Map("version" -> 1,
    "brokerid" -> brokerId, "timestamp" -> timestamp))

  // 获取 LeadedID
  leaderId = getControllerID

  // 判断 LeadedID
  if(leaderId != -1) {
     debug("Broker %d has been elected as leader, so stopping the election process.".format(leaderId))
     return amILeader
  }

  try {
    // 实例化 ZKCheckedEphemeral
    val zkCheckedEphemeral = new ZKCheckedEphemeral(electionPath,
                             electString,
          controllerContext.zkUtils.zkConnection.getZookeeper,
                             JaasUtils.isZkSecurityEnabled())
    zkCheckedEphemeral.create()                    // 创建临时节点/controller
    info(brokerId + " successfully elected as leader")
    leaderId = brokerId
    onBecomingLeader()                             // 成为 Leader
  } catch {
    // 异常处理
    case _: ZkNodeExistsException =>
      leaderId = getControllerID

      if (leaderId != -1)
  debug("Broker %d was elected as leader instead of broker %d".format(leaderId, brokerId))
      else
```

```
    warn("A leader has been elected but just resigned,
      this will result in another round of election")

  case e2: Throwable =>
    error("Error while electing or becoming leader on broker %d".format(brokerId), e2)
    resign()
  }
  amILeader
}

// 关闭
def close = {
  leaderId = -1
}

def amILeader : Boolean = leaderId == brokerId

// 放弃 Leader 选举，并删除临时节点
def resign() = {
  leaderId = -1
  controllerContext.zkUtils.deletePath(electionPath)
}
```

在 Zookeeper 系统中，创建临时节点/controller 时，如果产生 ZkNodeExistsException 类异常，则说明 Kafka 系统中已经有代理节点成了 Leader。

而如果是执行 onBecomingLeader() 方法出现异常，则说明初始化 Leader 的相关模块存在问题。若是初始化失败，则调用 resign() 函数删除 Zookeeper 系统/controller 节点上的数据。Zookeeper 系统中的/controller 节点被删除，会触发 LeaderChangeListener 监听器尝试重新选举 Leader，这样避免了 Kafka 系统中控制器无 Leader 的问题。

3. 了解 LeaderChangeListener 类的作用

如果节点数据发生变化，则 Kafka 系统中的其他代理节点可能已经成为 Leader，接着 Kafka 控制器会调用 onResigningAsLeader() 函数。

当 Kafka 代理节点宕机或者被人为误删除时，则处于该节点上的 Leader 会被重新选举。通过调用 onResigningAsLeader() 函数重新选择其他正常运行的代理节点成为新的 Leader，具体实现见代码 2-9。

代码 2-9　LeaderChangeListener 实现类

```scala
class LeaderChangeListener extends IZkDataListener with Logging {
  /** 回调函数，处理数据变更 */
  @throws[Exception]
  def handleDataChange(dataPath: String, data: Object) {
    val shouldResign = inLock(controllerContext.controllerLock) {
      val amILeaderBeforeDataChange = amILeader
      leaderId = KafkaController.parseControllerId(data.toString)
      info("New leader is %d".format(leaderId))
      // 如果旧的 Leader 不再是 Leader 就会重新被选举
      amILeaderBeforeDataChange && !amILeader
    }

    if (shouldResign)
      onResigningAsLeader()
  }

  /** 删除临时节点 */
  @throws[Exception]
  def handleDataDeleted(dataPath: String) {
    val shouldResign = inLock(controllerContext.controllerLock) {
      debug("%s leader change listener fired for path %s to handle data deleted:
        trying to elect as a leader"
        .format(brokerId, dataPath))
      amILeader
    }

    if (shouldResign)
      onResigningAsLeader()

    inLock(controllerContext.controllerLock) {
      elect
    }
  }
}
```

在选举的过程中，执行 elect 方法中的实现逻辑时会调用 onBecomingLeader 方法。该方法相当于 KafkaController 类中的 onControllerFailover 方法，也是用于选举当前代理节点作为新的控制器。

当 Kafka 集群中的某个代理节点成为新的 Leader 后，会初始化 Leader 的所有功能模块，例如注册分区监听器、注册副本监听器、注册分区状态机、注册副本状态机等。

在执行数据变更监听器逻辑时，会调用 onResigningAsLeader 方法。该方法相当于

KafkaController 类中的 onControllerResignation 方法，也是用来重新分配控制器，是控制器内部清理数据结构所必须的步骤。

4. SessionExpirationListener 类的作用

当 Kafka 系统的代理节点和 Zookeeper 系统建立连接后，SessionExpirationListener 中的 handleNewSession()函数会被调用。对于 Zookeeper 系统中会话过期的连接，会先进行一次判断：
- 如果当前的控制器 ID 和代理节点 ID 相同，则 Kafka 会跳过重新选举的环节。
- 如果当前控制器的 ID 和代理节点 ID 不同，则 Kafka 会关闭当前的控制器，然后尝试重新选举。

具体实现见代码 2-10。

代码 2-10　SessionExpirationListener 实现类

```
class SessionExpirationListener() extends IZkStateListener with Logging {
  this.logIdent = "[SessionExpirationListener on " + config.brokerId + "], "

  /** 会话过期，重新建立连接 */
  @throws[Exception]
  def handleNewSession() {
info("ZK expired; shut down all controller components and try to re-elect")
// 判断控制器 ID 和代理节点 ID 是否相同
    if (controllerElector.getControllerID() != config.brokerId) {
      onControllerResignation()
      inLock(controllerContext.controllerLock) {
        controllerElector.elect
      }
    } else {
      info("ZK expired, but the current controller id %d is the same as this broker id, 
          skip re-elect".format(config.brokerId))
    }
  }
}
```

2.8.3　了解注册分区和副本状态机

Kafka 系统的控制器主要负责管理主题、分区和副本。

Kafka 系统在操作主题、分区和副本时，控制器会在 Zookeeper 系统的/brokers/topics 节点，以及其子节点路径上注册一系列的监听器。

使用 Kafka 应用接口或者是 Kafka 系统脚本创建一个主题时，服务端会将创建后的结果返回给客户端。当客户端收到创建成功的提示时，其实服务端并没有实际创建主题，而只是在

Zookeeper 系统的/brokers/topics 节点中创建了该主题对应的子节点名称。

之后，服务端以异步的方式来创建主题。当服务端完成主题创建操作后，可以去 $KAFKA_HOME/data 中查看实际数据，或者访问 Zookeeper 系统查看元数据。

例如，查看 Zookeeper 系统/brokers/topics 节点中的一个主题，操作命令如下。

```
# 查看/brokers/topics 节点中的主题
[zk: dn1:2181(CONNECTED) 28] get /brokers/topics/ip_login
```

执行上述命令后，输出结果如图 2-36 所示。

```
[zk: dn1:2181(CONNECTED) 28] get /brokers/topics/ip_login
{"version":1,"partitions":{"4":[2,1,0],"5":[0,2,1],"6":[1,2,0],"1":[2,0,1],"0":[1,2,0],"2":[0,1,2],"7":[2,0,1],"3":[1,0,2]}}
```

图 2-36　查看主题分区和副本

通过上述命令可以查看指定主题的分区和副本分配信息，以及每个分区上的 Leader 所在代理节点。

提示：

主题元数据信息是通过分区索引值和代理节点 ID 来表示的。例如"4":[2,1,0]表示的是，分区索引值为 4，Leader 所在代理节点 ID 为 2。其他分区上的 Leader 所在的节点以此类推。

代理节点调用 onBecomingLeader()函数实际上调用的是 onControllerFailover()函数，所以在控制器调用 onControllerFailover()函数时，会在初始化阶段分别创建分区状态机和副本状态机。具体实现见代码 2-11。

代码 2-11　创建分区和副本监听器

```
def onControllerFailover() {
   if(isRunning) {
info("Broker %d starting become controller state
 transition".format(config.brokerId))
     readControllerEpochFromZookeeper()
     incrementControllerEpoch(zkUtils.zkClient)

     // 在/brokers/topics 节点注册监听器
     registerReassignedPartitionsListener()
     registerIsrChangeNotificationListener()
     registerPreferredReplicaElectionListener()
     partitionStateMachine.registerListeners()       // 注册分区状态机
     replicaStateMachine.registerListeners()         // 注册副本状态机
```

```
  initializeControllerContext()

  // 在控制器初始化之后，在状态机启动之前，需要发送更新元数据请求
  sendUpdateMetadataRequest(controllerContext.liveOrShuttingDownBrokerIds.toSeq)

  replicaStateMachine.startup()                 // 启动副本状态机
  partitionStateMachine.startup()               // 启动分区状态机

  // 在自动故障转移中为所有主题注册分区更改监听器
  controllerContext.allTopics.foreach(topic => partitionStateMachine.
        registerPartitionChangeListener(topic))
  info("Broker %d is ready to serve as the new controller with epoch %d".
        format(config.brokerId, epoch))
  maybeTriggerPartitionReassignment()
  maybeTriggerPreferredReplicaElection()
  if (config.autoLeaderRebalanceEnable) {
    info("starting the partition rebalance scheduler")
    autoRebalanceScheduler.startup()
    autoRebalanceScheduler.schedule("partition-rebalance-thread",
       checkAndTriggerPartitionRebalance,
       5,
       config.leaderImbalanceCheckIntervalSeconds.toLong,
       TimeUnit.SECONDS)
  }
  deleteTopicManager.start()
}
else
  info("Controller has been shut down, aborting startup/failover")
}
```

主题的分区状态机通过 registerListeners() 函数，在 Zookeeper 系统中的/brokers/topics 节点上注册了 TopicChangeListener 和 DeleteTopicListener 两个监听器。

主题的副本状态机通过 registerListeners() 函数，在 Zookeeper 系统中/brokers/ids 节点上注册了一个代理节点监听器 BrokerChangeListener。通过 BrokerChangeListener 监听器来监听 /brokers/ids 子节点下的变化。

创建一个主题时，主题信息、主题分区和副本会被写到 Zookeeper 系统的/brokers/topics 节点中，这会触发分区和副本状态机注册监听器。

2.8.4 了解分区自动均衡和分区重新分配

Kafka 系统在启动时，会通过控制器来管理主题分区自动平衡，以及重新分配分区。

1. 了解分区自动平衡

在初始化控制器时，在 onControllerFailover() 函数中如果读取到 "auto.leader.rebalance.enable" 的属性值为 true，则会开启分区自动均衡。

可以通过调用 checkAndTriggerPartitionRebalance() 函数来实现，见代码 2-12。

代码 2-12　分区自动均衡触发器

```
private def checkAndTriggerPartitionRebalance(): Unit = {
  if (isActive) {
    trace("checking need to trigger partition rebalance")
    // 获取所有在线的代理节点
var preferredReplicasForTopicsByBrokers: Map[Int, Map[TopicAndPartition, Seq[Int]]]
  = null
    inLock(controllerContext.controllerLock) {
      preferredReplicasForTopicsByBrokers =
        controllerContext.partitionReplicaAssignment.filterNot(p =>
deleteTopicManager.isTopicQueuedUpForDeletion(p._1.topic)).groupBy {
        case (_, assignedReplicas) => assignedReplicas.head
      }
    }
    debug("preferred replicas by broker " + preferredReplicasForTopicsByBrokers)
    // 遍历所有代理节点，判断是否需要触发副本机制
    preferredReplicasForTopicsByBrokers.foreach {
      case(leaderBroker, topicAndPartitionsForBroker) => {
        var imbalanceRatio: Double = 0
        var topicsNotInPreferredReplica: Map[TopicAndPartition, Seq[Int]] = null
        inLock(controllerContext.controllerLock) {
          topicsNotInPreferredReplica = topicAndPartitionsForBroker.filter {
            case (topicPartition, _) =>
              controllerContext.partitionLeadershipInfo.contains(topicPartition)
&&
              controllerContext.partitionLeadershipInfo(topicPartition).
              leaderAndIsr.leader != leaderBroker
          }
          debug("topics not in preferred replica " + topicsNotInPreferredReplica)
          val totalTopicPartitionsForBroker = topicAndPartitionsForBroker.size
          val totalTopicPartitionsNotLedByBroker = topicsNotInPreferredReplica.size
          imbalanceRatio = totalTopicPartitionsNotLedByBroker.toDouble /
            totalTopicPartitionsForBroker
          trace("leader imbalance ratio for broker %d is %f"
              .format(leaderBroker, imbalanceRatio))
        }
        // 检查均衡比率。如果大于阈值，则触发重新均衡
```

```
            if (imbalanceRatio > (config.leaderImbalancePerBrokerPercentage.toDouble /
100)) {
            topicsNotInPreferredReplica.keys.foreach { topicPartition =>
                inLock(controllerContext.controllerLock) {
                // 当代理节点处于存活状态,并且没有分区被重新分配以及副本没有优先选择操作,才会触发检
查操作
                    if (controllerContext.liveBrokerIds.contains(leaderBroker) &&
                        controllerContext.partitionsBeingReassigned.isEmpty &&
controllerContext.partitionsUndergoingPreferredReplicaElection.isEmpty &&
                        !deleteTopicManager.isTopicQueuedUpForDeletion(topicPartition.topic)
&&
                        controllerContext.allTopics.contains(topicPartition.topic)) {
                        onPreferredReplicaElection(Set(topicPartition), true)
                    }
                }
            }
        }
    }
  }
}
```

分区自动均衡是将分区的优先副本选择为 Leader。如果分区副本是通过 Kafka 系统自动分配的,则会确保分区的副本被分配在不同的代理节点上。

> **提示:**
> 优先副本是指排在最前面的副本。例如,"4":[2,1,0],分区索引值为 4,副本分别是 2、1、0,而副本节点 ID 为 2 的排在最前面,那么它会被优先选择为 Leader。

在初始化控制器时,会判断每个代理节点的分区是否均衡,通过"leader.imbalance.per.broker.percentage"属性值来判断,默认值是 10%。

判别主题分区不均衡方法是:每个代理节点上的分区 Leader 非优先副本的总数与该代理节点上分区总数的比值大于均衡阈值,则判断主题分区不均衡。具体计算公式如下。

```
# 计算不均衡的公式
比值 = 每个代理节点上分区 Leader 非优先副本总数 / 该代理节点上分区的总数
```

如果比值 imbalanceRatio 超过默认值的 10%,则触发自动均衡操作。通过调用 onPreferredReplicaElection()函数执行优先选择副本操作,让优先选择副本成为分区的 Leader,这样就能实现分区自动均衡功能。

2. 了解分区重新分配

通过 Kafka Eagle 监控工具可以直接查看主题（ip_login）的分区及副本详情，如图 2-37 所示。

Topic	Partition	Leader	Replicas	Isr
ip_login	2	0	[0, 1, 2]	[0, 2, 1]
ip_login	5	0	[0, 1, 2]	[0, 2, 1]
ip_login	4	2	[0, 1, 2]	[2, 1, 0]
ip_login	7	2	[0, 1, 2]	[2, 1, 0]
ip_login	1	2	[0, 1, 2]	[2, 1, 0]
ip_login	3	1	[0, 1, 2]	[1, 2, 0]
ip_login	6	1	[0, 1, 2]	[1, 2, 0]
ip_login	0	1	[0, 1, 2]	[1, 2, 0]

图 2-37 主题分区和副本详情

当客户端修改主题（ip_login）的分区时，会在 Zookeeper 系统的/admin 节点下创建一个 reassign_partitions 子节点，分区和副本的分配策略会被写入/admin/reassign_partitions 节点中。正常情况下，这个过程执行得很快，分区重新配置操作完成后，reassign_partitions 节点会被自动删除。

/admin/reassign_partitions 节点的数据发生更新会触发 PartitionsReassignedListener 监听器来完成一系列的检测处理。最后调用 KafkaController.onPartitionReassignment()函数来完成分区的重新分配操作。具体实现见代码 2-13。

代码 2-13　实现重新分配分区

```
def onPartitionReassignment(topicAndPartition: TopicAndPartition,
        reassignedPartitionContext: ReassignedPartitionsContext) {
   val reassignedReplicas = reassignedPartitionContext.newReplicas
   if (!areReplicasInIsr(topicAndPartition.topic, topicAndPartition.partition,
   reassignedReplicas)) {
     info("New replicas %s for partition %s being "
         .format(reassignedReplicas.mkString(","),
         topicAndPartition) +
       "reassigned not yet caught up with the leader")
     val newReplicasNotInOldReplicaList = reassignedReplicas.toSet
         -- controllerContext.partitionReplicaAssignment(topicAndPartition).toSet
     val newAndOldReplicas = (reassignedPartitionContext.newReplicas
         ++ controllerContext.partitionReplicaAssignment(topicAndPartition)).toSet
     // 1. 在 Zookeeper 上更新 AR
     updateAssignedReplicasForPartition(topicAndPartition, newAndOldReplicas.toSeq)
     // 2. 发送 LeaderAndIsr 请求给每个副本
     updateLeaderEpochAndSendRequest(topicAndPartition,
```

```
      controllerContext.partitionReplicaAssignment(topicAndPartition),
    newAndOldReplicas.toSeq)
  // 3. 给重新分配的分区开启新的副本
  startNewReplicasForReassignedPartition(topicAndPartition,
      reassignedPartitionContext, newReplicasNotInOldReplicaList)
  info("Waiting for new replicas %s for partition %s being "
      .format(reassignedReplicas.mkString(","), topicAndPartition) +
    "reassigned to catch up with the leader")
} else {
  // 4. 等待所有的副本与 Leader 完成同步
  val                          oldReplicas                          =
controllerContext.partitionReplicaAssignment(topicAndPartition)
    .toSet -- reassignedReplicas.toSet
  // 5. 重新分配副本
  reassignedReplicas.foreach { replica =>
    replicaStateMachine.handleStateChanges(Set(new PartitionAndReplica(
      topicAndPartition.topic, topicAndPartition.partition,
      replica)), OnlineReplica)
  }
  // 6. 将 AR 设置为内存中 RAR
  // 7. 发送一个新的 Leader 和新的 AR
  moveReassignedPartitionLeaderIfRequired(topicAndPartition,
      reassignedPartitionContext)
  // 8. 清理离线或是不在 isr 列表中的副本
  // 9. 清理不存在的副本
  stopOldReplicasOfReassignedPartition(topicAndPartition,
      reassignedPartitionContext, oldReplicas)
  // 10. 在 Zookeeper 中更新 AR
  updateAssignedReplicasForPartition(topicAndPartition, reassignedReplicas)
  // 11. 更新 Zookeeper 系统中的 /admin/reassign_partitions 节点
  removePartitionFromReassignedPartitions(topicAndPartition)
  info("Removed partition %s from the list of reassigned partitions in zookeeper"
      .format(topicAndPartition))
  controllerContext.partitionsBeingReassigned.remove(topicAndPartition)
  // 12. 选举 Leader 后, 副本和 isr 信息改变, 重新发送元数据更新请求
  sendUpdateMetadataRequest(controllerContext.liveOrShuttingDownBrokerIds.toSeq,
      Set(topicAndPartition))
  deleteTopicManager.resumeDeletionForTopics(Set(topicAndPartition.topic))
  }
}
```

2.9 小结

学习本章内容，需要注意两个容易出现错误的地方：一个是配置实现各个主机之间免密码登录，另一个是准备好编译 Kafka 源代码的环境。

本章的主要内容正好帮助读者达到了该目的，读者可以参考本章内容，轻松搭建一个分布式的 Kafka 集群。

第 2 篇　入门

　　Kafka 系统为上层应用提供了简洁、易用的接口。通过这些接口能够快速编写 Kafka 应用程序。本篇从基础操作、生产者、消费者、存储及管理数据等方面来介绍 Kafka 的命令和接口用法。读者通过对这部分内容的学习，可以结合实际项目需求开发 Kafka 应用程序。

- ▶ 第 3 章　Kafka 的基本操作
- ▶ 第 4 章　将消息数据写入 Kafka 系统——生产
- ▶ 第 5 章　从 Kafka 系统中读取消息数据——消费
- ▶ 第 6 章　存储及管理数据

第 3 章 Kafka 的基本操作

本章开始实战演练 Kafka 的基本操作，比如操作 Zookeeper 集群和 Kafka 集群、管理主题、修改分区和副本等。

3.1 本章教学视频说明

视频内容：Zookeeper 和 Kafka 在不同模式下的启用/停止操作、Kafka 主题操作等。
视频时长：19 分钟。
视频截图见图 3-1。

图 3-1　本章教学视频截图

3.2 操作 Zookeeper 集群

Zookeeper 和 Kafka 密切相关。在启动 Kafka 集群之前，需要先启动 Zookeeper 集群。在管理和协调 Kafka 代理（Broker）时，Zookeeper 起着至关重要的作用。

3.2.1 Zookeeper 的作用及背景

Zookeeper 是一个分布式应用程序,它是 Hadoop、Kafka、HBase 等这些分布式系统中不可或缺的重要组件,它为分布式系统提供协调服务。

1. 管理代码中变量的配置

在实际项目开发中,实现一个应用程序通常会动态配置一些参数,比如线程数、数据库连接地址、定时调度时间间隔等。这些参数会用一个配置文件进行保存,在代码中可引用这些配置文件。如果业务系统非常复杂、配置文件非常多,多台服务器上的应用程序都依赖这些配置文件,则使用配置文件这种方式就略显吃力。

进阶一点的做法是使用数据库:将配置文件的内容存储到数据库,所有依赖这些配置的应用程序都可以通过访问数据库来获取配置信息。可这样会有一个问题:随着访问数据库的应用程序越来越多,对数据库的要求会越来越高。需要保证配置信息的高可用,不能因为数据库故障导致所有的应用程序瘫痪。

可以在此基础上进行改进——组建集群。集群虽然满足了配置信息的高可用,但是配置信息的一致性却难以保证。因此,需要一种拥有一致性协议的服务。

Zookeeper 的出现,很好地弥补这一空白。Zookeeper 使用 Zab 协议来提供一致性服务。现在很多分布式开源系统(比如 Hadoop、Kafka、HBase 等)都使用 Zookeeper 来维护和管理配置。

提示:

> Zookeeper Atomic Broadcast 简称 Zab,该协议是实现 Zookeeper 一致性服务的核心。实现 Zab 协议的算法充分考虑了高吞吐量、低延迟、稳定、简单等特性。

2. 设置命名服务

命名服务是分布式系统中比较常见的一类应用场景。

在分布式系统中,通过使用命名服务,客户端应用程序可以根据指定名字来获取元数据信息,其中较为常见的是分布式服务框架中的服务地址列表。

在 Kafka 系统中,通过调用 Zookeeper 系统的应用接口来创建一个全局唯一的路径地址,在这些路径地址中存储了 Kafka 的主题名称、Kafka 主题分区与副本、Kafka 代理信息等内容,如图 3-2 所示。

```
WatchedEvent state:SyncConnected type:None path:null
[zk: dn1:2181,dn2:2181,dn3:2181(CONNECTED) 0] ls /
[cluster, brokers, storm, zookeeper, yarn-leader-election, hadoop-ha, admin, isr
_change_notification, kafka_eagle, log_dir_event_notification, drill, controller
_epoch, rmstore, consumers, latest_producer_id_block, config, hbase, kylin]
[zk: dn1:2181,dn2:2181,dn3:2181(CONNECTED) 1]
```

图 3-2 Zookeeper 系统中的命令空间

3. 提升系统的可用性和安全性

在分布式系统中，为了提高系统的可用性，集群中每一个节点应部署相同的进程服务。但如果一个客户端请求需要这些进程服务都参与，则这些进程服务之间的相互协调和编程实现就会变得困难。可如果只使用一个服务进程，则存在单点问题。

> **说明：**
> 单点问题是分布式系统中应重点考虑的问题。在一个系统中，如果只有一个主进程来处理客户端请求，就会存在单点问题。即，当这个主进程出现异常变得不可用时，整个系统将不能正常运行。
>
> 所以一般情况下，在分布式系统中都会做高可用（High Availability，HA），即存在一个主进程和一个备用进程。

面对这种复杂的场景，通常有一种做法——使用分布式锁：
- 在某一时刻，只让一个进程服务处理请求，该服务进程处理完请求后会释放锁；
- 若在处理请求时出现异常，在释放锁的同时会将故障转移到其他可用的进程服务。

使用分布式锁的做法在分布式系统中比较常见，如 Leader 选举。Hadoop 的 NameNode Active、HBase Master、Kafka 所有分区（Partition）的 Leader 选举都是采用的这种机制。

4. 管理 Kafka 集群

分布式集群（比如 Kafka 集群）在运行过程中，可能会因为服务器硬件故障、软件故障、网络故障，导致集群中的某些代理节点时而处于离线状态，时而处于上线状态。

另外，在维护 Kafka 集群时，可能会添加新的代理节点，也可能会淘汰老的代理节点。此时，Kafka 集群中的其他代理节点应感知到这样的变化，并能根据变化采取对应的决策。

在 Kafka 系统中，每一个代理节点会在 Zookeeper 系统中注册一个监听器（Watcher），在会话（Session）期间不断地更新当前代理节点的状态信息。

3.2.2 实例 8：单机模式启动 Zookeeper 系统

Zookeeper 有两种启动模式：① 单机模式（Standalone），② 分布式模式（Distributed）。

实例描述

在一台 Linux 操作系统主机上安装一个 Zookeeper 系统，执行启动命令并观察结果。

单机模式配置比较简单，在$ZK_HOME/conf/zoo.cfg 文件中配置代码 3-1 所示的内容。

代码 3-1　单机模式配置

```
# 通信时间限制
syncLimit=5
# 元数据存储路径，推荐使用独立磁盘来存储
dataDir=/data/soft/new/zookeeper/data
# 客户端连接端口号
clientPort=2181
# 处理客户端最大连接数
maxClientCnxns=60
# 需要保留的文件数目
autopurge.snapRetainCount=3
# 日志清理频率，单位是小时。如果填写整数 0，则表示不开启自动清理功能
autopurge.purgeInterval=1
```

1. 配置全局变量

为了能够全局使用 Zookeeper 命令，可以在 Linux 操作系统中配置 Zookeeper 环境变量。具体配置内容如下。

```
# 在~/.bash_profile 文件中进行配置
[hadoop@dn1 ~]$ vi ~/.bash_profile

# 添加如下内容
export ZK_HOME=/data/soft/new/zookeeper
export PATH=$PATH:$ZK_HOME/bin

# 保存并退出
```

然后，使用 source 命令使配置的 Zookeeper 环境变量立即生效。具体操作命令如下。

```
# 使用 source 命令
[hadoop@dn1 ~]$ source ~/.bash_profile
```

2. 单机模式启动 Zookeeper

在 Linux 操作系统中，可使用 Zookeeper 的 zkServer.sh 脚本来启动 Zookeeper 系统。具体操作命令如下。

```
# 使用 start 参数启动
[hadoop@dn1 ~]$ zkServer.sh start
```

执行上述命令后，在控制台中会出现启动成功的日志信息，见下方代码。

```
JMX enabled by default
Using config: /data/soft/new/zookeeper/bin/../conf/zoo.cfg
Starting zookeeper ... STARTED
```

3. 验证单机模式的 Zookeeper 是否正常

可以通过 Linux 的 jps 命令来查看 Zookeeper 进程 QuorumPeerMain 是否存在，还可以通过 Zookeeper 的 status 命令或 telnet 命令来查看。具体操作命令如下。

代码 3-2　验证 Zookeeper 服务是否正常

```
# 使用 jps 命令查看
[hadoop@dn1 ~]$ jps
8210 QuorumPeerMain

# 使用 status 命令
[hadoop@dn1 ~]$ zkServer.sh status
JMX enabled by default
Using config: /data/soft/new/zookeeper/bin/../conf/zoo.cfg
Mode: standalone

# 使用 telnet 命令，访问 Zookeeper 的客户端端口 2181
[hadoop@dn1 ~]$ telnet dn1 2181
Trying 10.211.55.5...
Connected to dn1.

Escape character is '^]'.

^]
telnet>
```

3.2.3　实例 9：单机模式关闭 Zookeeper 系统

单机模式关闭 Zookeeper 有两种方法：
- 通过 jps 命令获取 Zookeeper 进程的 PID 值，然后使用 kill 命令关闭 Zookeeper 进程；
- 使用 zkServer.sh 脚本，通过 stop 参数来关闭 Zookeeper 进程。

 提示：

Process Identification 简称 PID，表示每个进程的唯一编号。在进程启动时，由 Linux 操作系统随机分配，它并不代表专门的进程。

在进程运行期间 PID 的值不会改变，但是进程关闭后再启动时，会产生一个新的 PID 值，老的 PID 值会被系统回收。

实例描述：
（1）执行 kill 命令关闭 Zookeeper 系统；（2）使用 stop 参数关闭 Zookeeper 系统。

具体操作步骤如下。

1. 使用 kill 命令关闭 Zookeeper

在 Linux 操作系统中，先通过 jps 命令获取 PID 值，然后执行 kill 命令。具体操作如下。

```
# 使用 jps 命令
[hadoop@dn1 ~]$ jps
8210 QuorumPeerMain

# 使用 kill 命令
[hadoop@dn1 ~]$ kill -9 8210
```

在实际场景中，可能会出现这样一种情况：Zookeeper 的 QuorumPeerMain 进程是一直存在的，但是执行 Linux 操作系统的 jps 命令后，却无法找到对应的 PID 值。

这时可以通过使用 Linux 操作系统的 grep 命令来获取 PID 值。具体操作命令如下。

```
# 使用 grep
[hadoop@dn1 ~]$ ps -fe | grep QuorumPeerMain
```

执行 grep 命令后，在 Linux 控制台中会打印出 Zookeeper 的进程信息，如图 3-3 所示。

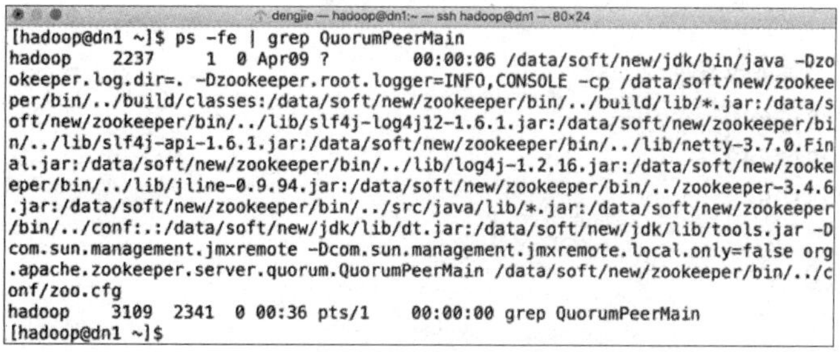

图 3-3　使用 grep 命令获取 Zookeeper 进程信息

2. 使用 stop 参数关闭 Zookeeper

Zookeeper 提供了一种简便的方式来关闭进程：使用 zkServer.sh 脚本，通过输入 stop 参数来进行关闭。

具体操作命令如下。

```
# 使用 stop 参数
[hadoop@dn1 ~]$ zkServer.sh stop
JMX enabled by default
```

```
Using config: /data/soft/new/zookeeper/bin/../conf/zoo.cfg
Stopping zookeeper ... STOPPED
```

3.2.4 实例10：分布式模式启动 Zookeeper 集群

与单机模式（Standalone）的 Zookeeper 相比较，分布式模式下的 Zookeeper 需要在 $ZK_HOME/conf/zoo.cfg 文件中配置一些额外的属性。具体内容见代码 3-3。

代码 3-3 分布式模式配置

```
# 服务器与客户端之间维持的心跳时间
tickTime=20000
# 集群中 Follower 服务器与 Leader 服务器之间最大的初始化连接数
initLimit=10
# 同步通信时间间隔
syncLimit=5

# 元数据存储路径，推荐使用独立的磁盘来存储
dataDir=/zookeeper/zkdata
# 事物日志存储的路径，推荐使用独立的磁盘来存储
dataLogDir=/zookeeper/logs

# 客户端连接服务器的端口号
clientPort=2181

# 配置集群节点信息，序号要保证唯一
server.1= dn1:2888:3888
server.2= dn2:2888:3888
server.3= dn3:2888:3888

# 设置客户端最大连接数
maxClientCnxns=300

# 需要保留的文件数目
autopurge.snapRetainCount=3
# 日志清理频率，单位是小时。如果填写整数 0，则表示不开启自动清理功能
autopurge.purgeInterval=1
```

在配置 Zookeeper 集群时，需要在元数据存储路径中新建一个 myid 的文本文件，在该文本文件中填写一个正整数，并且数字要与配置文件中的内容一致。例如，在配置文件中配置的是 server.1= dn1:2888:3888 信息，则在主机 dn1 中的/zookeeper/zkdata/myid 文本文件中填写数字 1。其他节点以此类推。

Zookeeper 系统不包含分布式管理脚本，因此，需要到每一台 Zookeeper 节点启动 Zookeeper 进程。这样维护起来很不方便，因此需要自行编写一个分布式管理脚本。

实例描述

创建一个扩展名为 sh 的 Shell 源代码文件，将其作为分布式管理脚本。该模块的功能是管理 Zookeeper 集群的启动、查看状态、停止、重启。执行该脚本，并观察操作结果。

1. 编写分布式管理脚本

基于 Zookeeper 系统现有的管理脚本二次开发一个分布式管理脚本（zks-daemons.sh）。具体实现内容见代码 3-4。

代码 3-4　分布式管理脚本

```bash
#! /bin/bash

# 设置 Zookeeper 集群节点地址
hosts=(dn1 dn2 dn3)

# 获取输入 Zookeeper 命令参数
cmd=$1

# 执行分布式管理命令
function zookeeper()
{
    for i in ${hosts[@]}
        do
            ssh hadoop@$i "source ~/.bash_profile;zkServer.sh $cmd;echo Zookeeper node is $i, run $cmd command. " &
            sleep 1
        done
}

# 判断输入的 Zookeeper 命令参数是否有效
case "$1" in
   start)
       zookeeper
       ;;
   stop)
       zookeeper
       ;;
   status)
        zookeeper
```

```
        ;;
    start-foreground)
        zookeeper
        ;;
    upgrade)
        zookeeper
        ;;
    restart)
        zookeeper
        ;;
    print-cmd)
        zookeeper
        ;;
    *)
        echo "Usage: $0 {start|start-foreground|stop|restart|status|upgrade|print-cmd}"
        RETVAL=1
esac
```

2. 分布式模式启动 Zookeeper 集群

执行编写好的分布式管理脚本来启动 Zookeeper 集群。具体操作命令如下。

```
# 输入 start 命令来启动 Zookeeper 集群
[hadoop@dn1 bin]$ zks-daemons.sh start
```

执行上述启动命令后，Linux 控制台会打印出 Zookeeper 启动日志信息，如图 3-4 所示。

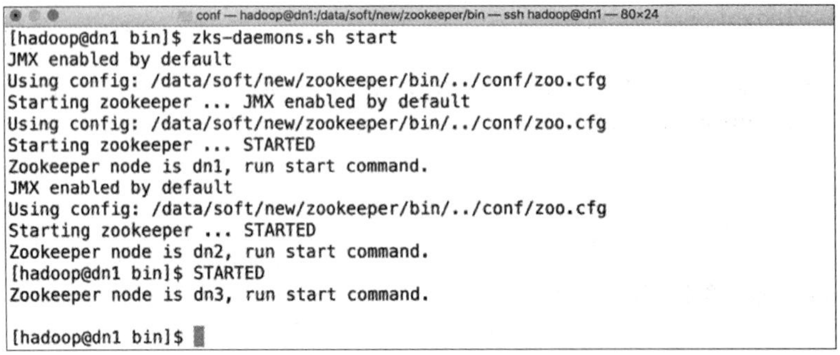
conf — hadoop@dn1:/data/soft/new/zookeeper/bin — ssh hadoop@dn1 — 80×24
[hadoop@dn1 bin]$ zks-daemons.sh start
JMX enabled by default
Using config: /data/soft/new/zookeeper/bin/../conf/zoo.cfg
Starting zookeeper ... JMX enabled by default
Using config: /data/soft/new/zookeeper/bin/../conf/zoo.cfg
Starting zookeeper ... STARTED
Zookeeper node is dn1, run start command.
JMX enabled by default
Using config: /data/soft/new/zookeeper/bin/../conf/zoo.cfg
Starting zookeeper ... STARTED
Zookeeper node is dn2, run start command.
[hadoop@dn1 bin]$ STARTED
Zookeeper node is dn3, run start command.
[hadoop@dn1 bin]$

图 3-4　分布式模式启动 Zookeeper

3. 验证 Zookeeper 集群

可以执行 Zookeeper 的 status 命令来验证 Zookeeper 集群的运行状态。具体操作命令如下。

```
# 使用 Zookeeper 的 status 命令
[hadoop@dn1 bin]$ zks-daemons.sh status
```

执行完 status 命令后，Linux 控制台会打印出 Zookeeper 集群各个节点的角色信息，如图 3-5 所示。

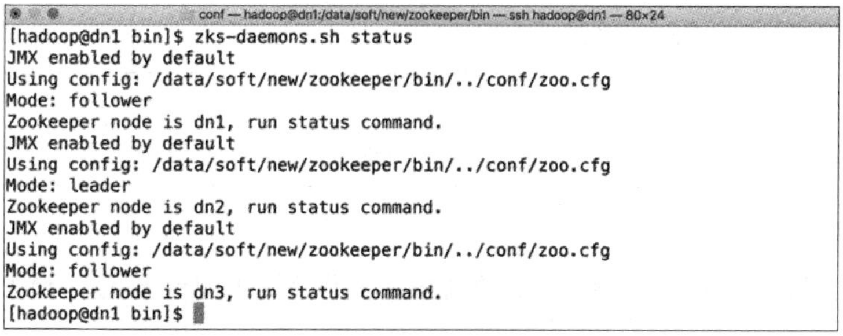

图 3-5　分布式模式 Zookeeper 集群状态

3.2.5　实例 11：分布式模式关闭 Zookeeper 集群

实例描述

执行实例 10 中创建的 zks-daemons.sh 脚本，并输入 stop 命令，观察执行结果。

具体操作命令如下。

```
# 使用 stop 命令关闭分布式 Zookeeper 集群
[hadoop@dn1 bin]$ zks-daemons.sh stop
```

执行完 stop 命令后，Linux 控制台会打印出 Zookeeper 集群各个节点的关闭情况，如图 3-6 所示。

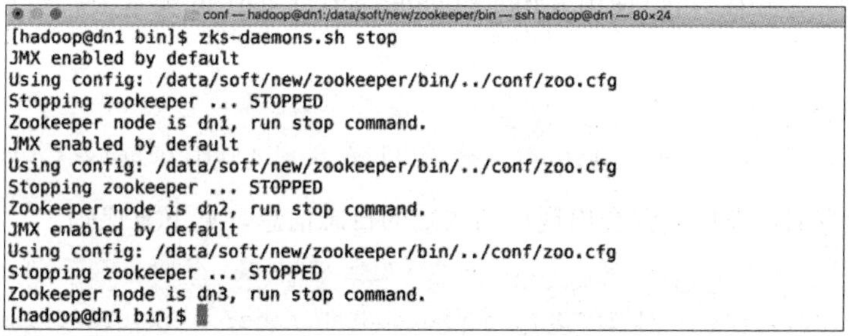

图 3-6　分布式模式下关闭 Zookeeper 集群

3.3　操作 Kafka 集群

本节将介绍在两种模式下操作 Kafka，分别是单机模式和分布式模式。

3.3.1 实例12：单机模式启动 Kafka 系统

在实际项目开发中，为了快速验证项目功能模块逻辑是否正确，会在本地环境或者开发环境下搭建一个单机模式的 Kafka 系统。

实例描述

在 Linux 操作系统中安装一个 Kafka 系统，执行启动命令并观察结果。

1. 配置全局变量

为了能够全局使用 Kafka 命令，可以在 Linux 操作系统中配置 Kafka 环境变量。具体配置内容如下。

```
# 在~/.bash_profile 文件中进行配置
[hadoop@dn1 ~]$ vi ~/.bash_profile

# 添加如下内容
export KAFKA_HOME=/data/soft/new/kafka
export PATH=$PATH:$KAFKA_HOME/bin

# 保存并退出
```

然后用 source 命令使配置的 Kafka 环境变量立即生效。具体操作命令如下。

```
# 使用 source 命令
[hadoop@dn1 ~]$ source ~/.bash_profile
```

2. 单机模式启动 Kafka

在 Linux 操作系统中，可以使用 Kafka 的 kafka-server-start.sh 脚本来启动 Kafka 系统。具体操作命令如下。

```
# 使用脚本加载配置文件
[hadoop@dn1 ~]$ kafka-server-start.sh $KAFKA_HOME/config/server.properties &
```

执行上述命令后，在控制台会出现启动成功的日志信息，见下方代码。

```
……
[2018-04-14 23:40:06,763] INFO [GroupMetadataManager brokerId=0] Finished loading
offsets and group metadata from __consumer_offsets-30 in 0 milliseconds.
    (kafka.coordinator.group.GroupMetadataManager)
[2018-04-14 23:40:06,763] INFO [GroupMetadataManager brokerId=0] Finished loading
offsets and group metadata from __consumer_offsets-33 in 0 milliseconds.
    (kafka.coordinator.group.GroupMetadataManager)
```

```
    [2018-04-14 23:40:06,764] INFO [GroupMetadataManager brokerId=0] Finished loading
offsets and group metadata from __consumer_offsets-36 in 1 milliseconds.
    (kafka.coordinator.group.GroupMetadataManager)
    [2018-04-14 23:40:06,764] INFO [GroupMetadataManager brokerId=0] Finished loading
offsets and group metadata from __consumer_offsets-39 in 0 milliseconds.
    (kafka.coordinator.group.GroupMetadataManager)
    [2018-04-14 23:40:06,764] INFO [GroupMetadataManager brokerId=0] Finished loading
offsets and group metadata from __consumer_offsets-42 in 0 milliseconds.
    (kafka.coordinator.group.GroupMetadataManager)
    [2018-04-14 23:40:06,764] INFO [GroupMetadataManager brokerId=0] Finished loading
offsets and group metadata from __consumer_offsets-45 in 0 milliseconds.
    (kafka.coordinator.group.GroupMetadataManager)
    [2018-04-14 23:40:06,764] INFO [GroupMetadataManager brokerId=0] Finished loading
offsets and group metadata from __consumer_offsets-48 in 0 milliseconds.
    (kafka.coordinator.group.GroupMetadataManager)
```

3. 验证单机模式的 Kafka 是否正常

输入 Linux 命令 jps 可以查看 Kafka 进程是否存在，或者使用 telnet 命令来查看。具体操作命令见代码 3-5。

代码 3-5　验证 Kafka 服务是否正常

```
# 使用 jps 命令查看
[hadoop@dn1 ~]$ jps
1544 Kafka

# 使用 telnet 命令，访问 Kafka 的客户端端口 9092
[hadoop@dn1 ~]$ telnet dn1 9092
Trying 10.211.55.5...
Connected to dn1.
Escape character is '^]'.
^]
telnet>
```

3.3.2　实例 13：单机模式关闭 Kafka 系统

关闭单机模式的 Kafka 有两种方法：

- 通过 jps 命令获取 Kafka 进程的 PID 值，然后使用 kill 命令关闭 Kafka 进程；
- 使用 kafka-server-stop.sh 脚本关闭 Kafka 进程。

实例描述

（1）执行 kill 命令关闭 Kafka 系统；（2）使用 kafka-server-stop.sh 脚本的 stop 命令关闭 Kafka

系统。

1. 使用 kill 命令关闭 Kafka

在 Linux 操作系统中，先通过 jps 命令获取进程的 PID 值，然后执行 kill 命令。具体操作命令如下。

```
# 使用jps获取Kafka进程PID值
[hadoop@dn1 ~]$ jps
1544 Kafka

# 使用kill命令关闭Kafka进程
[hadoop@dn1 ~]$ kill -9 1544
```

在实际场景中，可能会出现这样一种情况：Kafka 的进程是一直存在的，但是执行 Linux 操作系统的 jps 命令后，却无法找到对应的 PID 值。这时，可以通过使用 Linux 操作系统的 grep 命令来获取 PID 值。具体操作命令如下。

```
# 使用grep
[hadoop@dn1 ~]$ ps -fe | grep kafka
```

执行 grep 命令后，在 Linux 控制台会打印出 Kafka 的进程信息，如图 3-7 所示。

图 3-7 使用 grep 获取到的 kafka 进程

2. 使用脚本关闭

还可以通过 kafka-server-stop.sh 脚本直接关闭 Kafka 进程，具体操作命令如下。

```
# 执行Kafka关闭进程脚本
```

```
[hadoop@dn1 ~]$ kafka-server-stop.sh
```

执行完上述脚本后，会在 Linux 控制台中打印出 Kafka 进程的日志信息，如图 3-8 所示。

```
bin — -bash — 80×24
a.server.DelayedOperationPurgatory$ExpiredOperationReaper)
[2018-04-15 00:06:47,460] INFO [ExpirationReaper-0-Produce]: Stopped (kafka.serv
er.DelayedOperationPurgatory$ExpiredOperationReaper)
[2018-04-15 00:06:47,460] INFO [ExpirationReaper-0-Produce]: Shutdown completed
(kafka.server.DelayedOperationPurgatory$ExpiredOperationReaper)
[2018-04-15 00:06:47,460] INFO [ExpirationReaper-0-DeleteRecords]: Shutting down
 (kafka.server.DelayedOperationPurgatory$ExpiredOperationReaper)
[2018-04-15 00:06:47,663] INFO [ExpirationReaper-0-DeleteRecords]: Stopped (kafk
a.server.DelayedOperationPurgatory$ExpiredOperationReaper)
[2018-04-15 00:06:47,663] INFO [ExpirationReaper-0-DeleteRecords]: Shutdown comp
leted (kafka.server.DelayedOperationPurgatory$ExpiredOperationReaper)
[2018-04-15 00:06:47,671] INFO [ReplicaManager broker=0] Shut down completely (k
afka.server.ReplicaManager)
[2018-04-15 00:06:47,671] INFO Shutting down. (kafka.log.LogManager)
[2018-04-15 00:06:47,716] INFO Shutdown complete. (kafka.log.LogManager)
[2018-04-15 00:06:47,721] INFO Terminate ZkClient event thread. (org.I0Itec.zkcl
ient.ZkEventThread)
[2018-04-15 00:06:47,723] INFO Session: 0x162c4ca60aa0000 closed (org.apache.zoo
keeper.ZooKeeper)
[2018-04-15 00:06:47,732] INFO EventThread shut down for session: 0x162c4ca60aa0
000 (org.apache.zookeeper.ClientCnxn)
[2018-04-15 00:06:47,732] INFO [KafkaServer id=0] shut down completed (kafka.ser
ver.KafkaServer)
```

图 3-8　Kafka 进程日志信息

3.3.3　实例 14：分布式模式启动 Kafka 集群

在生产环境下，通常以分布式模式来部署 Kafka 集群。

实例描述

创建一个扩展名为 sh 的 Shell 源代码文件，将其作为分布式管理脚本。该模块的功能是管理 Kafka 集群的启动、查看状态、停止。执行该脚本，并观察操作结果。

1. 编写分布式管理脚本

由于 Kafka 系统没有提供分布式管理脚本，所以在启动 Kafka 集群时，需要到每台主机上执行 Kafka 启动命令，这对于维护和管理 Kafka 集群非常不方便。

因此，可以在 Kafka 集群现有脚本的基础上编写代码，实现分布式管理脚本（kafka-daemons.sh）。具体实现见代码 3-6。

代码 3-6　Kafka 分布式管理脚本

```
#! /bin/bash

# Kafka 代理节点的地址
hosts=(dn1 dn2 dn3)

# 打印启动分布式脚本信息
```

```
mill=`date "+%N"`
tdate=`date "+%Y-%m-%d %H:%M:%S,${mill:0:3}"`

echo [$tdate] INFO [Kafka Cluster] begins to execute the $1 operation.

# 执行分布式开启命令
function start()
{
    for i in ${hosts[@]}
        do
            smill=`date "+%N"`
            stdate=`date "+%Y-%m-%d %H:%M:%S,${smill:0:3}"`
            ssh hadoop@$i "source ~/.bash_profile;echo [$stdate] INFO [Kafka Broker $i] begins
 to execute the startup operation.;kafka-server-start.sh $KAFKA_HOME/config/server.properties>/dev/null;" &
            sleep 1
        done
}
# 执行分布式关闭命令
function stop()
{
    for i in ${hosts[@]}
        do
            smill=`date "+%N"`
            stdate=`date "+%Y-%m-%d %H:%M:%S,${smill:0:3}"`
            ssh hadoop@$i "source ~/.bash_profile;echo [$stdate] INFO [Kafka Broker $i] begins
 to execute the shutdown operation.;kafka-server-stop.sh>/dev/null" &
            sleep 1
        done
}

# 查看 Kafka 代理节点状态
function status()
{
    for i in ${hosts[@]}
        do
            smill=`date "+%N"`
            stdate=`date "+%Y-%m-%d %H:%M:%S,${smill:0:3}"`
            ssh hadoop@$i "source ~/.bash_profile;echo [$stdate] INFO [Kafka Broker $i] status
 message is :;jps | grep Kafka;" &
            sleep 1
```

```
        done
}
# 判断输入的 Kafka 命令参数是否有效
case "$1" in
    start)
        start
        ;;
    stop)
        stop
        ;;
    status)
        status
        ;;
    *)
        echo "Usage: $0 {start|stop|status}"
        RETVAL=1
esac
```

2. 分布式模式启动 Kafka 集群

应先启动 Zookeeper 集群，然后执行 kafka-daemons.sh 脚本启动 Kafka 集群。具体操作命令如下。

```
# 启动 Zookeeper 集群
[hadoop@dn1 ~]$ zks-daemons.sh start

# 启动 Kafka 集群
[hadoop@dn1 ~]$ kafka-daemons.sh start
```

执行启动命令后，Linux 控制台会打印出 Kafka 代理节点的启动信息，如图 3-9 所示。

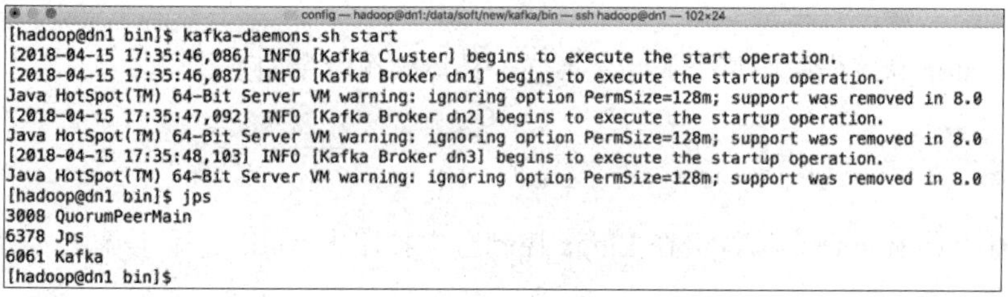

图 3-9　分布式模式启动 Kafka 信息

3. 验证 Kafka 集群

在编写的分布式管理脚本（kafka-daemons.sh）中，可以通过输入 status 命令来查看每个 Kafka 代理节点的状态。具体操作命令如下。

```
# 输入 status 命令
[hadoop@dn1 ~]$ kafka-daemons.sh status
```

执行 status 命令后，如果 Kafka 代理节点成功启动，则 Linux 控制台会打印出每个代理节点的进程和进程号，如图 3-10 所示。

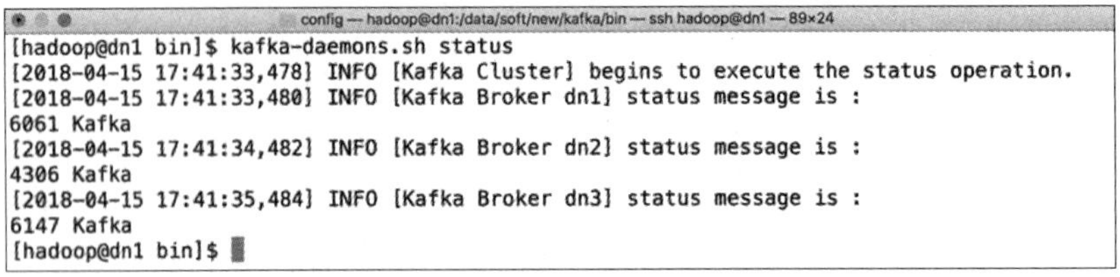
config — hadoop@dn1:/data/soft/new/kafka/bin — ssh hadoop@dn1 — 89×24
[hadoop@dn1 bin]$ kafka-daemons.sh status
[2018-04-15 17:41:33,478] INFO [Kafka Cluster] begins to execute the status operation.
[2018-04-15 17:41:33,480] INFO [Kafka Broker dn1] status message is :
6061 Kafka
[2018-04-15 17:41:34,482] INFO [Kafka Broker dn2] status message is :
4306 Kafka
[2018-04-15 17:41:35,484] INFO [Kafka Broker dn3] status message is :
6147 Kafka
[hadoop@dn1 bin]$

图 3-10　Kafka 集群状态信息

提示：

执行 status 命令后，如果 Linux 控制台没有打印出 Kafka 代理节点的进程信息，则可能是该代理节点没有启动成功。需要登录该代理节点查看$KAFKA_HOME/logs/server.log 日志信息，根据日志信息提示来解决相应的问题。

3.3.4　实例 15：分布式模式关闭 Kafka 集群

在分布式管理脚本（kafka-daemons.sh）中，也能实现关闭 Kafka 集群代理节点的功能。

实例描述

执行实例 14 创建的 kafka-daemons.sh 脚本，并按照下列两种情况来彻底关闭 Kafka 集群：

（1）直接输入 stop 参数；

（2）修改$KAFKA_HOME/bin/kafka-server-stop.sh 脚本内容。

（1）输入 stop 命令来关闭整个 Kafka 集群。具体操作命令如下。

```
# 输入 stop 命令
[hadoop@dn1 ~]$ kafka-daemons.sh stop
```

（2）执行上述 stop 命令后，会在 Linux 控制台中打印出 Kafka 进程信息，如图 3-11 所示。

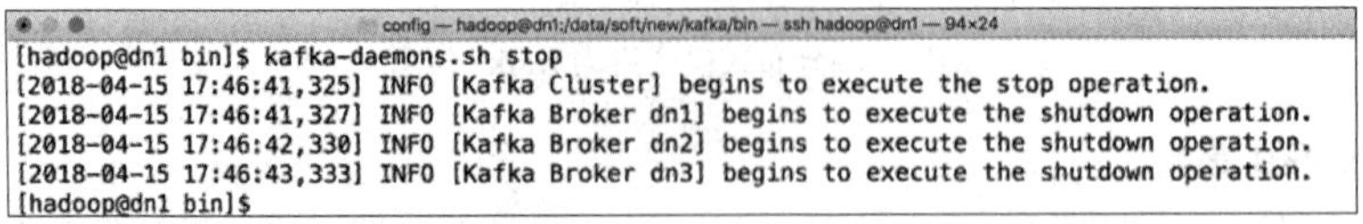
config — hadoop@dn1:/data/soft/new/kafka/bin — ssh hadoop@dn1 — 94×24
[hadoop@dn1 bin]$ kafka-daemons.sh stop
[2018-04-15 17:46:41,325] INFO [Kafka Cluster] begins to execute the stop operation.
[2018-04-15 17:46:41,327] INFO [Kafka Broker dn1] begins to execute the shutdown operation.
[2018-04-15 17:46:42,330] INFO [Kafka Broker dn2] begins to execute the shutdown operation.
[2018-04-15 17:46:43,333] INFO [Kafka Broker dn3] begins to execute the shutdown operation.
[hadoop@dn1 bin]$

图 3-11　打印分布式模式关闭 Kafka 集群信息

如果在执行该脚本的 stop 命令过程中出现"No kafka server to stop"信息,但使用 Linux 的 jps 命令又可以看到 Kafka 代理节点的进程,则需要修改$KAFKA_HOME/bin/kafka-server-stop.sh 脚本中的内容,具体修改细节见代码 3-7。

代码 3-7　修改 Kafka 关闭脚本

```
# 修改之前
PIDS=$(ps ax | grep -i 'kafka\.Kafka' | grep java | grep -v grep | awk '{print $1}')

# 修改之后
PIDS=$(ps ax | grep -i 'Kafka' | grep java | grep -v grep | awk '{print $1}')
```

再次执行 status 命令查看 Kafka 集群状态,如图 3-12 所示。由于 Kafka 进程被关闭,所以图中显示 Kafka 的状态信息为空。

```
[hadoop@dn1 bin]$ kafka-daemons.sh status
[2018-04-15 17:49:11,595] INFO [Kafka Cluster] begins to execute the status operation.
[2018-04-15 17:49:11,597] INFO [Kafka Broker dn1] status message is :
[2018-04-15 17:49:12,600] INFO [Kafka Broker dn2] status message is :
[2018-04-15 17:49:13,604] INFO [Kafka Broker dn3] status message is :
[hadoop@dn1 bin]$
```

图 3-12　Kafka 集群状态

当然,也可以通过查看系统日志($KAFKA_HOME/logs/server.log)来了解 Kafka 集群的状态,如图 3-13 所示。

```
rgatory$ExpiredOperationReaper)
[2018-04-15 17:46:44,268] INFO [ExpirationReaper-0], Shutdown completed (kafka.server.DelayedOperationPurgatory$ExpiredOperationReaper)
[2018-04-15 17:46:44,269] INFO [GroupCoordinator 0]: Shutting down. (kafka.coordinator.GroupCoordinator)
[2018-04-15 17:46:44,270] INFO [ExpirationReaper-0], Shutting down (kafka.server.DelayedOperationPurgatory$ExpiredOperationReaper)
[2018-04-15 17:46:44,468] INFO [ExpirationReaper-0], Stopped  (kafka.server.DelayedOperationPurgatory$ExpiredOperationReaper)
[2018-04-15 17:46:44,468] INFO [ExpirationReaper-0], Shutdown completed (kafka.server.DelayedOperationPurgatory$ExpiredOperationReaper)
[2018-04-15 17:46:44,469] INFO [ExpirationReaper-0], Shutting down (kafka.server.DelayedOperationPurgatory$ExpiredOperationReaper)
[2018-04-15 17:46:44,669] INFO [ExpirationReaper-0], Stopped  (kafka.server.DelayedOperationPurgatory$ExpiredOperationReaper)
[2018-04-15 17:46:44,670] INFO [ExpirationReaper-0], Shutdown completed (kafka.server.DelayedOperationPurgatory$ExpiredOperationReaper)
[2018-04-15 17:46:44,670] INFO [GroupCoordinator 0]: Shutdown complete. (kafka.coordinator.GroupCoordinator)
[2018-04-15 17:46:44,671] INFO Shutting down. (kafka.log.LogManager)
[2018-04-15 17:46:44,716] INFO Shutdown complete. (kafka.log.LogManager)
[2018-04-15 17:46:44,735] INFO [Kafka Server 0], shut down completed (kafka.server.KafkaServer)
```

图 3-13　查看 Kafka 系统日志

从图 3-13 中可以明显地看到有"Shutdown Complete"的关键字,说明 Kafka 进程已被关闭。

3.4　管理主题

在 Kafka 系统中,kafka-topics.sh 脚本用来管理主题(Topic),例如创建主题、查看主题、修改主题、删除主题等。该脚本文件的详细内容见代码 3-8。

代码 3-8 kafka-topics.sh 脚本文件中的内容

```
# 指定 kafka.admin.TopicCommand 类
exec $(dirname $0)/kafka-run-class.sh kafka.admin.TopicCommand "$@"
```

kafka-topics.sh 脚本是在 kafka-run-class.sh 脚本的基础上进行了封装。在执行管理主题的脚本时，通过调用一个 kafka.admin.TopicCommand 类来实现一系列的管理操作。该管理操作包含的内容见表 3-1。

表 3-1 管理主题操作命令

命 令	含 义
--create	创建主题
--describe	查看主题，如分区、副本等内容
--list	列出所有主题名称
--alter	修改主题
--delete	删除主题

3.4.1 什么是主题

Kafka 系统中的数据最终还需要保存到磁盘进行持久化。为了区分不同的业务数据，数据库会有命名空间（即：数据库名），每个命名空间下又有若干个表。

在 Kafka 系统中，为了区分业务数据，设计了"主题"这个概念。将不同类型的消息数据按一定的规则进行分类，最后将相同类型的业务数据存储到同一个主题中，如图 3-14 所示。

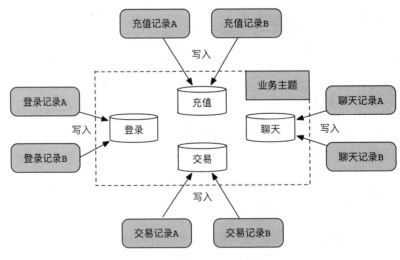

图 3-14 业务数据归类到主题

从图 3-14 中可以看出，不同类型的消息记录进行分类后写入到对应的主题中。例如充值记录、登录记录、交易记录、聊天记录，分别写入到充值主题、登录主题、交易主题、聊天主题中进行存储。

3.4.2 实例 16：创建主题

在 Kafka 系统中有两种方式来创建主题，它们分别是自动创建和手动创建。

实例描述

通过自动和手动两种方式分别创建一个主题：（1）在 Kafka 配置文件中设置自动创建属性值；（2）使用 kafka-topics.sh 脚本创建主题，然后执行脚本并观察创建结果。

1. 自动创建

可以通过 auto.create.topics.enable 属性来自动创建主题。默认情况下，该属性值为 true。因此，生产者应用程序向 Kafka 集群中一个不存在的主题写数据时，会自动创建一个默认分区和默认副本系数的主题。这种方式会在第 4 章详细讲解。

> **提示：**
> 默认分区的数值由 $KAFKA_HOME/config/server.properties 文件中的属性 num.partitions 控制，默认副本系数的值由 $KAFKA_HOME/config/server.properties 文件中的属性 default.replication.factor 控制。

2. 手动创建

可以通过 kafka-topics.sh 脚本手动创建主题。本节中的所有管理主题的操作均基于该脚本。下面将创建一个名为 "ip_login" 的主题，该主题拥有 3 个副本和 6 个分区。

（1）创建主题。具体命令如下。

```
# 创建主题
[hadoop@dn1 ~]$ kafka-topics.sh --create -zookeeper
   dn1:2181,dn2:2181,dn3:2181 --replication-factor 3 --partitions 6
   --topic ip_login
```

（2）执行完创建主题命令后，Linux 控制台会打印出创建主题的日志信息，如图 3-15 所示。

```
[hadoop@dn1 ~]$ kafka-topics.sh --create --zookeeper dn1:2181,dn2:2181,dn3:2181 --replication-factor 3 --partitions 6 --topic ip_login
WARNING: Due to limitations in metric names, topics with a period ('.') or underscore ('_')
could collide. To avoid issues it is best to use either, but not both.
Created topic "ip_login".
[hadoop@dn1 ~]$
```

图 3-15 创建主题的日志信息

（3）进入 Kafka 系统消息数据存储目录（$KAFKA_HOME/data/）中查看，如图 3-16 所示。

```
drwxrwxr-x 2 hadoop hadoop 4096 4月  15 21:01 ip_login-0
drwxrwxr-x 2 hadoop hadoop 4096 4月  15 21:01 ip_login-1
drwxrwxr-x 2 hadoop hadoop 4096 4月  15 21:01 ip_login-2
drwxrwxr-x 2 hadoop hadoop 4096 4月  15 21:01 ip_login-3
drwxrwxr-x 2 hadoop hadoop 4096 4月  15 21:01 ip_login-4
drwxrwxr-x 2 hadoop hadoop 4096 4月  15 21:01 ip_login-5
```

图 3-16　主题文件

（4）主题创建成功后，会在 Kafka 系统消息数据存储目录中生成 6 个该主题的文件夹。同时，可以通过 zkCli.sh 脚本连接到 Zookeeper 系统去访问主题元数据信息。连接 Zookeeper 系统服务端及操作元数据信息的具体命令如下。

```
# 访问 Zookeeper 系统
[hadoop@dn1 ~]$ zkCli.sh -server dn1:2181,dn2:2181,dn3:2181

#执行 ls 命令查看主题分区数
[zk: dn1:2181,dn2:2181,dn3:2181(CONNECTED) 2] ls
/brokers/topics/ip_login/partitions
[0, 1, 2, 3, 4, 5]

#使用 get 命令查看分区元数据信息
[zk: dn1:2181,dn2:2181,dn3:2181(CONNECTED) 9] get /brokers/topics/ip_login
{"version":1,"partitions":{"4":[2,1,0],"5":[0,2,1],"1":[2,0,1],"0":[1,2,0],"2":[0,1,2],
"3":[1,0,2]}}
cZxid = 0x1a00000673
ctime = Sun Apr 15 21:01:30 CST 2018
mZxid = 0x1a00000673
mtime = Sun Apr 15 21:01:30 CST 2018
pZxid = 0x1a00000677
cversion = 1
dataVersion = 0
aclVersion = 0
ephemeralOwner = 0x0
dataLength = 100
numChildren = 1
```

3.4.3　实例 17：查看主题

Kafka 系统中的 kafka-topics.sh 脚本提供了两个查看主题信息的命令。
- describe 命令：用来查看指定主题或全部主题的详细信息；
- list 命令：用来展示所有的主题名。

实例描述

执行 kafka-topics.sh 脚本,进行如下实验:

(1)使用 list 参数参看所有主题名;

(2)使用 describe 参数查看单个主题、正在执行同步操作的主题、不可用的主题、被重写过配置的主题。

1. 查看主题信息

在执行 describe 命令时:

- 如果指定了 topic 参数,则查看的是某一特定的主题信息;
- 如果没有指定 topic 参数,则查看的是全部的主题信息。

展示全部主题信息时,结果会按照主题名来分组展示。

(1)查看单个主题信息。

具体命令如下:

```
# 查看单个主题信息
[hadoop@dn1 data]$ kafka-topics.sh --describe -zookeeper
 dn1:2181,dn2:2181,dn3:2181 --topic ip_login
```

执行上述命令后,在 Linux 控制台会打印出该主题的详细信息,如图 3-17 所示。

```
[hadoop@dn1 data]$ kafka-topics.sh --describe --zookeeper dn1:2181,dn2:2181,dn3:2181 --topic
 ip_login
Topic:ip_login  PartitionCount:6        ReplicationFactor:3     Configs:
        Topic: ip_login Partition: 0    Leader: 1       Replicas: 1,2,0 Isr: 1,2,0
        Topic: ip_login Partition: 1    Leader: 2       Replicas: 2,0,1 Isr: 2,0,1
        Topic: ip_login Partition: 2    Leader: 0       Replicas: 0,1,2 Isr: 0,1,2
        Topic: ip_login Partition: 3    Leader: 1       Replicas: 1,0,2 Isr: 1,0,2
        Topic: ip_login Partition: 4    Leader: 2       Replicas: 2,1,0 Isr: 2,1,0
        Topic: ip_login Partition: 5    Leader: 0       Replicas: 0,2,1 Isr: 0,2,1
[hadoop@dn1 data]$
```

图 3-17 指定主题信息

从图中可以看出,该主题有 3 个副本和 6 分区。它们分布在不同 Kafka 代理节点上:

- 分区 0 的第一个副本在代理节点 1 上;
- 分区 1 的第一个副本在代理节点 2 上;
- 分区 2 的第一个副本在代理节点 0 上;
- 分区 3 的第一个副本在代理节点 1 上;
- 分区 4 的第一个副本在代理节点 2 上;
- 分区 5 的第一个副本在代理节点 0 上。

因此,分区的第二个副本和第三个副本也可以按照这种方法来推算。所有分区在 Kafka 集群代理节点上的分布情况如图 3-18 所示。

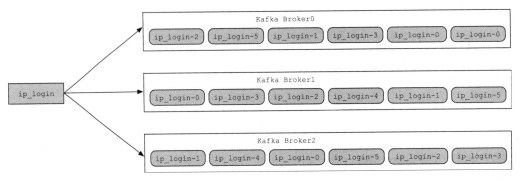

图 3-18　主题副本和分区在不同节点的分布情况

（2）查看全部主题信息。

具体命令如下：

```
# 查看全部主题信息
[hadoop@dn1 data]$ kafka-topics.sh --describe --zookeeper
dn1:2181,dn2:2181,dn3:2181
```

执行上述命令后，在 Linux 控制台会打印出全部主题的详细信息，如图 3-19 所示。

```
Topic:ip_login    PartitionCount:6        ReplicationFactor:3     Configs:
        Topic: ip_login Partition: 0    Leader: 1       Replicas: 1,2,0 Isr: 1,2,0
        Topic: ip_login Partition: 1    Leader: 2       Replicas: 2,0,1 Isr: 2,0,1
        Topic: ip_login Partition: 2    Leader: 0       Replicas: 0,1,2 Isr: 0,1,2
        Topic: ip_login Partition: 3    Leader: 1       Replicas: 1,0,2 Isr: 1,0,2
        Topic: ip_login Partition: 4    Leader: 2       Replicas: 2,1,0 Isr: 2,1,0
        Topic: ip_login Partition: 5    Leader: 0       Replicas: 0,2,1 Isr: 0,2,1
Topic:ip_login_rt    PartitionCount:6        ReplicationFactor:3     Configs:
        Topic: ip_login_rt      Partition: 0    Leader: 2       Replicas: 2,0,1Isr: 0,1,2
        Topic: ip_login_rt      Partition: 1    Leader: 0       Replicas: 0,1,2Isr: 0,1,2
        Topic: ip_login_rt      Partition: 2    Leader: 1       Replicas: 1,2,0Isr: 0,1,2
        Topic: ip_login_rt      Partition: 3    Leader: 2       Replicas: 2,1,0Isr: 0,1,2
        Topic: ip_login_rt      Partition: 4    Leader: 0       Replicas: 0,2,1Isr: 0,1,2
        Topic: ip_login_rt      Partition: 5    Leader: 1       Replicas: 1,0,2Isr: 0,1,2
Topic:kv_test    PartitionCount:6        ReplicationFactor:1     Configs:
        Topic: kv_test  Partition: 0    Leader: 2       Replicas: 2     Isr: 2
        Topic: kv_test  Partition: 1    Leader: 0       Replicas: 0     Isr: 0
        Topic: kv_test  Partition: 2    Leader: 1       Replicas: 1     Isr: 1
        Topic: kv_test  Partition: 3    Leader: 2       Replicas: 2     Isr: 2
        Topic: kv_test  Partition: 4    Leader: 0       Replicas: 0     Isr: 0
        Topic: kv_test  Partition: 5    Leader: 1       Replicas: 1     Isr: 1
[hadoop@dn1 ~]$
```

图 3-19　全部主题信息

2. 查看所有主题名

如果只是想查看所有主题名称，则可以使用 list 命令来完成。具体操作命令如下。

```
# 执行list命令
[hadoop@dn1 ~]$ kafka-topics.sh --list --zookeeper
```

```
dn1:2181,dn2:2181,dn3:2181
```

执行上述命令后，在 Linux 控制台会打印出全部主题的名称，如图 3-20 所示。

```
[hadoop@dn1 ~]$ kafka-topics.sh --list --zookeeper dn1:2181,dn2:2181,dn3:2181
__consumer_offsets
ip_login
ip_login_rt
kv_test
[hadoop@dn1 ~]$
```

图 3-20　全部主题名称

3. 查看正在同步的主题

可通过 describe 命令和 under-replicated-partitions 命令查看处于"under replicated"状态的分区。这种状态下的主题可能正在做同步操作，也有可能同步发生了异常，那此刻所查看到的主题分区的同步副本列表（In-Sync Replicas，ISR）将比分区副本（Assigned Replicas，AR）要小。

具体操作命令如下。

```
# 不指定 topic 命令，查看全部主题
[hadoop@dn1 ~]$ kafka-topics.sh --describe --zookeeper
dn1:2181,dn2:2181,dn3:2181 --under-replicated-partitions

# 指定 topic 命令，查看特定主题
[hadoop@dn1 ~]$ kafka-topics.sh --describe --zookeeper
dn1:2181,dn2:2181,dn3:2181 -topic ip_login --under-replicated-partitions
```

执行上述命令后，如果 Linux 控制台没有打印任何信息，则说明 Kafka 集群中的主题没有出现同步操作。

注意：

如出现"under replicated"这种情况则需要重点关注，这表示 Kafka 集群的某个代理节点可能已出现异常或者同步的速度减慢。

4. 查看主题中不可用分区

可通过 describe 命令和 unavailable-partitions 命令查看主题中不可用的分区。

具体操作命令如下：

```
# 不指定 topic 命令，查看全部主题中有哪些分区不可用
[hadoop@dn1 ~]$ kafka-topics.sh --describe --zookeeper
dn1:2181,dn2:2181,dn3:2181 --unavailable-partitions

# 指定 topic 命令，查看特定的主题中哪些分区不可用
kafka-topics.sh --describe --zookeeper dn1:2181,dn2:2181,dn3:2181 --topic
```

```
ip_login --unavailable-partitions
```

执行上述命令后，如果 Linux 控制台没有打印任何信息，则说明 Kafka 集群中的主题不存在分区不可用的情况。

5. 查看主题重写的配置

可通过 describe 命令和 topics-with-overrides 命令查看主题被重写了哪些配置。

具体操作命令如下：

```
# 不指定 topic 命令，查看全部主题哪些配置被重写
[hadoop@dn1 ~]$ kafka-topics.sh --describe --zookeeper
dn1:2181,dn2:2181,dn3:2181 --topics-with-overrides

# 指定 topic 命令，查看特定的主题中有哪些配置被重写
[hadoop@dn1 ~]$ kafka-topics.sh --describe --zookeeper
dn1:2181,dn2:2181,dn3:2181 -topic ip_login  --topics-with-overrides
```

成功执行上述命令后，Linux 控制台会打印出对应的日志信息，如图 3-21 所示。

```
[hadoop@dn1 ~]$ kafka-topics.sh --describe --zookeeper dn1:2181,dn2:2181,dn3:2181 --topics-with-overrides
Topic:__consumer_offsets    PartitionCount:50    ReplicationFactor:3    Configs:segment.bytes=104857600,
cleanup.policy=compact,compression.type=producer
[hadoop@dn1 ~]$
```

图 3-21 主题配置被重写

3.4.4 实例 18：修改主题

在 Kafka 集群中创建一个主题后，后期维护该主题时可以通过 alter 命令来进行修改，修改内容包含主题的配置信息。

实例描述

执行 kafka-topics.sh 脚本，并输入参数 alter 和 config 来修改主题配置，观察操作后的结果。

（1）先创建主题，然后组合使用 config 命令与 alter 命令来修改主题配置信息，并覆盖原来的配置信息。具体操作命令如下：

```
#创建一个新的主题，1个分区，1个副本
[hadoop@dn1 ~]$ kafka-topics.sh --create --zookeeper
dn1:2181,dn2:2181,dn3:2181 --replication-factor 1 --partitions 1
--topic user_order2 --config max.message.bytes=102400
```

（2）执行完上述命令后，Linux 控制台的输出结果如图 3-22 所示。

第 3 章 Kafka 的基本操作 | 93

```
[hadoop@dn1 ~]$ kafka-topics.sh --create --zookeeper dn1:2181,dn2:2181,dn3:2181 --replication-factor 1 --partiti
ons 1 --topic user_order2 --config max.message.bytes=102400
WARNING: Due to limitations in metric names, topics with a period ('.') or underscore ('_') could collide. To av
oid issues it is best to use either, but not both.
Created topic "user_order2".
```

图 3-22 创建配置主题

覆盖主题 "user_order2" 的 max.message.bytes 文件为 100KB（100*1024）。

（3）输入参数 topics-with-overrides 来查看主题已覆盖过的配置信息，具体命令如下。

```
# 查看覆盖的配置参数
[hadoop@dn1 ~]$ kafka-topics.sh --describe -zookeeper
 dn1:2181,dn2:2181,dn3:2181 -topic user_order2 --topics-with-overrides
```

（4）执行完上述命令后，Linux 控制台的输出结果如图 3-23 所示。

```
[hadoop@dn1 ~]$ kafka-topics.sh --describe --zookeeper dn1:2181,dn2:2181,dn3:2181 --topic user_order2 --topics-w
ith-overrides
Topic:user_order2        PartitionCount:1        ReplicationFactor:1        Configs:max.message.bytes=102400
```

图 3-23 主题配置

（5）使用参数 alter 和 config 将主题 "user_order2" 的 max.message.bytes 从 100KB 修改为 200KB，具体操作命令如下。

```
# 修改大小
[hadoop@dn1 ~]$ kafka-topics.sh --alter --zookeeper
 dn1:2181,dn2:2181,dn3:2181 -topic user_order2 --config
 max.message.bytes=204800
```

（6）执行完上述命令，Linux 控制台的输出结果如图 3-24 所示。

```
[hadoop@dn1 ~]$ kafka-topics.sh --alter --zookeeper dn1:2181,dn2:2181,dn3:2181 --topic user_order2 --config max.mess
age.bytes=204800
WARNING: Altering topic configuration from this script has been deprecated and may be removed in future releases.
         Going forward, please use kafka-configs.sh for this functionality
Updated config for topic "user_order2".
```

图 3-24 修改主题配置

（7）输入参数 topics-with-overrides 来查看，Linux 控制台的输出结果如图 3-25 所示。

```
[hadoop@dn1 ~]$ kafka-topics.sh --describe --zookeeper dn1:2181,dn2:2181,dn3:2181 --topic user_order2 --topics-with-
overrides
Topic:user_order2        PartitionCount:1        ReplicationFactor:1        Configs:max.message.bytes=204800
```

图 3-25 修改主题后的配置信息

3.4.5 实例 19：删除主题

如想删除主题，则需要在启动 Kafka 集群之前开启删除主题的开关，即在 $KAFKA_HOME/config/ server.properties 文件中添加属性 "delete.topic.enable=true"。该属性默认是关闭的。

实例描述

执行 kafka-topics.sh 脚本，输入参数 delete 来删除主题，观察操作后的结果。

（1）找到 Zookeeper 集群的 Leader 节点，在该节点中删除主题，具体操作命令如下。

```
# 删除主题
[hadoop@dn2 config]$ kafka-topics.sh --zookeeper dn1:2181,dn2:2181,dn3:2181 -delete --topic user_order_test
```

（2）执行完上述命令后，Linux 控制台的输出结果如图 3-26 所示。

```
[hadoop@dn2 config]$ kafka-topics.sh --zookeeper dn1:2181,dn2:2181,dn3:2181 --delete --topic user_order_test
Topic user_order_test is marked for deletion.
Note: This will have no impact if delete.topic.enable is not set to true.
```

图 3-26　输出删除信息

结果信息提示，这里是逻辑删除，而非物理删除，仅仅是在 Zookeeper 系统中标记该主题将要被删除，同时也提醒用户一定要提前打开 "delete.topic.enable" 开关，否则删除动作是不会被执行的。

用命令标记主题将要被删除，之后 Kafka 是如何执行删除操作的呢？具体删除流程如图 3-27 所示。

Kafka 控制器在启动时就会注册一个监听器，该监听器用来监听 Zookeeper 系统中对应的 "/admin/delete_topics" 目录。在执行 delete 命令后，会在该目录上创建一个临时文件，文件名就是标记删除的主题名。

Kafka 控制器在启动时会创建一个独立的删除线程，用来执行主题删除操作。删除线程会检测删除的主题集合是否为空：

- 如果删除主题的集合为空，则删除线程就会被挂起；
- 如果删除主题的集合不为空，则立即触发删除逻辑。删除线程会通知 Kafka 的所有代理节点，删除这个主题的所有分区。接着，Kafka 控制器会更新 Zookeeper 系统信息，清除各种缓存，将标记删除的主题信息移除。

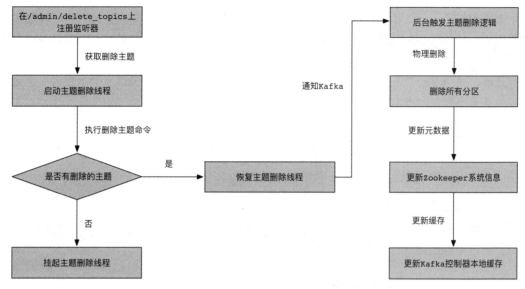

图 3-27　Kafka 删除主题流程

3.5　管理分区与副本

在实际应用场景中，由于前期考虑不周到或者是业务数据量增加，后期可能需要扩展主题的分区和副本，这时可以通过 Kafka 系统提供的脚本工具来完成。

3.5.1　分区和副本的背景及作用

在 Kafka 系统中，为何要在主题中加入分区和副本的概念呢？"主题"是一个逻辑概念，而"分区"则是一个物理概念。

1. 分区的背景

用户在调用生产者接口时，只需要关心将消息数据发送到哪个主题。而用户在调用消费者接口时，也只需要关心订阅哪个主题。整个流程下来，用户并不关心每条消息数据存储在 Kafka 集群哪个代理节点上。

2. 分区的作用

从性能方面来说，如果主题内消息数据只存储在一个代理节点，那该节点将很快会成为 Kafka 集群的瓶颈，无法实现水平扩展。因此，把主题内的消息数据分布到整个 Kafka 集群就是一件很重要的事情，而分区的引入则很好地解决了水平扩展的问题。

主题上的每个分区可以被认为是一个无限长度的数组，新来的消息数据可以有序地追加到该数组上。从物理意义上讲，每个分区对应一个文件夹。一个 Kafka 代理节点上可以存放多个分区。

这样，"生产者"可以将消息数据发送到多个代理节点上的多个分区，"消费者"也可以并行地从多个代理节点上的不同分区获取数据，实现水平扩展。

3. 副本的背景

在大数据场景中，企业的业务数据是非常宝贵的，数据存储的要求非常严格，不允许有数据丢失的情况出现。因此，需要有一种机制来保证数据的高可用。

4. 副本的作用

为了保证消息数据的高可用性，主题中引入副本机制也是很有必要的。一个主题拥有多个副本，可以很好地避免数据丢失的风险。

3.5.2 实例 20：修改分区

在 Kafka 系统中，主题的分区只能增加不能减少。

实例描述

主题 "user_order2" 目前是 1 个分区，这里将该主题分区增加到 6 个，观察修改结果。

具体操作命令如下。

```
# 增加主题分区
[hadoop@dn1 ~]$ kafka-topics.sh --partitions 6 --alter --zookeeper
dn1:2181,dn2:2181,dn3:2181 --topic user_order2
```

执行完上述命令后，Linux 控制台的输出结果如图 3-28 所示。

```
[hadoop@dn1 ~]$ kafka-topics.sh --describe --zookeeper dn1:2181,dn2:2181,dn3:2181 --topic user_order2
Topic:user_order2    PartitionCount:1    ReplicationFactor:1    Configs:max.message.bytes=204800
        Topic: user_order2    Partition: 0    Leader: 2    Replicas: 2    Isr: 2
[hadoop@dn1 ~]$ kafka-topics.sh --partitions 6 --alter  --zookeeper dn1:2181,dn2:2181,dn3:2181 --topic user_order2
WARNING: If partitions are increased for a topic that has a key, the partition logic or ordering of the messages wil
l be affected
Adding partitions succeeded!
[hadoop@dn1 ~]$ kafka-topics.sh --describe --zookeeper dn1:2181,dn2:2181,dn3:2181 --topic user_order2
Topic:user_order2    PartitionCount:6    ReplicationFactor:1    Configs:max.message.bytes=204800
        Topic: user_order2    Partition: 0    Leader: 2    Replicas: 2    Isr: 2
        Topic: user_order2    Partition: 1    Leader: 0    Replicas: 0    Isr: 0
        Topic: user_order2    Partition: 2    Leader: 1    Replicas: 1    Isr: 1
        Topic: user_order2    Partition: 3    Leader: 2    Replicas: 2    Isr: 2
        Topic: user_order2    Partition: 4    Leader: 0    Replicas: 0    Isr: 0
        Topic: user_order2    Partition: 5    Leader: 1    Replicas: 1    Isr: 1
[hadoop@dn1 ~]$
```

图 3-28 增加主题分区

3.5.3 实例 21：修改副本数

在 Kafka 系统中，修改主题副本需要使用 kafka-reassign-partitions.sh 脚本来完成。

实例描述

主题"user_order3"目前是 1 个副本，这里将该主题副本增加到 3 个，观察修改结果。

（1）创建一个主题"user_order3"，它拥有 6 个分区和 1 个副本。具体操作命令如下。

```
# 创建一个主题
[hadoop@dn1 ~]$ kafka-topics.sh --create -zookeeper
dn1:2181,dn2:2181,dn3:2181 --replication-factor 1 --partitions 6
--topic user_order3 -config max.message.bytes=102400
```

（2）添加一个 JSON 格式的配置文件 user_order3_replicas.json，将主题"user_order3"的副本数修改为 3。文件中记录了每个分区的副本在 Kafka 代理节点上的分布情况。具体实现见代码 3-9。

代码 3-9　配置文件 user_order3_replicas.json

```
{
    "partitions":
        [
            {
                "topic": "user_order3",
                "partition": 0,
                "replicas": [2, 0, 1]
            },
            {
                "topic": "user_order3",
                "partition": 1,
                "replicas": [0, 1, 2]
            },
            {
                "topic": "user_order3",
                "partition": 2,
                "replicas": [1, 2, 0]
            },
            {
                "topic": "user_order3",
                "partition": 3,
                "replicas": [2, 1, 0]
            },
```

```
        {
            "topic": "user_order3",
            "partition": 4,
            "replicas": [0, 2, 1]
        },
        {
            "topic": "user_order3",
            "partition": 5,
            "replicas": [1, 0, 2]
        }
    ],
    "version": 1
}
```

（3）使用 kafka-reassign-partitions.sh 脚本加载 user_order3_replicas.json 文件中的内容。具体操作命令如下。

```
# 执行副本修改操作
[hadoop@dn1 bin]$ kafka-reassign-partitions.sh --zookeeper
 dn1:2181,dn2:2181,dn3:2181 --reassignment-json-file
user_order3_replicas.json --execute
```

（4）执行完上述命令后，Linux 控制台的输出结果如图 3-29 所示。

```
[hadoop@dn1 bin]$ kafka-reassign-partitions.sh --zookeeper dn1:2181,dn2:2181,dn3:2181 --reassignment-json-file user_order3_replicas.json --execute
Current partition replica assignment

{"version":1,"partitions":[{"topic":"user_order3","partition":4,"replicas":[2]},{"topic":"user_order3","partition":0
,"replicas":[1]},{"topic":"user_order3","partition":3,"replicas":[1]},{"topic":"user_order3","partition":2,"replicas
":[0]},{"topic":"user_order3","partition":1,"replicas":[2]},{"topic":"user_order3","partition":5,"replicas":[0]}]}

Save this to use as the --reassignment-json-file option during rollback
Successfully started reassignment of partitions.
```

图 3-29　执行分区修改操作

（5）通过 verify 命令验证上面的执行计划是否完成。具体操作命令如下。

```
# 执行验证操作
[hadoop@dn1 bin]$ kafka-reassign-partitions.sh --zookeeper
dn1:2181,dn2:2181,dn3:2181 --reassignment-json-file
user_order3_replicas.json --verify
```

执行完上述命令后，Linux 控制台的输出结果如图 3-30 所示。

```
[hadoop@dn1 bin]$ kafka-reassign-partitions.sh --zookeeper dn1:2181,dn2:2181,dn3:2181 --reassignment-json-file user_order3_replicas.json --verify
Status of partition reassignment:
Reassignment of partition [user_order3,1] completed successfully
Reassignment of partition [user_order3,3] completed successfully
Reassignment of partition [user_order3,5] completed successfully
Reassignment of partition [user_order3,0] completed successfully
Reassignment of partition [user_order3,4] completed successfully
Reassignment of partition [user_order3,2] completed successfully
```

图 3-30　执行验证操作

（6）通过 describe 命令查看主题"user_order3"的分区是否修改成功。具体操作命令如下。

```
# 验证主题的副本是否修改成功
[hadoop@dn1 bin]$ kafka-topics.sh --describe --zookeeper
dn1:2181,dn2:2181,dn3:2181 --topic user_order3
```

执行完上述命令后，Linux 控制台的输出结果如图 3-31 所示。

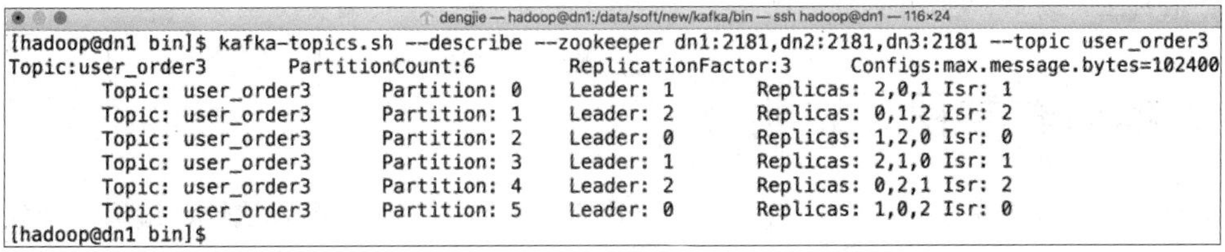

```
[hadoop@dn1 bin]$ kafka-topics.sh --describe --zookeeper dn1:2181,dn2:2181,dn3:2181 --topic user_order3
Topic:user_order3       PartitionCount:6        ReplicationFactor:3     Configs:max.message.bytes=102400
        Topic: user_order3      Partition: 0    Leader: 1       Replicas: 2,0,1 Isr: 1
        Topic: user_order3      Partition: 1    Leader: 2       Replicas: 0,1,2 Isr: 2
        Topic: user_order3      Partition: 2    Leader: 0       Replicas: 1,2,0 Isr: 0
        Topic: user_order3      Partition: 3    Leader: 1       Replicas: 2,1,0 Isr: 1
        Topic: user_order3      Partition: 4    Leader: 2       Replicas: 0,2,1 Isr: 2
        Topic: user_order3      Partition: 5    Leader: 0       Replicas: 1,0,2 Isr: 0
[hadoop@dn1 bin]$
```

图 3-31　验证主题副本

观察输出结果可以看到，主题"user_order3"的每个分区都变成 3 个副本。

3.6　小结

本章的主要目的是，让读者掌握 Zookeeper 集群和 Kafka 集群的操作，并且能够熟练在单机模式和分布式模式下进行操作。同时，也引导读者使用 Kafka 系统提供的脚本来管理主题、增加主题分区和副本。

第 4 章

将消息数据写入Kafka系统——生产

在 Kafka 系统中写入数据的应用一般被称为"生产者",而读取数据的应用一般被称为"消费者"。本章开始学习 Kafka 实战的核心内容——生产者,包含什么是 Kafka 生产者、操作生产者、剖析生产者的配置属性、实现一个生产者应用的核心代码编写。

4.1 本章教学视频说明

视频内容:什么是 Kafka 生产者、操作生产者、剖析生产者的配置属性、编写一个生产者应用的核心代码。

视频时长:10 分钟。

视频截图见图 4-1。

图 4-1 本章教学视频截图

4.2 了解 Kafka 生产者

Kafka 系统中有四种核心应用接口——生产者、消费者、数据流、连接器。

Kafka 生产者可以理解成 Kafka 系统与外界进行数据交互的应用接口。生产者应用接口的作用是写入消息数据。

Kafka 生产者交互流程如图 4-2 所示。Kafka 集群中的数据均由生产者提供。生产者实时读取原始数据（例如日志数据、数据库记录、系统日志等），在代码结构中进行业务逻辑处理，然后调用 Kafka 的生产者接口将处理后的消息记录写入 Kafka 集群中。

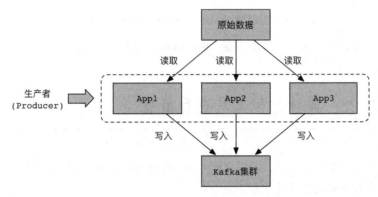

图 4-2 Kafka 生产者交互流程

4.3 使用脚本操作生产者

Kafka 系统提供了一系列的操作脚本，这些脚本放置在$KAFKA_HOME/bin 目录中。其中，kafka-console-producer.sh 脚本可用来作为生产者客户端。

在安装 Kafka 集群后，可以执行 kafka-console-producer.sh 脚本快速地做一些简单的功能验证。通过调用工具类脚本（kafka-run-class.sh）并输入对应的工具类，可以实现具体的功能。

在执行 kafka-console-producer.sh 脚本时，可以通过设置 KAFKA_HEAP_OPTS 属性给客户端分配内存，具体内容见代码 4-1。

代码 4-1 kafka-console-producer.sh 源代码

```
# 给客户端分配内存
if [ "x$KAFKA_HEAP_OPTS" = "x" ]; then
    export KAFKA_HEAP_OPTS="-Xmx512M"
fi
# 输入工具类 kafka.tools.ConsoleProducer
exec $(dirname $0)/kafka-run-class.sh kafka.tools.ConsoleProducer "$@"
```

具体操作命令如下：

```
# 执行生产者脚本
[hadoop@dn1 ~]$ kafka-console-producer.sh --broker-list
dn1:9092,dn2:9092,dn3:9092 --topic test_topic
```

执行上述命令后，Linux 控制台会等待用户输入信息。输入"hello kafka"后按 Enter 键，Linux 控制台是没有反应的，如图 4-3 所示。

图 4-3 执行 kafka-console-producer.sh 脚本的结果

如要查看输入信息后 Kafka 集群主题（test_topic）是否有变化，有两种方式，4.3.1 和 4.3.2 小节分别介绍。

4.3.1 实例 22：通过监控工具查看消息

实例描述

在 Linux 系统控制台中，通过执行 kafka-console-producer.sh 脚本来启动一个生产者实例，并在 Linux 控制台中输入数据进行如下实验：

（1）通过监控工具查看主题；

（2）在监控工具中执行 Kafka SQL，并观察操作结果。

通过 Kafka 监控工具 Kafka Eagle 可以查看主题（test_topic）的数据变化，具体方法如下。

（1）进入 Kafka Eagle 系统中，找到"Topic"-"Message"模块，在 SQL 编辑区域编写查询主题的 SQL 语句。具体实现见代码 4-2。

代码 4-2 查询主题 SQL 逻辑

```
# 按照分区和偏移量过滤
select * from "test_topic" where "partition" in (0) and "offset"=4
```

（2）指定主题过滤后的消息记录如图 4-4 所示。可以看到，"Tasks Job Info"区域输出了刚刚在 Linux 控制台输入的"hello kafka"的消息记录。

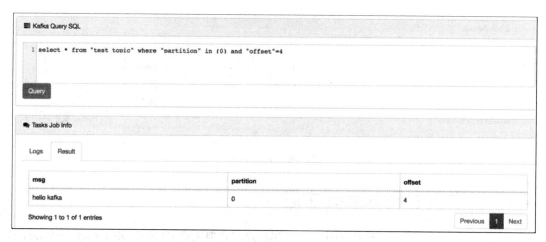

图 4-4　使用 SQL 查询主题中的消息记录

4.3.2　实例 23：启动消费者程序，并查看消息

实例描述

在 Linux 系统控制台中，通过执行 kafka-console-consumer.sh 脚本来启动一个消费者程序，并在 Linux 控制台中观察读取结果。

具体操作命令如下。

```
# 使用 kafka-console-consumer.sh 脚本查看内容
[hadoop@dn1 ~]$ kafka-console-consumer.sh --bootstrap-server
dn1:9092,dn2:9092,dn3:9092 --topic test_topic
```

执行上述脚本命令后，在 kafka-console-producer.sh 脚本控制台中输入信息，输出结果如图 4-5 所示。

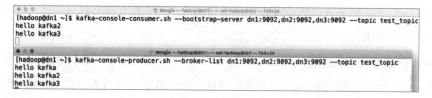

图 4-5　输入/输出信息

 提示：

执行 kafka-console-consumer.sh 脚本命令时，消费者组会默认生成组名。可以在 Kafka Eagle 系统中的消费者模块中查看结果，如图 4-6 所示。

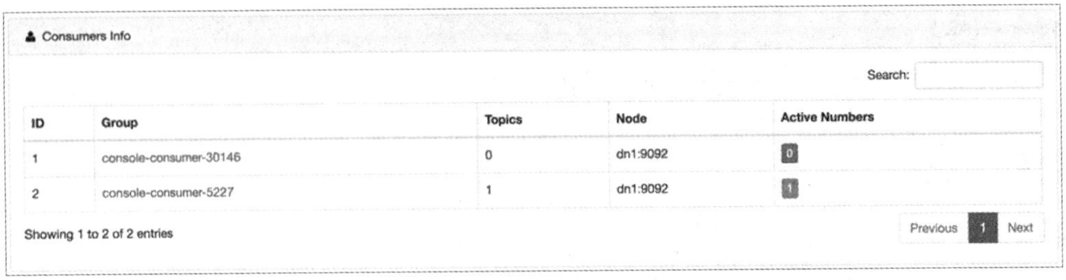

图 4-6　消费者组名

4.4　发送消息到 Kafka 主题

Kafka 0.10.0.0 及以后的版本，对生产者代码的底层实现进行了重构。kafka.producer.Producer 类被 org.apache.kafka.clients.producer.KafkaProducer 类替换。

Kafka 系统支持两种不同的发送方式——同步模式（Sync）和异步模式（ASync）。

4.4.1　了解异步模式

在 Kafka 0.10.0.0 及以后的版本中，客户端应用程序调用生产者应用接口，默认使用异步的方式发送消息。

生产者客户端在通过异步模式发送消息时，通常会调用回调函数的 send() 方法发送消息。生产者端收到 Kafka 代理节点的响应后会触发回调函数。

1. 什么场景下需要使用异步模式

假如生产者客户端与 Kafka 集群节点间存在网络延时（100ms），此时发送 10 条消息记录，则延时将达到 1s。而大数据场景下有着海量的消息记录，发送的消息记录是远不止 10 条，延时将非常严重。

大数据场景下，如果采用异步模式发送消息记录，几乎没有任何耗时，通过回调函数可以知道消息发送的结果。

2. 异步模式数据写入流程

例如，一个业务主题（ip_login）有 6 个分区。生产者客户端写入一条消息记录时，消息记录会先写入某个缓冲区，生产者客户端直接得到结果（这时，缓冲区里的数据并没有写到 Kafka 代理节点中主题的某个分区）。之后，缓冲区中的数据会通过异步模式发送到 Kafka 代理节点中主题的某个分区中。具体数据写入流程如图 4-7 所示。

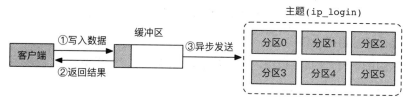

图 4-7　异步模式数据写入流程

4.4.2　实例 24：生产者用异步模式发送消息

实例描述
在生产者客户端创建一个扩展名为 java 的 Java 源代码文件，使用异步模式发送消息。

具体实现见代码 4-3。

代码 4-3　异步模式生产者代码

```
// 实例化一个消息记录对象，用来保存主题名、分区索引、键、值和时间戳
ProducerRecord<byte[],byte[]> record =
            new ProducerRecord<byte[],byte[]>("ip_login", key, value);
// 调用 send()方法和回调函数
producer.send(myRecord,
            new Callback() {
                public void onCompletion(RecordMetadata metadata,
                    Exception e) {
                    if(e != null) {
                        e.printStackTrace();
                    } else {
                        System.out.println("The offset of the
                            record we just sent is: " +
                            metadata.offset());
                    }
                }
            });
```

消息记录提交给 send()方法后，实际上该消息记录被放入一个缓冲区的发送队列，然后通过后台线程将其从缓冲区队列中取出并进行发送；发送成功后会触发 send 方法的回调函数——Callback。

4.4.3　了解同步模式

生产者客户端通过 send()方法实现同步模式发送消息，并返回一个 Future 对象，同时调用

get()方法等待 Future 对象，看 send()方法是否发送成功。

1. 什么场景下使用同步模式

如果要收集用户访问网页的数据，在写数据到 Kafka 集群代理节点时需要立即知道消息是否写入成功，此时应使用同步模式。

2. 同步模式的数据写入流程

例如，在一个业务主题（ip_login）中有 6 个分区。生产者客户端写入一条消息记录到生产者服务端，生产者服务端接收到数据后会立马将其发送到主题（ip_login）的某个分区去，然后才将结果返给生产者客户端。具体流程如图 4-8 所示。

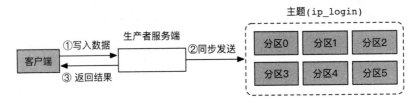

图 4-8　同步模式数据写入流程

4.4.4　实例 25：生产者用同步模式发送消息

实例描述

在生产者客户端创建一个扩展名为 java 的 Java 源代码文件，实现同步模式发送消息。

具体实现内容见代码 4-4。

代码 4-4　同步模式生产者代码

```
// 将字符串转换成字节数组
byte[] key = "key".getBytes();
byte[] value = "value".getBytes();
// 实例化一个消息记录对象，用来保存主题名、分区索引、键、值和时间戳
ProducerRecord<byte[],byte[]> record =
            new ProducerRecord<byte[],byte[]>("ip_login", key, value);
// 调用 send()函数后，再通过 get()方法等待返回结果
producer.send(record).get();
```

这里通过调用 Future 接口中的 get()方法等待 Kafka 集群代理节点（Broker）的状态返回。如果 Producer 发送消息记录成功了，则返回 RecordMetadata 对象，该对象可用来查看消息记录的偏移量（Offset）。

> **提示：**
> 采用同步模式发送消息记录，系统的性能会下降很多，因为需要等待写入结果。
> 如果生产者客户端和 Kafka 集群间的网络出现异常，或者 Kafka 集群处理消息请求过慢，则消息的延时将很严重。所以，一般不建议这样使用。

4.4.5 多线程发送消息

在 Kafka 系统中，为了保证生产者客户端应用程序的独立运行，通常使用线程的方式发送消息。

创建一个简单的生产者应用程序的步骤如下。

（1）实例化 Properties 类对象，配置生产者应答机制。有以下三个属性是必须设置的。其他属性一般都会有默认值，可以按需添加设置。

- bootstrap.servers：配置 Kafka 集群代理节点地址；
- key.serializer：序列化消息主键；
- value.serializer：序列化消息数据内容。

（2）根据属性对象实例化一个 KafkaProducer。

（3）通过实例化一个 ProducerRecord 对象，将消息记录以"键-值"对的形式进行封装。

（4）通过调用 KafkaProducer 对象中带有回调函数的 send()方法发送消息给 Kafka 集群。

（5）关闭 KafkaProducer 对象，释放连接资源。

4.4.6 小节将演示使用线程发送消息。

4.4.6 实例 26：生产者用单线程发送消息

实例描述

创建一个扩展名为 java 的 Java 源代码文件，编写代码，通过异步模式发送消息，并使用单线程来执行生产者客户端程序，观察操作结果。

具体实现见代码 4-5。

代码 4-5　单线程发送消息

```
/**
 * 实现一个生产者客户端应用程序
 *
 * @author smartloli
 *
 *         Created by Apr 27, 2018
```

```java
 */
public class JProducer extends Thread {

    /** 创建一个日志对象 */
    private final Logger LOG = LoggerFactory.getLogger(JProducer.class);

    /** 配置Kafka连接信息 */
    public Properties configure() {
        Properties props = new Properties();
        // 指定Kafka集群地址
        props.put("bootstrap.servers", "dn1:9092,dn2:9092,dn3:9092");
        props.put("acks", "1");                                  // 设置应答机制
        props.put("batch.size", 16384);                          // 批量提交大小
        props.put("linger.ms", 1);                               // 延时提交
        props.put("buffer.memory", 33554432);                    // 缓冲大小
        props.put("key.serializer",
"org.apache.kafka.common.serialization.StringSerializer"); // 序列化主键
        props.put("value.serializer",
"org.apache.kafka.common.serialization.StringSerializer"); // 序列化值

        return props;
    }

    /** 单线程启动入口 */
    public static void main(String[] args) {
        JProducer producer = new JProducer();
        producer.start();
    }

    /** 实现一个单线程生产者客户端 */
    public void run() {
        Producer<String, String> producer = new KafkaProducer<>(configure());
        // 发送100条JSON格式的数据
        for (int i = 0; i < 100; i++) {
            // 封装JSON格式
            JSONObject json = new JSONObject();
            json.put("id", i);
            json.put("ip", "192.168.0." + i);
            json.put("date", new Date().toString());
            String k = "key" + i;
            // 异步发送, 调用回调函数
            producer.send(new ProducerRecord<String,
                String>("test_kafka_game_x", k,
                json.toJSONString()), new Callback() {
```

```
            public void onCompletion(RecordMetadata metadata,
                Exception e) {
                if (e != null) {
                    LOG.error("Send error, msg is " + e.getMessage());
                } else {
                    LOG.info("The offset of the record we
                        just sent is: " +
                        metadata.offset());
                }
            }
        });
    }
    try {
        sleep(3000);                                    // 间隔3秒
    } catch (InterruptedException e) {
        LOG.error("Interrupted thread error, msg is " + e.getMessage());
    }

    producer.close();                                   // 关闭生产者对象
    }

}
```

这里的主题只有一个分区和一个副本,所以,发送的所有消息会写入同一个分区中。

如果希望发送完消息后获取一些返回信息(比如获取消息的偏移量、分区索引值、提交的时间戳等),则可以通过回调函数 CallBack 返回的 RecordMetadata 对象来实现。

执行上述代码后,输出结果如图 4-9 所示。

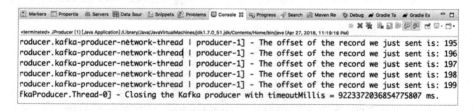

图 4-9 单线程生产者输出结果

由于 Kafka 系统的生产者对象是线程安全的,所以,可通过增加生产者对象的线程数来提高 Kafka 系统的吞吐量。

 提示:

在实际项目中,一般会采用多个生产者对象来发送消息以提高吞吐量。

> 线程安全是指，多线程访问时采用了加锁机制。即，当一个线程访问类的某个数据时进行保护，其他线程不能进行访问。

4.4.7 实例 27：生产者用多线程发送消息

实例描述

创建一个扩展名为 java 的 Java 源代码文件，编写代码，通过异步模式发送消息，并使用多线程来执行生产者客户端程序。

多线程生产者客户端的实现思路如下：（1）定义一个多线程生产者 JProducerThread 类并继承 Thread 基类；（2）定义一个线程池，并设置最大线程数。

具体实现内容见代码 4-6。

代码 4-6　多线程代码实现

```java
/**
 * 实现一个生产者客户端应用程序
 *
 * @author smartloli
 *
 *         Created by Apr 27, 2018
 */
public class JProducerThread extends Thread {

    // 创建一个日志对象
    private final Logger LOG = LoggerFactory.getLogger(JProducerThread.class);
    // 声明最大线程数
    private final static int MAX_THREAD_SIZE = 6;

    /** 配置Kafka连接信息 */
    public Properties configure() {
        Properties props = new Properties();
        // 指定Kafka集群地址
        props.put("bootstrap.servers", "dn1:9092,dn2:9092,dn3:9092");
        // 设置应答机制
        props.put("acks", "1");
        // 批量提交大小
        props.put("batch.size", 16384);
        // 延时提交
        props.put("linger.ms", 1);
        // 缓冲大小
```

```java
        props.put("buffer.memory", 33554432);
        // 序列化主键
        props.put("key.serializer",
"org.apache.kafka.common.serialization.StringSerializer");
        // 序列化值
        props.put("value.serializer",
"org.apache.kafka.common.serialization.StringSerializer");

        return props;
    }

    /** 主函数入口 */
    public static void main(String[] args) {
        // 创建一个固定线程数量的线程池
        ExecutorService executorService =
            Executors.newFixedThreadPool(MAX_THREAD_SIZE);
        // 提交任务
        executorService.submit(new JProducerThread());
        // 关闭线程池
        executorService.shutdown();
    }

    /** 实现一个单线程生产者客户端 */
    public void run() {
        Producer<String, String> producer = new KafkaProducer<>(configure());
        // 发送100条JSON格式的数据
        for (int i = 0; i < 100; i++) {
            // 封装JSON格式
            JSONObject json = new JSONObject();
            json.put("id", i);
            json.put("ip", "192.168.0." + i);
            json.put("date", new Date().toString());
            String k = "key" + i;
            // 异步发送，调用回调函数
            producer.send(new ProducerRecord<String,
                    String>("test_kafka_game_x", k,
                    json.toJSONString()), new Callback() {
                public void onCompletion(RecordMetadata metadata,
                    Exception e) {
                    if (e != null) {
                        LOG.error("Send error, msg is " + e.getMessage());
                    } else {
                        LOG.info("The offset of the record we
                            just sent is: " +
```

```
                                    metadata.offset());
                        }
                    }
                });
            }
            try {
                sleep(3000);                              // 间隔 3 秒
            } catch (InterruptedException e) {
                LOG.error("Interrupted thread error, msg is " + e.getMessage());
            }

            producer.close();                             // 关闭生产者对象
        }
}
```

在代码编辑器中执行上述代码，结果如图 4-10 所示。

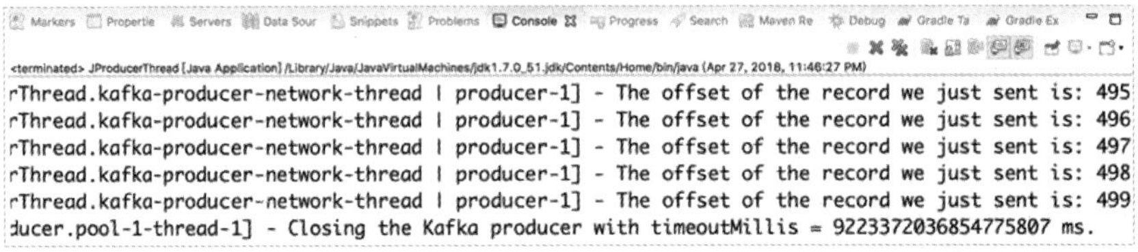

图 4-10　多线程生产者输出结果

4.5　配置生产者的属性

使用 Java 语言编写生产者应用程序时，可以添加一些属性来控制消息数据的写入。例如，设置重试次数、设置发送的消息是否压缩、设置发送消息延时的时间等。更多属性见表 4-1。

表 4-1　生产者属性

属　　性	说　　明	类　　型	默认值
bootstrap.servers	用于与 Kafka 集群建立连接的地址集合，书写格式为："ip1:port,ip2:port,ip3:port"	list	无
key.serializer	Key 的序列化方式，用于实现 Serializer 接口	class	无
value.serializer	Value 的序列化方式，用于实现 Serializer 接口	class	无
acks	发送消息机制。 acks=0：无需 Kafka 节点应答。这种效率最高，但是有丢失数据的风险。	string	1

续表

属　性	说　明	类　型	默认值
	acks=1：需要有一个 Kafka 节点应答。这种情况下，如果处于 Follower 角色的节点没有备份数据，而此刻 Leader 角色的节点又不可用，则导致数据丢失。 acks=all：需要 Kafka 集群所有的节点应答，这样才算成功写入数据。这是保证数据不丢失最有效的一种方式		
buffer.memory	Producer 可用来缓存数据的内存大小。如果数据产生的速度大于向 Kafka 代理节点发送的速度，则 Producer 会造成阻塞或抛出异常	long	33554432
compression.type	用来指定发送数据的压缩类型。默认不压缩，可选值有：none、gzip、snappy。压缩最好用于批处理。批处理消息数据越多，则压缩性能越好	string	none
retries	设置为大于 0 的值时，若数据发送失败，则会使客户端重新发送	int	0
ssl.key.password	表示密钥存储文件中的私钥密码。对客户端来说这是可选项	password	null
ssl.keystore.location	密钥存储文件的位置。对于客户端来说这是可选项。可以用于客户端的双向认证	string	null
ssl.keystore.password	密钥存储文件的存储密码	password	null
ssl.truststore.location	认证存储文件的位置	string	null
ssl.truststore.password	认证存储文件的密码。如果不设置密码，仍然可以访问认证存储器，只是完整性检查功能被禁止	password	null
batch.size	Producer 会尝试批处理消息记录，以便减少请求次数。该属性能够提升服务端和客户端之间的处理性能	int	16384
client.id	在请求时传递给服务器的 ID 字符串。这样做的目的在于，可以很方便地定位请求来源	string	空字符串
connections.max.idle.ms	设置每个连接的最大释放时间	long	540000
linger.ms	增加延时时间，默认为 0（没有延时）。例如设置该数值为 5，则会减少请求数，同时会增加 5ms 的延时	long	0
max.block.ms	控制块的时长。当缓冲空间不够或元数据丢失时会产生块	long	60000
max.request.size	请求的最大字节数	int	1048576
partitioner.class	分区类实现 Partitioner 接口	class	类名
receive.buffer.bytes	在读取数据时使用 TCP 接收缓冲区的大小	int	32768
request.timeout.ms	客户端等待请求响应的最大时间。如果在这个时间内没有收到响应，则客户端将重新发送请求	int	30000
sasl.jaas.config	通过 Java 认证和授权服务进行登录	password	null

续表

属　　性	说　　明	类　型	默认值
sasl.kerberos.service.name	Kerberos 协议服务名称	string	null
sasl.mechanism	用于客户端连接的 SASL 机制	string	GSSAPI
security.protocol	用于与 Kafka 代理节点进行通信的协议，可用协议有：PLAINTEXT、SSL、SASL_PLAINTEXT、SASL_SSL	string	PLAINTEXT
send.buffer.bytes	发送数据时缓冲空间大小	int	131072
ssl.enabled.protocols	加密套接字协议集合	list	TLSv1.2、TLSv1.1、TLSv1
ssl.keystore.type	密钥存储文件的文件格式	string	JKS
ssl.protocol	加密套接字协议	string	TLS
ssl.provider	安全提供者程序使用的加密套接字协议连接，默认值由 JVM 提供	string	null
ssl.truststore.type	认证存储文件的文件类型	string	JKS
enable.idempotence	如果设置为 true，则生产者将确保每条消息的单个副本都能写入数据流。如果设置成 False，当代理节点失败时，则生产者触发重试机制，可能会在数据流中写入重试消息的副本	boolean	false
interceptor.classes	用作拦截器的类的列表。实现生产者拦截器接口，允许用户在生产者发送消息到 Kafka 集群之前进行拦截。默认情况下没有拦截	list	null
max.in.flight.requests.per.connection	在阻塞之前，客户端在单个连接上发送的最大请求数	int	5
metadata.max.age.ms	设置自动更新元数据的最大时间间隔	long	300000
metric.reporters	类的列表，用于衡量监控指标	list	空字符串
metrics.num.samples	用于维护监控的样本数	int	2
metrics.recording.level	监控的最高纪录级别	string	INFO
metrics.sample.window.ms	监控系统维护可配置的样本数量	long	30000
reconnect.backoff.max.ms	当重新连接到一个重复连接失败的 Kafka 代理节点时，允许等待的最大时间，单位 ms	long	1000
reconnect.backoff.ms	在尝试重新连接到给定主机之前等待的基本时间	long	50
retry.backoff.ms	向代理节点发送数据失败后，重试的时间间隔	long	100

4.6 保存对象的各个属性——序列化

4.6.1 实例28：序列化一个对象

在分布式环境下，无论哪种格式的数据都会被分解成二进制，以便存储在文件中或者在网络上传输。

序列化就是，将对象以一连串的字节进行描述，用来解决对象在进行读写操作时所引发的问题。

序列化可以将对象的状态写成数据流，并进行网络传输或者保存在文件或数据库中，在需要时再把该数据流读取出来，重新构造一个相同的对象。

1. 为什么需要序列化

在传统的企业应用中，不同的组件分布在不同的系统和网络中。如果两个组件之间想要进行通信，那么它们之间必须有数据转换机制。实现这个过程需要遵照一个协议来传输对象，这意味着，接收端需要知道发送端所使用的协议才能重新构建对象，以此来保证两个组件之间的通信是安全的。

2. 实例演示

为了序列化一个对象，用户需要实现序列化接口。

> **实例描述**
>
> 创建一个扩展名为java的Java源文件，编写代码，实例化一个序列化对象，观察执行结果。

具体实现见代码4-7。

代码4-7 实现序列化类

```java
/**
 * 实现一个序列化的类
 *
 * @author smartloli
 *
 *         Created by Apr 30, 2018
 */
public class JObjectSerial implements Serializable {

    private static Logger LOG = LoggerFactory.getLogger(JObjectSerial.class);

    /**
     * 序列化版本ID
```

```java
     */
    private static final long serialVersionUID = 1L;

    public byte id = 1;          // 用户 ID
    public byte money = 100;     // 充值金额

    /** 实例化入口函数 */
    public static void main(String[] args) {
        try {
            // 实例化一个输出流对象
            FileOutputStream fos = new FileOutputStream("/tmp/salary.out");
            // 实例化一个对象输出流
            ObjectOutputStream oos = new ObjectOutputStream(fos);
            JObjectSerial jos = new JObjectSerial();   // 实例化序列化类
            oos.writeObject(jos);                      // 写入对象
            oos.flush();                               // 刷新数据流
            oos.close();                               // 关闭连接
        } catch (Exception e) {
            // 打印异常信息
            LOG.error("Serial has error, msg is " + e.getMessage());
        }
    }
}
```

3. 序列化对象的存储格式

在文件中，序列化对象是以十六进制进行存储的，可以通过 vi 命令查看 JObjectSerial 对象在文件中的格式。具体操作命令如下。

```
# 使用 vi 命令打开 salary.out
dengjiedeMacBook-Pro:tmp dengjie$ vi salary.out

#输入以下命令来查看十六进制内容
:%!xxd
```

执行上述命令后，Linux 终端输出结果如图 4-11 所示。

```
00000000: aced 0005 7372 002f 6f72 672e 736d 6172  ....sr./org.smar
00000010: 746c 6f6c 692e 6b61 666b 612e 6761 6d65  tloli.kafka.game
00000020: 2e78 2e62 6f6f 6b5f 342e 4a4f 626a 6563  .x.book_4.JObjec
00000030: 7453 6572 6961 6c00 0000 0000 0000 0102  tSerial.........
00000040: 0002 4200 0269 6442 0005 6d6f 6e65 7978  ..B..idB..moneyx
00000050: 7001 640a                                p.d.
:%!xxd
```

图 4-11　查看 16 进制文件

4. 序列化算法

实现一个序列化算法，通常会按照以下步骤来执行：
（1）将关联实例的类的元数据写入文件中；
（2）通过递归的方式将类的父类写入文件，直至遇到 Object 类为止；
（3）类的元数据写入完成后，算法便从最顶端的父类开始写入实例的真实数据；
（4）通过递归方式，将类实例的数据写入文件。

4.6.2 实例 29：在生产者应用程序中实现序列化

实现序列化的 Kafka 源代码在 org.apache.kafka.common.serialization 包下，如图 4-12 所示。

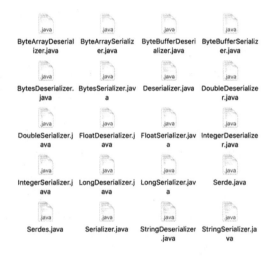

图 4-12 实现序列化的 Kafka 源代码

如果使用原生的序列化方式，则需要将传输的内容拼接成字符串或转成字符数组，抑或是其他类型，这样在实现代码时就会比较麻烦。而 Kafka 为了解决这种问题，提供了序列化的接口，让用户可以自定义对象的序列化方式，来完成对象的传输。

以下实例将演示生产者客户端应用程序中序列化的用法，利用 Serializable 接口来序列化对象。

实例描述

创建 4 个扩展名为 java 的 Java 源文件，编写代码，在生产者应用程序中自定义序列化，步骤如下：
（1）创建一个序列化对象；
（2）编写一个序列化工具类；

（3）编写自定义序列化代码；

（4）编写生产者客户端应用程序，通过自定义的序列化发送消息数据给 Kafka 系统主题。

1. 创建序列化对象

创建一个序列化类 JSalarySerial，用来描述一个包含用户 ID 和金额属性的对象。具体实现见代码 4-8。

代码 4-8　序列化 JSalarySerial 类

```java
/**
 * 声明一个序列化类
 *
 * @author smartloli
 *
 *         Created by Apr 30, 2018
 */
public class JSalarySerial implements Serializable {

    /**
     * 序列化版本 ID
     */
    private static final long serialVersionUID = 1L;

    private String id;                // 用户 ID
    private String salary;            // 金额

    public String getId() {
        return id;
    }

    public void setId(String id) {
        this.id = id;
    }

    public String getSalary() {
        return salary;
    }

    public void setSalary(String salary) {
        this.salary = salary;
    }

    // 打印对象属性值
```

```
    @Override
    public String toString() {
        return "JSalarySerial [id=" + id + ", salary=" + salary + "]";
    }
}
```

2. 编写序列化工具类

封装一个序列化的工具类 SerializeUtils, 用来简化序列化接口的调用。具体实现见代码 4-9。

代码 4-9　序列化工具类 SerializeUtils

```
/**
 * 封装一个序列化的工具类
 *
 * @author smartloli
 *
 *         Created by Apr 30, 2018
 */
public class SerializeUtils {

    /** 实现序列化 */
    public static byte[] serialize(Object object) {
        try {
            return object.toString().getBytes("UTF8");    // 返回字节数组
        } catch (Exception e) {
            e.printStackTrace();                          // 抛出异常信息
        }
        return null;
    }
}
```

3. 编写自定义序列化逻辑代码

通过编写 JSalarySeralizer 类，来实现自定义序列化的逻辑代码。具体实现见代码 4-10。

代码 4-10　自定义序列化 JSalarySeralizer 类

```
/**
 * 自定义序列化实现
 *
 * @author smartloli
 *
 *         Created by Apr 30, 2018
 */
public class JSalarySeralizer implements Serializer<JSalarySerial> {
```

```java
    @Override
    public void configure(Map<String, ?> configs, boolean isKey) {

    }

    /** 实现自定义序列化 */
    @Override
    public byte[] serialize(String topic, JSalarySerial data) {
        return SerializeUtils.serialize(data);
    }

    @Override
    public void close() {

    }
}
```

4. 编写生产者应用程序

最后，编写 JProducerSerial 类，来实现一个生产者应用程序，通过自定义序列化的方式发送消息数据给 Kafka 集群。具体实现见代码 4-11。

代码 4-11　生产者应用程序 JProducerSerial 类

```java
/**
 * 自定义序列化, 发送消息给 Kafka 集群
 *
 * @author smartloli
 *
 *         Created by Apr 30, 2018
 */
public class JProducerSerial extends Thread {

    private static Logger LOG =
            LoggerFactory.getLogger(JProducerSerial.class);

    /** 配置 Kafka 连接信息 */
    public Properties configure() {
        Properties props = new Properties();
        // 指定 Kafka 集群地址
        props.put("bootstrap.servers", "dn1:9092,dn2:9092,dn3:9092");
        props.put("acks", "1");          // 设置应答模式, 1 表示有一个 Kafka 代理节点返回结果
        props.put("retries", 0);         // 重试次数
        props.put("batch.size", 16384);        // 批量提交大小
```

```java
        props.put("linger.ms", 1);                    // 延时提交
        props.put("buffer.memory", 33554432); // 缓冲大小
        // 序列化主键
        props.put("key.serializer",
"org.apache.kafka.common.serialization.StringSerializer");
        // 自定义序列化值
        props.put("value.serializer",
"org.smartloli.kafka.game.x.book_4.serialization.JSalarySeralizer");

        return props;
    }

    public static void main(String[] args) {
        JProducerSerial producer = new JProducerSerial();
        producer.start();
    }

    /** 实现一个单线程生产者客户端 */
    public void run() {
        // 实例化一个自定义发送消息对象
        Producer<String, JSalarySerial> producer =
            new KafkaProducer<>(configure());
        // 初始化一个序列化对象
        JSalarySerial jss = new JSalarySerial();
        jss.setId("2018");
        jss.setSalary("100");

        // 发送消息数据
        producer.send(new ProducerRecord<String,
            JSalarySerial>("test_kafka_game_x", "key",jss), new Callback() {
                public void onCompletion(RecordMetadata metadata, Exception e) {
                    if (e != null) {
                        LOG.error("Send error, msg is " + e.getMessage());
                    } else {
                        LOG.info("The offset of the record we just
                            sent is: " + metadata.offset());
                    }
                }
        });

        try {
            sleep(3000);                              // 间隔3秒
        } catch (InterruptedException e) {
            LOG.error("Interrupted thread error, msg is " + e.getMessage());
```

```
        }
        producer.close();                              // 关闭生产者对象
    }
}
```

执行整个自定义序列化代码,输出结果如图 4-13 所示。

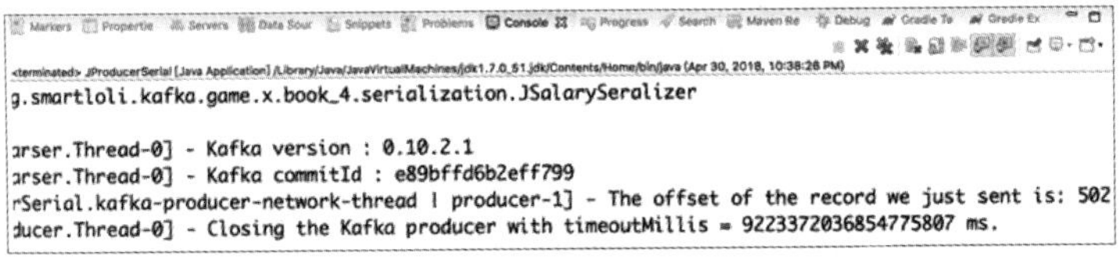

图 4-13 自定义序列化输出结果

4.7 自定义主题分区

在分布式应用场景中,Kafka 系统默认的分区策略并不能很好地满足业务需求,这时需根据 Kafka 系统提供的应用接口来自定义主题分区,以满足具体的业务场景需求。

实现一个自定义主题分区的基本步骤如下:

(1)实现 Partitioner 接口,并重写 partition() 方法,在该方法中实现自定义主题分区的算法;
(2)在生产者应用程序中,设置 partitioner.class 属性为自定义主题分区类。

4.7.1 实例 30:编写自定义主题分区的算法

实例描述

创建一个扩展名为 java 的 Java 源文件,编写代码,实现 Partitioner 接口函数的业务逻辑。

具体内容见代码 4-12。

代码 4-12 自定义主分区算法

```
/**
 * 实现一个自定义分区类
 *
 * @author smartloli
 *
 *         Created by Apr 30, 2018
 */
public class JPartitioner implements Partitioner {
```

```java
@Override
public void configure(Map<String, ?> configs) {

}

/** 实现Kafka主题分区索引算法 */
@Override
public int partition(String topic, Object key, byte[] keyBytes, Object value,
    byte[] valueBytes, Cluster cluster) {
    int partition = 0;
    String k = (String) key;
    partition = Math.abs(k.hashCode())
            % cluster.partitionCountForTopic(topic);
    return partition;
}

@Override
public void close() {

}
}
```

4.7.2 实例31：演示自定义分区类的使用

实例描述

创建一个扩展名为java的Java源文件，编写代码，设置partitioner.class的属性值。该代码的功能是将消息数据写入主题不同的分区中。

具体实现见代码4-13。

代码4-13 自定义分区类

```java
/**
 * 实现一个生产者客户端应用程序
 *
 * @author smartloli
 *
 *         Created by Apr 27, 2018
 */
public class JProducerThread extends Thread {

    // 创建一个日志对象
    private final Logger LOG = LoggerFactory.getLogger(JProducerThread.class);
```

```java
    // 声明最大线程数
    private final static int MAX_THREAD_SIZE = 6;

    /** 配置Kafka连接信息 */
    public Properties configure() {
        Properties props = new Properties();
        // 指定Kafka集群地址
        props.put("bootstrap.servers", "dn1:9092,dn2:9092,dn3:9092");
        props.put("acks", "1");                                     // 设置应答模式
        props.put("retries", 0);                                    // 重试次数
        props.put("batch.size", 16384);                             // 批量提交大小
        props.put("linger.ms", 1);                                  // 延时提交
        props.put("buffer.memory", 33554432);                       // 缓冲大小
        props.put("key.serializer",
"org.apache.kafka.common.serialization.StringSerializer");          // 序列化主键
        props.put("value.serializer",
"org.apache.kafka.common.serialization.StringSerializer");          // 序列化值
        // 指定自定义分区类
        props.put("partitioner.class",
"org.smartloli.kafka.game.x.book_4.JPartitioner");

        return props;
    }

    public static void main(String[] args) {
        // 创建一个固定线程数量的线程池
        ExecutorService executorService =
            Executors.newFixedThreadPool(MAX_THREAD_SIZE);
        // 提交任务
        executorService.submit(new JProducerThread());
        // 关闭线程池
        executorService.shutdown();
    }

    /** 实现一个单线程生产者客户端 */
    public void run() {
        Producer<String, String> producer = new KafkaProducer<>(configure());
        // 发送100条JSON格式的数据
        for (int i = 0; i < 100; i++) {
            // 封装JSON格式
            JSONObject json = new JSONObject();
            json.put("id", i);
            json.put("ip", "192.168.0." + i);
            json.put("date", new Date().toString());
```

```java
        String k = "key" + i;
        // 异步发送
        producer.send(new ProducerRecord<String,
            String>("test_kafka_game_x", k,json.toJSONString()),
            new Callback() {
                public void onCompletion(RecordMetadata metadata,
                    Exception e) {
                    if (e != null) {
                        LOG.error("Send error, msg is " + e.getMessage());
                    } else {
                        LOG.info("The offset of the record we
                            just sent is: " +
                            metadata.offset());
                    }
                }
            });
    }
    try {
        sleep(3000);              // 间隔3秒
    } catch (InterruptedException e) {
        LOG.error("Interrupted thread error, msg is " + e.getMessage());
    }

    producer.close();             // 关闭生产者对象
}
```

4.8 小结

本章的主要目的是，让读者掌握 Kafka 生产者的核心内容，并能够熟练使用 Kafka 系统自带的生产者脚本来发送消息数据。另外，也引导读者使用 Kafka 系统提供的应用接口来开发生产者应用程序、自定义分区类、自定义序列化类。

第 5 章

从Kafka系统中读取消息数据——消费

本章学习与生产者相关的另一个核心内容——消费者,其内容包含:什么是Kafka消费者、操作消费者、剖析消费者的配置属性等。

5.1 本章教学视频说明

视频内容:什么是Kafka消费者、操作消费者、剖析消费者的配置属性等。

视频时长:9分钟。视频截图见图5-1

图 5-1 本章教学视频截图

5.2 了解 Kafka 消费者

Kafka 消费者可以理解成,外界从 Kafka 系统中获取消息数据的一种应用接口。消费者应用接口的主要作用是读取消息数据。

5.2.1 为什么需要消费者组

一个读取 Kafka 系统中消息数据的实例,可以被称为一个消费者。

举个例子,现有这样一个场景:客户端从 Kafka 系统中读取消息记录,并且进行业务逻辑处理,最后将处理后的结果输出。

可以创建一个消费者程序来实现这样一个场景。但是,当生产者向 Kafka 系统主题写消息数据的速度比消费者读取的速度要快时,随着时间的增长,主题中的消息数据将出现越来越严重的堆积现象。面对这类情况,通常可以增加多个消费者程序来水平扩展,从而解决这种堆积现象。

消费者组是 Kafka 系统提供的一种可扩展、高容错的消费者机制。

5.2.1 消费者和消费者组的区别

通常来说,一个消费者组包含以下几个特性:

- 一个消费者组,可以有一个或者多个消费者程序;
- 消费者组名(GroupId)通常由一个字符串表示,具有唯一性;
- 如果一个消费者组订阅了主题,那么该主题中的每个分区只能分配给某一个消费者组中的某一个消费者程序。

一个消费者组就是由若干个消费者程序组成的一个集合,如图 5-2 所示。

图 5-2 消费者与消费者组的关系

5.2.2 消费者和分区的对应关系

Kafka 消费者是消费者组中的一部分。当一个消费者组中存在多个消费者程序来消费主题中的消息数据时,每个消费者程序会读取不同分区(Partition)上的消息数据。

1 个消费者程序,读取主题中 6 个分区的数据

例如,现在有一个业务主题 IP_Login,它有 6 个分区。而消费者组 IP_Login_Group 中只有一个消费者程序 IP_Login_Consumer1。

消费者程序 Consumer1 读取 6 个分区的消息数据,如图 5-3 所示。

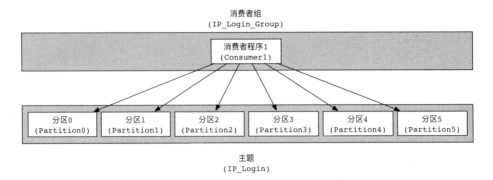

图 5-3　1 个消费者程序读取主题 6 个分区的数据

3 个消费者程序，读取主题中 6 个分区的数据

如果消费者组中的消费者程序增加到 3 个，此时每个消费者程序将读取两个分区中的消息数据，如图 5-4 所示。

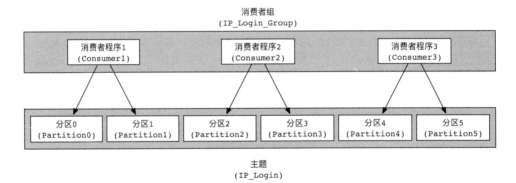

图 5-4　3 个消费者程序读取主题 6 个分区的数据

6 个消费者程序，读取主题中 6 个分区的数据

如果消费者组中的消费者程序增加到 6 个，此时，每个消费者程序将分别读取 1 个分区的消息数据，如图 5-5 所示。

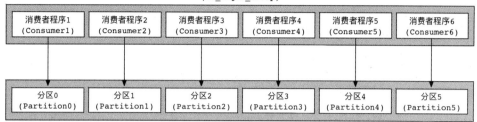

图 5-5　6 个消费者程序读取主题 6 个分区的数据

7 个消费者程序，读取主题中 6 个分区的数据

如果消费者组中的消费者程序增加到 7 个，此时，每个消费者程序将分别读取 1 个分区的消息数据，剩余的 1 个消费者程序会处于空闲状态，如图 5-6 所示。

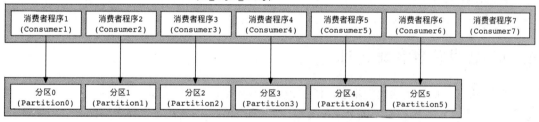

图 5-6　7 个消费者程序读取主题 6 个分区的数据

总之，消费者客户端可以通过增加消费者组中消费者程序的个数来进行水平扩展，提升读取主题消息数据的能力。因此，在 Kafka 系统生产环境中，建议在创建主题时给主题分配多个分区，这样可以提高读取的性能。

> 提示：
> 消费者程序的数量尽量不要超过主题的最大分区数，因为，多出来的消费者程序是空闲的，不仅没有任何帮助，反而浪费系统资源。

5.3 使用 Kafka 系统的脚本操作消费者

Kafka 系统提供了一系列的可操作脚本,这些脚本放置在$KAFKA_HOME/bin 目录下。其中,有一个脚本可用来作为消费者客户端,即 kafka-console-consumer.sh。

Kafka 系统的消费者通过拉取的方式来获取主题(Topic)中的消息数据,同时采用消费者组机制让每个消费者程序属于一个消费者组。

在创建一个消费者程序时,如果没有指定消费者组 ID,则该消费者程序会被分配到一个默认的消费者组。

提示:

在 Kafka 系统中,消费者组是一个全局概念,具有唯一性。

Kafka 系统中,消费者的实现方式分为新/旧 API。

- 在 Kafka 0.10.0.x 之前的版本中,Kafka 系统默认的消费方式是将消费实例产生的元数据信息存储到 Zookeeper 集群。
- 在 Kafka 0.10.0.x 及之后的版本中,Kafka 系统默认将消费实例产生的元数据信息存储到一个名为"__consumer_offsets"的内部主题中。

5.3.1 认识消费者新接口

在 Kafka 0.10.0.x 之前的版本中,使用 Zookeeper 集群来存储元数据信息是存在比较大的风险的:(1)虽然 Java 虚拟机帮助系统能完成一些优化操作,但是消费者程序频繁地与 Zookeeper 集群发生写交互,不仅性能比较低,而且后期水平扩展也比较困难;(2)如果写元数据期间 Zookeeper 集群的性能降低,则 Kafka 集群的吞吐量也跟着受影响。

1. 消费者新接口的实现原理

在 Kafka 0.10.0.x 及之后版本中,消费者实现的原理并不复杂,它利用 Kafka 系统的内部主题,以消费者组(Group)、主题(Topic)和分区(Partition)作为组合主键,所有消费者程序产生的偏移量(Offsets)都会提交到该内部主题中进行存储。

由于消费者程序产生的这部分数据非常重要,不能丢失,所以将消息数据的应答(Acks)级别设置为–1。这样,数据安全性虽然极好,但是其读取速度却有所下降。

为了解决读取速度慢的问题,Kafka 系统又在内存中构建了一个三元组来维护最新的偏移量信息。这个三元组由组(Group)、主题(Topic)和分区(Partition)组成。消费者程序可以直接从内存中获取最新的偏移量值。

2. 消费者新接口的协调器

在 KafkaKafka 0.10.0.x 及之后版本中，消费者程序（org.apache.kafka.clients.consumer.KafkaConsumer）不再依赖 Zookeeper 系统，启动后的消费者程序由消费者组协调器（GroupCoordinator）统一管理。

每个消费者组协调器只负责管理一部分消费者组，而不是全部消费者组，如图 5-7 所示。

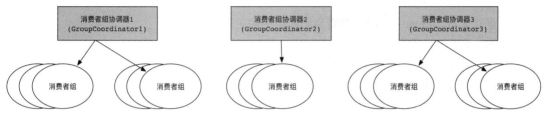

图 5-7 消费者组协调器

消费者组协调器的主要作用如下：
- 记录消费者组的信息；
- 通过心跳消息检测消费者的状态；
- 按照 JoinGroupRequest 请求和 SyncGroupRequest 请求来指定消费者组中的分区策略；
- 维护消费者程序产生的偏移量信息。

最后，消费者程序将已消费的偏移量存储到 Kafka 内部主题"_ _consumer_offsets"中。Kafka 系统提供了脚本 kafka-console-consumer.sh，使得用户在 Linux 终端上可以快速地进行操作。该脚本见代码 5-1。

代码 5-1 消费者程序脚本

```
# 分配 JVM 内存
if [ "x$KAFKA_HEAP_OPTS" = "x" ]; then
    export KAFKA_HEAP_OPTS="-Xmx512M"
fi

# 封装 kafka-run-class.sh 脚本
exec $(dirname $0)/kafka-run-class.sh kafka.tools.ConsoleConsumer "$@"
```

5.3.2 实例 32：用新接口启动消费者程序，并查看消费者信息

Kafka 系统提供的 kafka-console-consumer.sh 脚本对 kafka-run-class.sh 脚本进行了二次封装，并引用了 kafka.tools.ConsoleConsumer 工具类。该工具类会根据输入的参数类型，来判断运行的是 Kafka 新版本消费者接口还是 Kafka 旧版本消费者接口。

实例描述

使用 Kafka 系统提供的脚本来演示消费者新接口的用法，从如下几个方面来测试：

（1）通过 kafka-topics.sh 脚本查看当前集群的主题名列表；

（2）通过 Kafka Eagle 查看当前集群中主题名列表和消费者信息；

（3）通过 kafka-consumer-groups.sh 脚本查看消费者组信息。

1. 通过 kafka-topics.sh 脚本查看当前集群中的主题名列表

具体操作命令如下。

```
# 查看当前集群中的主题名列表
[hadoop@dn1 ~]$ kafka-topics.sh --list --zookeeper
 dn1:2181,dn2:2181,dn3:2181
```

执行上述命令后，Linux 控制台会输出 Kafka 系统集群中的所有主题名，如图 5-8 所示。

```
dengjie — hadoop@dn1:~ — ssh hadoop@dn1 — 80×24
[hadoop@dn1 ~]$ kafka-topics.sh --list --zookeeper dn1:2181,dn2:2181,dn3:2181
__consumer_offsets
ip_login
ip_login_rt
kv_test
test_kafka_game_x
test_topic
user_order
user_order3
[hadoop@dn1 ~]$
```

图 5-8　展示 Kafka 集群所有主题名

2. 通过 Kafka Eagle 查看当前集群中的主题名列表和消费者信息

还可以通过访问 Kafka 监控工具 Kafka Eagle 来查看当前集群中的所有的主题名和消费者信息。

（1）访问 Kafka Eagle 监控系统“Topic”-“List”模块，展示主题信息，如图 5-9 所示。

ID	Topic Name	Partition Indexes	Partition Numbers	Created	Modify	Operate
7	test_kafka_game_x	["0","1","2","3","4","5"]	6	2018-04-25 01:59:54	2018-05-01 00:04:37	Remove
6	test_topic	["0"]	1	2018-04-16 10:12:20	2018-04-16 10:12:20	Remove
2	user_order3	["0","1","2","3","4","5"]	6	2018-04-16 07:55:15	2018-04-16 08:10:56	Remove
3	user_order	["0"]	1	2018-04-16 05:16:50	2018-04-16 05:16:50	Remove
5	ip_login	["0","1","2","3","4","5","6","7"]	8	2018-04-15 21:01:30	2018-04-16 01:07:55	Remove
1	kv_test	["0","1","2","3","4","5"]	6	2018-01-06 15:42:43	2018-01-06 16:51:31	Remove
8	__consumer_offsets	["44","45","46","47","48","49","10","11","12","13"...	50	2018-01-01 15:42:23	2018-01-01 15:42:23	Remove
4	ip_login_rt	["0","1","2","3","4","5"]	6	2018-01-01 15:40:55	2018-01-01 15:40:55	Remove

图 5-9　Kafka Eagle 监控系统查看所有主题名

（2）执行 kafka-console-consumer.sh 脚本去“消费”一个主题，具体操作命令如下。

```
# "消费"指定主题中的消息数据
[hadoop@dn1 ~]$ kafka-console-consumer.sh --bootstrap-server
 dn1:9092,dn2:9092,dn3:9092 --new-consumer --consumer-property
 group.id=test_kafka_game_x_g1 --topic test_kafka_game_x
```

（3）执行上述命令后，当有消息数据向主题（test_kafka_game_x）写入时，Linux 控制台会打印出“消费”的消息记录，如图 5-10 所示。

```
dengjie — hadoop@dn1:~ — ssh hadoop@dn1 — 80×24
[hadoop@dn1 ~]$ kafka-console-consumer.sh --bootstrap-server dn1:9092,dn2:9092,d
n3:9092 --new-consumer --consumer-property group.id=test_kafka_game_x_g1 --topic
 test_kafka_game_x
{"id":0,"date":"Sat May 05 01:36:48 CST 2018","ip":"192.168.0.0"}
{"id":6,"date":"Sat May 05 01:36:49 CST 2018","ip":"192.168.0.6"}
{"id":4,"date":"Sat May 05 01:36:49 CST 2018","ip":"192.168.0.4"}
{"id":5,"date":"Sat May 05 01:36:49 CST 2018","ip":"192.168.0.5"}
{"id":3,"date":"Sat May 05 01:36:49 CST 2018","ip":"192.168.0.3"}
{"id":9,"date":"Sat May 05 01:36:49 CST 2018","ip":"192.168.0.9"}
{"id":1,"date":"Sat May 05 01:36:49 CST 2018","ip":"192.168.0.1"}
{"id":7,"date":"Sat May 05 01:36:49 CST 2018","ip":"192.168.0.7"}
{"id":2,"date":"Sat May 05 01:36:49 CST 2018","ip":"192.168.0.2"}
{"id":8,"date":"Sat May 05 01:36:49 CST 2018","ip":"192.168.0.8"}
```

图 5-10　打印“消费”消息记录

提示：

还可以通过 Kafka Eagle 监控工具查看当前消费者程序的消费详情，如图 5-11 所示。

Partition	LogSize	Offset	Lag	Owner	Created	Modify
0	575	575	0	10.211.55.5-consumer-1-985e361f-eae7-4aef-b53e-5b73163e649f	2018-05-05 01:36:53	2018-05-05 01:36:53
1	91	91	0	10.211.55.5-consumer-1-985e361f-eae7-4aef-b53e-5b73163e649f	2018-05-05 01:36:53	2018-05-05 01:36:53
2	62	62	0	10.211.55.5-consumer-1-985e361f-eae7-4aef-b53e-5b73163e649f	2018-05-05 01:36:53	2018-05-05 01:36:53
3	54	54	0	10.211.55.5-consumer-1-985e361f-eae7-4aef-b53e-5b73163e649f	2018-05-05 01:36:53	2018-05-05 01:36:53
4	62	62	0	10.211.55.5-consumer-1-985e361f-eae7-4aef-b53e-5b73163e649f	2018-05-05 01:36:53	2018-05-05 01:36:53
5	69	69	0	10.211.55.5-consumer-1-985e361f-eae7-4aef-b53e-5b73163e649f	2018-05-05 01:36:53	2018-05-05 01:36:53

图 5-11　查看消费者程序的“消费”详情

执行消费者脚本命令时，Kafka 系统会通过核心参数“--bootstrap-server”来识别消费者新接口。如需自定义消费者组名，则可以通过参数“--consumer-property”来设置。

如果没有指定消费者组名，则消费者实例将会被分配到默认消费者组。

3. 通过 kafka-consumer-groups.sh 脚本查看消费者组信息

（1）查看正在运行的消费者组。

```
# 查看消费者组
[hadoop@dn1 ~]$ kafka-consumer-groups.sh --bootstrap-server
 dn1:9092,dn2:9092,dn3:9092 --list --new-consumer
```

（2）Linux 控制台的输出结果如图 5-12 所示。

图 5-12　Linux 控制台输出消费者组

也可以通过 Kafka Eagle 监控工具很方便地查看当前的消费者组，如图 5-13 所示。

图 5-13　监控系统查看消费者组

5.3.3　实例 33：用旧接口启动消费者程序，并查看消费者元数据的存储结构

在执行消费者脚本 kafka-console-consumer.sh 时，如果指定了 Zookeeper 集群地址，则在创建消费者程序时将会自动调用 Kafka 旧版本实例接口。

实例描述

使用 Kafka 系统提供的 kafka-console-consumer.sh 脚本启动一个消费者程序，并查看消费者元数据存储结构。

1. 启动一个消费者程序

（1）编写消费者脚本命令，指定要读取的主题名和消费者组名。

```
# 执行消费者脚本，调用老版本消费接口
[hadoop@dn1 ~]$ kafka-console-consumer.sh -zookeeper
 dn1:2181,dn2:2181,dn3:2181 --topic test_topic --consumer-property
 group.id=test_topic_g1 --from-beginning --delete-consumer-offsets
```

（2）执行脚本命令，观察操作结果。

执行上述命令后，当有消息数据写入主题（test_topic）时，Linux 控制台会打印出"消费"的消息记录，如图 5-14 所示。

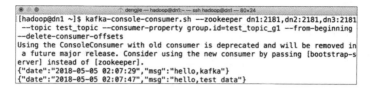

图 5-14　老版本消费接口打印"消费"记录

上述消费者命令中，各个参数所代表含义如下。

- --zookeeper：Zookeeper 连接地址，用来获取 Kafka 元数据信息；
- --topic：Kafka 集群中的主题名；
- --consumer-property：配置消费者级别参数，比如自定义设置消费者组名；
- --from-beginning：从消息记录最开始的位置开始"消费"；
- --delete-consumer-offsets：删除 Zookeeper 中已消费的偏移量。

如需查看消费者程序详细情况，则可以将 Kafka Eagle 系统的"kafka.eagle.offset.storage"属性注释掉，然后重新启动 Kafka Eagle 监控系统，这样监控系统就能识别老版本消费者程序了。

老版本的消费者组和消费者程序详情如图 5-15 和 5-16 所示。

图 5-15　老版本消费者组详情

图 5-16　老版本消费者程序详情

2. 查看老版本消费者元数据的存储结构

在使用老版本消费者程序"消费"数据时，每个消费者程序在被创建时都会往 Zookeeper 集群中写入元数据信息。

如果消费者程序所属的消费者组在 Zookeeper 集群中不存在，则会在 Zookeeper 集群上的 /consumers 目录中创建一个以消费者组名命名的目录，并在该目录下创建 3 个子目录——ids、owners、offsets。这 3 个子目录所代表的含义见表 5-1。

表 5-1　老版本消费者组子目录含义

消费者组子目录	含　　义
ids	记录该消费者组中正在运行的消费者程序列表

消费者组子目录	含义
owners	记录该消费者组中"消费"的所有主题
offsets	记录消费者程序"消费"主题产生的偏移量值

调用老版本消费者接口运行时,Zookeeper 集群中对应的元数据存储结构如图 5-17 所示。

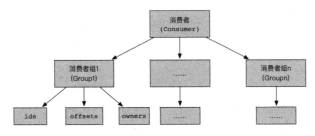

图 5-17　老版本消费者元数据存储结构

5.4　消费 Kafka 集群中的主题消息

Kafka 系统的消费者接口是向下兼容的,即,在新版 Kafka 系统中老版的消费者接口仍可以使用。在新版本的 Kafka 系统中,消费者程序代码被重构了——通过 Java 语言对消费者 KafkaConsumer 类进行了重新编码。

KafkaConsumer 是非多线程并发安全的:如果多个线程公用一个 KafkaConsumer 实例,则抛出异常错误信息。KafkaConsumer 类中判断是否为单线程的内容见代码 5-2。

代码 5-2　KafkaConsumer 非多线程安全

```
/** 设置轻量级所来阻止多线程并发访问 */
private void acquire() {
    // 检测当前消费者对象是否关闭
    ensureNotClosed();
    // 获取当前消费者程序线程 ID
    long threadId = Thread.currentThread().getId();
    // 判断是否主为单线程
if (threadId != currentThread.get()
 && !currentThread.compareAndSet(NO_CURRENT_THREAD, threadId))
        throw new ConcurrentModificationException("KafkaConsumer is not safe for
        multi-threaded access");
    refcount.incrementAndGet();
}
```

KafkaConsumer 类通过 acquire()函数来监控访问的请求是否存在并发多线程操作。如果存在，则抛出一个 ConcurrentModificationException 异常。

5.4.1 主题如何自动获取分区和手动分配分区

阅读 KafkaConsumer 类的实现代码可以发现，该类实现了 org.apache.kafka.clients.consumer.Consumer 接口。该接口提供了用户访问 Kafka 集群主题的应用接口，主要包含以下两种。

- subscribe：订阅指定的主题列表，来获取自动分配的分区；
- assign：手动向主题分配分区列表，指定需要"消费"的分区。

1. 自动获取分区

如果调用 subscribe()函数订阅主题，则消费者组中的消费者程序会被动态分配到分区，同时被指定一个 org.apache.kafka.clients.consumer.ConsumerRebalanceListener 接口。当用户分配给消费者程序的分区集合发生变化时，可以通过回调函数的接口来触发自定义操作。

使用 subscribe()函数订阅主题时，有三个重载函数可供选择。

（1）subscribe(Collection<String> topics)：指定订阅主题集合；

（2）subscribe(Collection<String> topics, ConsumerRebalanceListener callback)：分区发生变化时，通过回调函数来进行自动分区操作；

（3）subscribe(Pattern pattern, ConsumerRebalanceListener callback)：使用正则表达式来订阅主题，当主题或者主题分区发生变化时，通过回调函数来进行自动分区操作。

2. 手动分配分区

手动分配分区的方式可以通过调用 assign()函数来实现。assign()函数与 subscribe()函数的底层实现逻辑类似，也是先做一系列的检查工作，比如，是否含有并发操作、请求的参数是否合法（分区是否为空）等。

> **提示：**
> 消费者接口提供的两种订阅主题的方法是互斥的，用户只能选择其中的一种。

5.4.2 实例 34：主题自动/手动获取分区

下面通过一段程序来演示主题自动获取分区和手动获取分区的使用。

实例描述

创建两个扩展名为 java 的 Java 源文件，并进行如下操作：

（1）使用 subscribe()函数自动获取分区，并在 subscribe()函数中指定主题名集合；

（2）使用 assign()函数手动分配分区，并在 assign()函数中指定自定义分区对象。

1. 自动获取分区的用法

实现一个简单的消费者程序代码，指定"消费"的主题集合。具体实现见代码 5-3。

代码 5-3　使用 subscribe()函数实现订阅

```java
/**
 * 实现一个消费者程序代码
 *
 * @author smartloli
 *
 *         Created by May 6, 2018
 */
public class JConsumerSubscribe extends Thread {

    /** 消费者应用程序主函数入口 */
    public static void main(String[] args) {
        JConsumerSubscribe jconsumer = new JConsumerSubscribe();
        jconsumer.start();
    }

    /** 初始化 Kafka 集群信息 */
    private Properties configure() {
        Properties props = new Properties();
        // 指定 Kafka 集群地址
        props.put("bootstrap.servers", "dn1:9092,dn2:9092,dn3:9092");
        props.put("group.id", "ke");                        // 指定消费者组
        props.put("enable.auto.commit", "true");            // 开启自动提交
        props.put("auto.commit.interval.ms", "1000");       // 自动提交的时间间隔
        // 反序列化消息主键
        props.put("key.deserializer",
"org.apache.kafka.common.serialization.StringDeserializer");
        // 反序列化消费记录
        props.put("value.deserializer",
"org.apache.kafka.common.serialization.StringDeserializer");
        return props;
    }

    /** 实现一个单线程消费者 */
    @Override
    public void run() {
        // 创建一个消费者程序对象
        KafkaConsumer<String, String> consumer =
```

```java
                new KafkaConsumer<>(configure());
        // 订阅消费主题集合
        consumer.subscribe(Arrays.asList("test_kafka_game_x"));
        // 实时消费标识
        boolean flag = true;
        while (flag) {
            // 获取主题消息数据
            ConsumerRecords<String, String> records = consumer.poll(100);
            for (ConsumerRecord<String, String> record : records)
                // 循环打印消息记录
                System.out.printf("offset = %d, key = %s, value = %s%n",
                    record.offset(), record.key(), record.value());
        }
        // 出现异常时，关闭消费者对象
        consumer.close();
    }
}
```

2. 手动分配分区的用法

实现一个简单的手动分配分区的消费者程序代码，具体实现见代码 5-4。

代码 5-4　手动分配分区的消费者程序

```java
/**
 * 实现一个手动分配分区的消费者程序
 *
 * @author smartloli
 *
 *         Created by May 6, 2018
 */
public class JConsumerAssign extends Thread {

    public static void main(String[] args) {
        JConsumerAssign jconsumer = new JConsumerAssign();
        jconsumer.start();
    }

    /** 初始化 Kafka 集群信息 */
    private Properties configure() {
        Properties props = new Properties();
        // 指定 Kafka 集群地址
        props.put("bootstrap.servers", "dn1:9092,dn2:9092,dn3:9092");
        props.put("group.id", "ke");                            // 指定消费者组
        props.put("enable.auto.commit", "true");                // 开启自动提交
        props.put("auto.commit.interval.ms", "1000");  // 自动提交的时间间隔
        // 反序列化消息主键
```

```java
            props.put("key.deserializer",
"org.apache.kafka.common.serialization.StringDeserializer");
        // 反序列化消费记录
            props.put("value.deserializer",
"org.apache.kafka.common.serialization.StringDeserializer");
            return props;
    }

    /** 实现一个单线程消费者程序 */
    @Override
    public void run() {

        // 创建一个消费者程序对象
        KafkaConsumer<String, String> consumer =
                        new KafkaConsumer<>(configure());
        // 设置自定义分区
        TopicPartition tp = new TopicPartition("test_kafka_game_x", 0);
        // 手动分配分区索引值为 0 的分区
        consumer.assign(Collections.singleton(tp));
        // 实时消费标识
        boolean flag = true;
        while (flag) {
            // 获取主题消息数据
            ConsumerRecords<String, String> records = consumer.poll(100);
            for (ConsumerRecord<String, String> record : records)
                // 循环打印消息记录
                System.out.printf("offset = %d, key = %s, value = %s%n",
                    record.offset(), record.key(), record.value());
        }
        // 出现异常时，关闭消费者对象
        consumer.close();
    }

}
```

5.4.3 实例 35：反序列化主题消息

在分布式环境下，有序列化和反序列化两个概念。
- 序列化：将对象转换为字节序列，然后在网络上传输或者存储在文件中；
- 反序列化：将网络或者文件中读取的字节序列数据恢复成对象。

1. 为什么需要实现反序列

在传统企业应用中，不同的组件分布在不同的系统和网络中，通过序列化协议实现对象的传输，保证了两个组件之间的通信安全。经过序列化后的消息数据会转换成二进制。

如果需要将这些二进制进行业务逻辑处理，则需要将这些二进制数据进行反序列化，将其还原成对象。

2. 反序列一个对象

为了反序列化一个对象，用户必须保证序列化对象和反序列化对象一致。

下面以 Java 语言为例，实现一个反序列化类。

实例描述

创建一个扩展名为 java 的 Java 源文件，读取一个序列化后的文件，使用反序列化将读取的内容还原。

具体内容见代码 5-5。

代码 5-5　实现反序列化类

```java
/**
 * 反序列化一个类
 *
 * @author smartloli
 *
 *         Created by May 6, 2018
 */
public class JObjectDeserialize {

    /** 创建一个日志对象实例 */
    private static Logger LOG = LoggerFactory.getLogger(JObjectSerial.class);

    /** 实例化入口函数 */
    @SuppressWarnings("resource")
    public static void main(String[] args) {
        try {
            // 实例化一个输入流对象
            FileInputStream fis = new FileInputStream("/tmp/salary.out");
            // 反序列化还原对象
            JObjectSerial jos =
                (JObjectSerial) new ObjectInputStream(fis).readObject();
            // 打印反序列化还原后的对象属性
            LOG.info("ID : " + jos.id + " , Money : " + jos.money);
        } catch (Exception e) {
            // 打印异常信息
            LOG.error("Deserial has error, msg is " + e.getMessage());
        }
```

        }
}

执行上述代码后，在代码编辑器控制台区域会输出结果，如图 5-18 所示。

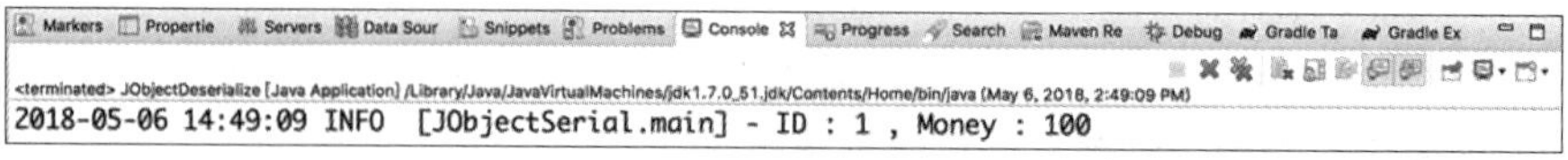

图 5-18　反序列化输出结果

3. 演示 Kafka 自定义反序列化代码

Kafka 系统中提供了反序列化的接口，以方便用户调用。用户可以通过自定义反序列化的方式来还原对象。

下面通过实例演示 Kafka 自定义反序列化具体操作。

实例描述

编写 Java 代码，按照下列 4 个步骤演示 Kafka 自定义反序列的用法：

（1）编写一个反序列化工具类；

（2）编写自定义反序列化逻辑代码；

（3）编写一个消费者应用程序；

（4）执行反序列化代码，观察操作结果。

具体步骤如下：

（1）编写一个反序列化工具类，用来简化反序列化接口的调用。具体实现见代码 5-6。

代码 5-6　反序列化工具类 SerializeUtils

```java
/**
 * 封装一个序列化的工具类
 *
 * @author smartloli
 *
 *         Created by Apr 30, 2018
 */
public class SerializeUtils {

    /** 实现反序列化 */
    public static <T> Object deserialize(byte[] bytes) {
        try {
            return new String(bytes, "UTF8"); // 反序列化
        } catch (Exception e) {
            e.printStackTrace();
```

```
        }
        return null;
    }
}
```

（2）编写自定义反序列化逻辑代码，通过实现 Deserializer 接口自定义反序列化逻辑代码。具体内容见代码 5-7。

代码 5-7　自定义反序列化逻辑代码

```
/**
 * 实现自定义反序列化
 *
 * @author smartloli
 *
 *         Created by May 6, 2018
 */
public class JSalaryDeserializer implements Deserializer<Object> {

    @Override
    public void configure(Map<String, ?> configs, boolean isKey) {

    }

    /** 自定义反序列逻辑 */
    @Override
    public Object deserialize(String topic, byte[] data) {
        return SerializeUtils.deserialize(data);
    }

    @Override
    public void close() {

    }
}
```

（3）编写一个消费者应用程序，通过自定义反序列化读取 Kafka 集群中的消息数据。具体实现见代码 5-8。

代码 5-8　消费者应用程序 JConsumerDeserialize 类

```
/**
 * 实现一个消费者程序代码
 *
```

```java
 * @author smartloli
 *
 *         Created by May 6, 2018
 */
public class JConsumerDeserialize extends Thread {

    /** 自定义序列化消费者程序入口 */
    public static void main(String[] args) {
        JConsumerDeserialize jconsumer = new JConsumerDeserialize();
        jconsumer.start();
    }

    /** 初始化 Kafka 集群信息 */
    private Properties configure() {
        Properties props = new Properties();
        // 指定Kafka集群地址
        props.put("bootstrap.servers", "dn1:9092,dn2:9092,dn3:9092");
        props.put("group.id", "ke");                                // 指定消费者组
        props.put("enable.auto.commit", "true");                    // 开启自动提交
        props.put("auto.commit.interval.ms", "1000");   // 自动提交的时间间隔
        // 反序列化消息主键
        props.put("key.deserializer",
"org.apache.kafka.common.serialization.StringDeserializer");
        // 反序列化消费记录
        props.put("value.deserializer",
"org.smartloli.kafka.game.x.book_5.deserialize.JSalaryDeserializer");
        return props;
    }

    /** 实现一个单线程消费者 */
    @Override
    public void run() {
        // 创建一个消费者程序对象
        KafkaConsumer<String, String> consumer =
                        new KafkaConsumer<>(configure());
        // 订阅消费主题集合
        consumer.subscribe(Arrays.asList("test_topic_ser_des"));
        // 实时消费标识
        boolean flag = true;
        while (flag) {
            // 获取主题消息数据
            ConsumerRecords<String, String> records = consumer.poll(100);
            for (ConsumerRecord<String, String> record : records)
                // 循环打印消息记录
```

```
            System.out.printf("offset = %d, key = %s, value = %s%n",
                    record.offset(), record.key(), record.value());
        }
        // 出现异常关闭消费者对象
        consumer.close();
    }
}
```

（4）执行整个自定义反序列化代码，输出结果如图 5-19 所示。

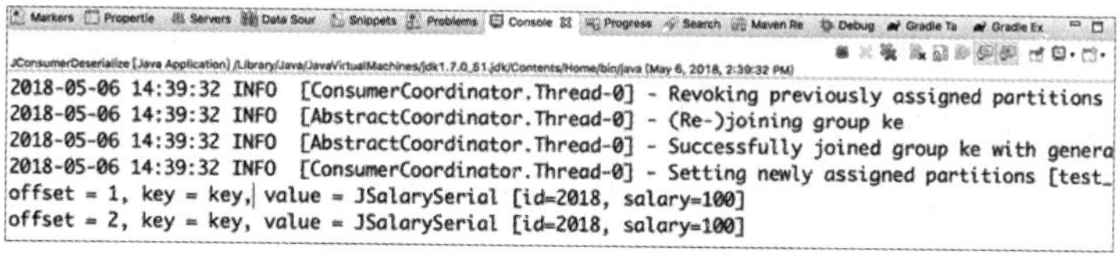

图 5-19　自定义反序列化输出结果

5.4.4　如何提交消息的偏移量

Kafka 0.10.0x 版本之前的消费者程序会将"消费"的偏移量（Offsets）提交到 Zookeeper 系统的/consumers 目录。

例如，消费者组名为 test_topic_g1，主题名为 test_topic，分区数为 1，那么运行老版本消费者程序后，在 Zookeeper 系统中，偏移量提交的路径是/consumers/test_topic_g1/offsets/test_topic/0。

Zookeeper 系统并不适合频繁地进行读写操作，因为 Zookeeper 系统性能降低会严重影响 Kafka 集群的吞吐量。所以，在 Kafka 新版本消费者程序中，对偏移量的提交进行了重构，将其保存到 Kafka 系统内部主题中，消费者程序产生的偏移量会持续追加到该内部主题的分区中。

Kafka 系统提供了两种方式来提交偏移量，它们分别是自动提交和手动提交。

1．自动提交

使用 KafkaConsumer 自动提交偏移量时，需要在配置属性中将"enable.auto.commit"设置为 true，另外可以设置"auto.commit.interval.ms"属性来控制自动提交的时间间隔。

Kafka 系统自动提交偏移量的底层实现调用了 ConsumerCoordinator 的 commitOffsetsSync() 函数来进行同步提交，或者 commitOffsetsAsync()函数来进行异步提交。自动提交的流程如图 5-20 所示。

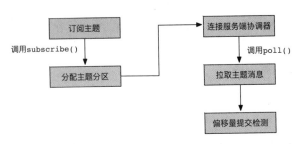

图 5-20 自动提交偏移量流程

2. 手动提交

在编写消费者程序代码时，将配置属性"enable.auto.commit"的值设为"false"，则可以通过手动模式来提交偏移量。

KafkaConsumer 消费者程序类提供了两种手动提交偏移量的方式——同步提交 commitSync() 函数和异步提交 commitAsync() 函数。

阅读这两种提交方式的源代码可以发现，它们的底层分别由消费者协调器 ConsumerCoordinator 的同步提交偏移量 commitOffsetsSync() 函数和异步提交偏移量 commitOffsetsAsync() 函数来实现。

消费者应用程序通过 ConsumerCoordinator 来发送 OffsetCommitRequest 请求，Kafka 服务器端接收到请求后，由组协调器 GroupCoordinator 进行处理，然后将偏移量信息追加到 Kafka 系统内部主题中。

> **提示：**
> 同步提交和异步提交的区别在于：同步提交需要等待响应结果，会造成阻塞现象；异步提交不会被阻塞。
> 在实际应用场景中，会采用异步提交的方式来管理偏移量，这样有助于提升消费者程序的吞吐量。

5.4.5 实例36：使用多线程消费多个分区的主题

在分布式应用场景中，Kafka 系统为了保证集群的可扩展性，对主题添加了多分区的概念。而在实际消费者程序中，随着主题数据量的增加，可能一个消费者程序难以满足要求。

下面通过实例来演示多线程消费多分区主题。

实例描述

创建一个扩展名为java的Java源文件,编写代码,使用多个线程消费拥有多个分区的主题，并观察执行结果。

实现逻辑见代码 5-9。

代码 5-9 多线程消费者程序

```java
/**
 * 多线程消费者程序
 *
 * @author smartloli
 *
 *         Created by May 6, 2018
 */
public class JConsumerMutil {

    // 创建一个日志对象
    private final static Logger LOG =
                LoggerFactory.getLogger(JConsumerMutil.class);
    private final KafkaConsumer<String, String> consumer;    // 声明一个消费者程序
    private ExecutorService executorService;                 // 声明一个线程池接口

    public JConsumerMutil() {
        Properties props = new Properties();
        // 指定 Kafka 集群地址
        props.put("bootstrap.servers", "dn1:9095,dn2:9094,dn3:9092");
        props.put("group.id", "ke");                    // 指定消费者组
        props.put("enable.auto.commit", "true");        // 开启自动提交
        props.put("auto.commit.interval.ms", "1000");   // 自动提交的时间间隔
        // 反序列化消息主键
        props.put("key.deserializer",
"org.apache.kafka.common.serialization.StringDeserializer");
        // 反序列化消费记录
        props.put("value.deserializer",
"org.apache.kafka.common.serialization.StringDeserializer");
        consumer = new KafkaConsumer<String, String>(props);    // 实例化消费者对象
        consumer.subscribe(Arrays.asList("kv3_topic"));         // 订阅消费者主题
    }

    /** 执行多线程消费者程序 */
    public void execute() {
        // 初始化线程池
        executorService = Executors.newFixedThreadPool(6);
        while (true) {
            // 拉取 Kafka 主题消息数据
            ConsumerRecords<String, String> records = consumer.poll(100);
            if (null != records) {
                executorService.submit(new KafkaConsumerThread(records,
                    consumer));
```

```java
            }
        }
    }

    /** 关闭消费者程序对象和线程池 */
    public void shutdown() {
        try {
            if (consumer != null) {
                consumer.close();
            }
            if (executorService != null) {
                executorService.shutdown();
            }
            if (!executorService.awaitTermination(10, TimeUnit.SECONDS)) {
                LOG.error("Shutdown kafka consumer thread timeout.");
            }
        } catch (InterruptedException ignored) {
            Thread.currentThread().interrupt();
        }
    }

    /** 消费者线程实例 */
    class KafkaConsumerThread implements Runnable {

        private ConsumerRecords<String, String> records;

        public KafkaConsumerThread(ConsumerRecords<String, String> records,
                KafkaConsumer<String, String> consumer) {
            this.records = records;
        }

        @Override
        public void run() {
            for (TopicPartition partition : records.partitions()) {
                // 获取消费记录数据集
                List<ConsumerRecord<String, String>> partitionRecords =
                                            records.records(partition);
                // 监控当前线程 ID
                LOG.info("Thread id : "+Thread.currentThread().getId());
                // 打印消费记录
                for (ConsumerRecord<String, String> record : partitionRecords){
                    System.out.printf("offset = %d, key = %s, value = %s%n",
                        record.offset(),record.key(),record.value());
                }
            }
        }
```

```
    }
    /** 多线程消费者程序入口 */
    public static void main(String[] args) {
        JConsumerMutil consumer = new JConsumerMutil();// 初始化多线程消费者程序对象
        try {
            consumer.execute();                         // 执行消费者程序线程
        } catch (Exception e) {
            LOG.error("Mutil consumer from kafka has error,msg is " +
                e.getMessage());
            consumer.shutdown();
        }
    }
}
```

> **注意：**
> 在初始化线程池大小时，建议最大值不要超过主题最大分区数。因为，同一个消费者组中，主题的每个分区只能被一个消费者线程实例"消费"，多出的线程将处于空闲状态。

执行上述消费者程序代码后，代码编辑器控制台区域会输出"消费"的消息记录和当前线程 ID，如图 5-21 所示。

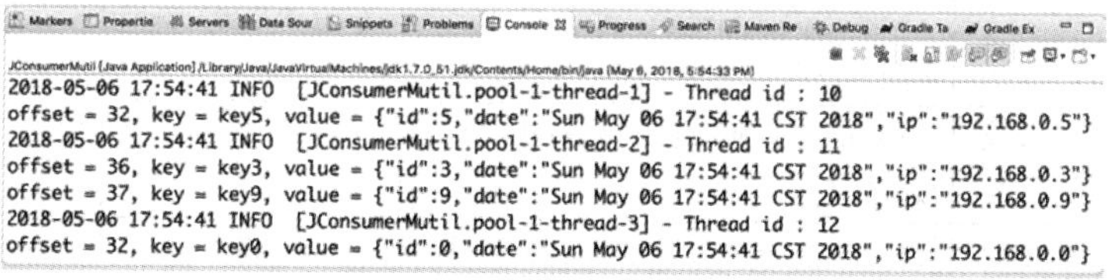

图 5-21 多线程消费结果

如果需要并发地执行消费者程序，可以在很短的时间内多次运行该消费者程序。图 5-22 所示为运行一次和运行两次的结果对比。请观察图中"Owner"栏（这一栏下的字符串表示线程名）。

（1）执行消费者程序一次时，"Owner"栏中都是一个线程去读取主题的所有分区数据。

（2）执行消费者程序两次时，"Owner"栏中有两个不同的线程名，各自消费主题一半的分区数据。

Partition	LogSize	Offset	Lag	Owner	Created	Modify
0	34	34	0	10.211.55.2-consumer-1-bc67a74a-fdfd-403f-83a1-394882c850af	2018-05-06 18:02:23	2018-05-06 18:02:23
1	36	36	0	10.211.55.2-consumer-1-bc67a74a-fdfd-403f-83a1-394882c850af	2018-05-06 18:02:23	2018-05-06 18:02:23
2	38	38	0	10.211.55.2-consumer-1-bc67a74a-fdfd-403f-83a1-394882c850af	2018-05-06 18:02:23	2018-05-06 18:02:23
3	35	35	0	10.211.55.2-consumer-1-bc67a74a-fdfd-403f-83a1-394882c850af	2018-05-06 18:02:23	2018-05-06 18:02:23
4	33	33	0	10.211.55.2-consumer-1-bc67a74a-fdfd-403f-83a1-394882c850af	2018-05-06 18:02:23	2018-05-06 18:02:23

Partition	LogSize	Offset	Lag	Owner	Created	Modify
0	34	34	0	10.211.55.2-consumer-1-bc67a74a-fdfd-403f-83a1-394882c850af	2018-05-06 18:03:11	2018-05-06 18:03:11
1	36	36	0	10.211.55.2-consumer-1-bc67a74a-fdfd-403f-83a1-394882c850af	2018-05-06 18:03:11	2018-05-06 18:03:11
2	38	38	0	10.211.55.2-consumer-1-bc67a74a-fdfd-403f-83a1-394882c850af	2018-05-06 18:03:11	2018-05-06 18:03:11
3	35	35	0	10.211.55.2-consumer-1-fd42247b-405b-457e-9d38-773485a86768	2018-05-06 18:03:11	2018-05-06 18:03:11
4	33	33	0	10.211.55.2-consumer-1-fd42247b-405b-457e-9d38-773485a86768	2018-05-06 18:03:11	2018-05-06 18:03:11
5	34	34	0	10.211.55.2-consumer-1-fd42247b-405b-457e-9d38-773485a86768	2018-05-06 18:03:11	2018-05-06 18:03:11

图 5-22　并发执行消费者程序

5.5　配置消费者的属性

新版 Kafka 系统引入了新的消费者属性。在使用 Java 语言编写消费者应用程序时，可以按需添加一些属性来控制消息数据的读取。具体属性见表 5-2。

表 5-2　部分消费者程序的属性

属　　性	说　　明	类　　型	默认值
key.deserializer	Key 的反序列化类。通过 Deserializer 接口函数来实现具体业务逻辑	class	无
value.deserializer	Value 的反序列化类。通过实现 Deserializer 接口函数来实现具体业务逻辑	class	无
bootstrap.servers	创建与 Kafka 集群建立连接的地址集合。书写格式："ip1:port,ip2:port,ip3:port"	list	""
fetch.min.bytes	服务器为获取请求返回的最小数据量	int	1
group.id	标识该消费者程序属于消费者组的唯一字符串	string	""
heartbeat.interval.ms	在使用 Kafka 消费者组时，消费者协调器设置的心跳时间	int	3000
max.partition.fetch.bytes	服务器返回的每个分区的最大数据量	int	1048576
session.timeout.ms	使用 Kafka 消费者组管理时，设置消费者程序的超时时间	int	10000
auto.offset.reset	重置消费者偏移量值，可选值包含： ● earliest（从头开始“消费”）； ● latest（从最新的消息记录开始“消费”）； ● none（从已提交的偏移量开始“消费”）； ● anything else（向消费者抛出异常）	string	latest
connections.max.idle.ms	在这个配置所指定的毫秒数之后关闭空闲的连接	long	540000

续表

属性	说明	类型	默认值
enable.auto.commit	是否设置自动提交偏移量	boolean	true
exclude.internal.topics	内部主题的记录可以被消费者程序访问	boolean	true
fetch.max.bytes	服务器获取请求所需的最大数据量	int	52428800
max.poll.interval.ms	使用消费者组读取数据时的最大延时时间	int	300000
max.poll.records	单次读取数据所返回的最大记录数	int	500
receive.buffer.bytes	设置缓冲区接收数据的字节大小	int	65536
request.timeout.ms	客户端等待请求响应的最大时间	int	305000
java.security.auth.login.config	安全认证的文件路径	file	无
security.protocol	与 Kafka 代理节点通信的协议。可选值：PLAINTEXT、SSL、SASL_PLAINTEXT、SASL_SSL	string	PLAINTEXT
sasl.mechanism	用于客户端连接的 SASL 机制	string	GSSAPI
send.buffer.bytes	发送数据时，设置缓冲区的大小	int	131072

5.6 小结

本章的主要目的是，让读者掌握 Kafka 消费者的核心内容，并且能够熟练使用 Kafka 系统自带的消费者脚本来读取消息数据。同时，也引导读者使用 Kafka 系统提供的应用接口来开发消费者应用程序、自定义反序列化类、多线程消费者程序。

第 6 章 存储及管理数据

本章学习 Kafka 系统中数据的存储及管理，采用图文并茂的方式讲解，简单易懂。通过本章内容，读者可以深刻地理解 Kafka 系统底层的运作机制。

6.1 本章教学视频说明

视频内容：Kafka 系统数据的存储、管理、网络通信等。

视频时长：10 分钟。

视频截图见图 6-1。

图 6-1　本章教学视频截图

6.2 分区存储数据

学习 Kafka 系统的存储机制，需要先了解与 Kafka 系统存储有关的六个概念。

- 代理节点（Broker）：Kafka 集群组建的最小单位，消息中间件的代理节点。

- 主题（Topic）：用来区分不同的业务消息，类似于数据库中的表。
- 分区（Partition）：是主题物理意义上的分组。一个主题可以分为多个分区，每个分区是一个有序的队列。
- 片段（Segment）：每个分区又可以分为多个片段文件。
- 偏移量（Offset）：每个分区都由一系列有序的、不可修改的消息组成，这些消息被持续追加到分区中，分区中的每条消息记录都有一个连续的序号，即 Offset 值，Offset 值用来标识这条消息的唯一性。
- 消息（Message）：是 Kafka 系统中文件的最小存储单位。

在 Kafka 系统中，消息以主题作为基本单位。不同的主题之间是相互独立、互不干扰的。每个主题又可以分为若干个分区，每个分区用来存储一部分的消息。

6.2.1 熟悉分区存储

在创建主题时，Kafka 系统会将分区分配到各个代理节点（Broker）。例如，现有 3 个代理节点，准备创建一个包含 6 个分区、3 个副本的主题，那么 Kafka 系统就会有 18 个分区副本，这 18 个分区副本将被分配到 3 个代理节点中。

1. 分区文件存储

在 Kafka 系统中，一个主题（Topic）下包含多个不同的分区（Partition），每个分区为单独的一个目录。分区的命名规则为：主题名+有序序号。第一个分区的序号从 0 开始，序号最大值等于分区总数减 1。

主题的存储路径由 "log.dirs" 属性决定。代理节点中主题分区的存储分布如图 6-2 所示。

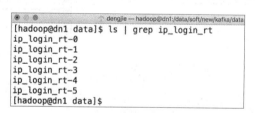

图 6-2　分区文件存储分布

每个分区相当于一个超大的文件被均匀分割成的若干个大小相等的片段（Segment），但是每个片段的消息数据量不一定相等。因此，过期的片段数据才能被快速地删除。

片段文件的生命周期由代理节点 server.properties 文件中配置的参数决定，这样，快速删除无用的数据可以有效地提高磁盘利用率。

2. 片段文件存储

片段文件由索引文件和数据文件组成：后缀为 ".index" 的是索引文件，后缀为 ".log" 的是数据文件。

查看某一个分区的片段，输出结果如图 6-3 所示。

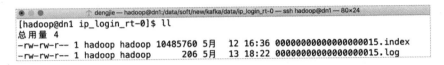

图 6-3　片段文件存储分布

Kafka 系统中，索引文件并没有给数据文件中的每条消息记录都建立索引，而是采用了稀疏存储的方式——每隔一定字节的数据建立一条索引，如图 6-4 所示。

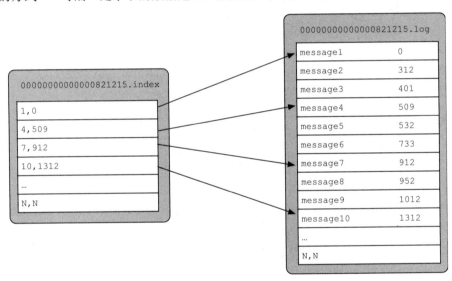

图 6-4　片段文件中的索引和数据文件

> **提示：**
> 稀疏存储索引避免了索引文件占用过多的磁盘空间。
> 将索引文件存储在内存中，虽然没有建立索引的 Message，不能一次就定位到所在的数据文件上的位置，但是稀疏索引的存在会极大地减少顺序扫描的范围。

6.2.2　了解消息的格式

普通日志中的每一条记录以 "\n" 结尾（或者通过其他特殊的分隔符来拆分）。这种方式对于文本来说比较适合，但对 Kafka 系统来说，需要的是一种二进制格式。

Kafka 系统使用了一种经典的消息格式——消息中的前几个固定长度的字节用来记录这条消息的大小（单位为 byte）。

在 Kafka 系统消息协议中，消息的具体格式见代码 6-1。

代码 6-1　消息的具体格式

```
Message => Crc MagicByte Attributes Key Value
  Crc => int32
  MagicByte => int8
  Attributes => int8
  Timestamp => int64
  Key => bytes
  Value => bytes
```

这些字段的含义见表 6-1。

表 6-1　消息格式字段含义

字段	描述
Crc	用于校验每条消息的完整性
MagicByte	用于允许消息二进制格式向后兼容的版本 ID，当前值为 1
Attributes	此字节保存消息的元数据属性。从右往左数，前 3 位包含消息压缩解码器，第 4 位表示时间戳，其他为设置为 0
Timestamp	消息时间戳
Key	用于分区分配的可选消息 Key，可以为空
Value	Kafka 系统支持递归消息。可以包含消息集，也可以为空
Offset	Kafka 系统在日志序列号中使用的偏移量

6.3　清理过期数据的两种方法

Kafka 系统提供了两种清除过期消息数据的策略：
- 基于时间和大小的删除策略；
- 压缩（Compact）清理策略。

这两种策略通过属性"log.cleanup.policy"来控制，可选值包含"delete"和"compact"，默认值为"delete"。

1. 基于时间和大小的删除策略

按照时间来配置删除策略，配置内容见代码 6-2。

代码 6-2　根据时间删除过期数据

```
# 系统默认保存 7 天
log.retention.hours=168
```

按照保留大小来删除过期数据，配置内容见代码 6-3。

代码 6-3　根据保留大小删除过期数据

```
# 系统默认没有设置大小
log.retention.bytes=-1
```

另外，也可以同时配置时间和大小来设置混合规则。一旦日志大小超过阈值，则清除分区中老的片段数据。若分区中某个片段的数据超过保留时间也会被清除。

2. 压缩清理策略

如果使用压缩策略清除过期日志，则需设置属性"log.cleanup.policy"的值为"compact"。

 提示：
压缩清除只能针对特定的主题应用，即，写的消息数据都包含 Key。它会合并相同 Key 的消息数据，只留下最新的消息数据。

6.4　网络模型和通信流程

Kafka 系统作为一个消息队列，涉及的网络通信主要包含以下两方面。
- Pull：消费者从消息队列中拉取消息数据；
- Push：生产者往消息队列中推送消息数据。

要实现高性能的网络通信，可以使用更底层的 TCP 协议或 UDP 协议来实现。Kafka 系统在生产者、代理节点、消费者之间设计了一套基于 TCP 层的通信协议，这套协议完全是为了 Kafka 系统自身需求而定制的。

 提示：
由于 UDP 协议是一种不可靠的传输协议，所以 Kafka 系统采用 TCP 协议作为服务间的通信协议。

6.4.1　基本数据类型

通信协议中的基本数据类型分为以下三种。

1. 定长数据类型

这部分数据类型包含：int8、int16、int32 和 int64。对应到 Java 语言中，它们分别是 byte、short、int 和 long。

2. 可变数据类型

可变数据类型对应到 Java 语言中，常见的有 Map、List 等。

3. 数组

数组对应到 Java 语言中，常见的有 int[]、String[]等。

6.4.2 通信模型

Kafka 系统采用的是 Reactor 多线程模型，即，通过一个 Acceptor 线程处理所有的新连接，通过多个 Processor 线程对请求进行处理（如解析协议、封装请求、转发等）。

> **提示：**
> Reactor 是一种事件模型，可以将请求提交到一个或者多个服务程序中进行处理。
> 当收到客户端请求后，服务端处理程序使用多路分发策略，由一个非阻塞的线程来接收所有的请求，然后将这些请求转发到对应的工作线程中进行处理。

在 Kafka 0.10.0.x 及以后的版本中，Kafka 系统新增了一个 Handler 模块，它通过指定的线程数对请求进行处理。Handler 和 Processor 之间通过一个块队列进行连接，如图 6-5 所示。

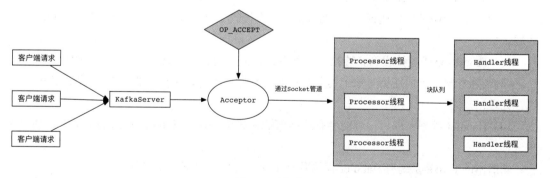

图 6-5 通信模型

6.4.3 通信过程

Kafka 系统的通信框架也经过了不同版本的迭代。

在 Kafka 0.10.0.x 版本之前，以 NIO 作为网络通信的基础。通过将多个 Socket 连接注册到一个 Selector 上进行监听，只用一个线程就能管理多个连接，这极大地节省了多线程的资源开销。

Kafka 0.10.0.x 及以后的版本依然是以 NIO 作为网络通信的基础，也使用了 Reactor 多线程模型，不同的是，新版本将具体的业务处理模块（Handler 模块）独立出去了，并用单独的线程池进行控制。具体通信流程如图 6-6 所示。

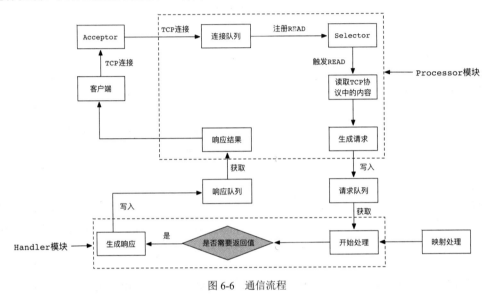

图 6-6　通信流程

从图 6-6 可以知道 Kafka 的通信逻辑：

（1）客户端向服务器发送请求时，Acceptor 负责接收 TCP 请求，连接成功后传递给 Processor 线程；

（2）Processor 线程接收到新连接后，将其注册到自身的 Selector 中，并监听 READ 事件；

（3）当客户端在当前连接对象上写入数据时，会触发 READ 事件，根据 TCP 协议调用 Handler 进行处理；

（4）Handler 处理完成后，可能会有返回值给客户端，并将 Handler 返回的结果绑定到响应端进行发送。

新版本的 Kafka 系统将 Handler 模块独立出来。这样有以下几个好处：

- 能够单独指定 Handler 的线程数，便于调优和管理；
- 防止一个过大的请求阻塞一个 Processor 线程；
- 请求、Handler、响应之间都是通过队列来进行连接的，这样它们彼此之间不存在耦合现象，对提升系统的性能有帮助。

6.6　小结

本章旨在让读者掌握 Kafka 系统存储及管理数据的相关内容，并且能够明白存储及管理在 Kafka 系统底层的作用。

通过学习本章的内容，读者可以了解 Kafka 系统底层设计的实现细节，这样不仅知其然，还知其所以然。

第 3 篇　进阶

本篇将从 Kafka 安全机制、Kafka 连接器、Kafka 流处理、监控与测试等方面来介绍 Kafka 更高级的知识与应用。

- ▶ 第 7 章　Kafka 安全机制
- ▶ 第 8 章　用 Kafka 连接器建立数据管道
- ▶ 第 9 章　Kafka 流处理
- ▶ 第 10 章　监控与测试

第 7 章

Kafka安全机制

本章学习 Kafka 系统的安全机制,包括 Kafka 安全机制的背景、使用 SSL 加密和身份验证、权限控制、给 Zookeeper 授权等。

7.1 本章教学视频说明

视频内容:Kafka 安全机制的背景、SSL 加密和身份验证、SASL 身份验证、权限控制,以及 Zookeeper 授权等。

视频时长:10 分钟。

视频截图见图 7-1。

图 7-1 本章教学视频截图

7.2 了解 Kafka 的安全机制

在 0.9 版本之前,Kafka 集群是没有安全机制的。首先,客户端获取 Zookeeper 系统连接地址后，通过访问 Zookeeper 系统中的元数据信息来获取 Kafka 集群地址；然后，客户端可以直接连接到 Kafka 集群，访问 Kafka 集群上的所有主题，并对主题进行管理员操作。

由于没有限制，一些重要的业务主题就会存在安全性问题。例如泄露敏感数据、删除主题、修改分区等。

基于这类场景考虑，在 0.9 版本之后，Kafka 系统新增了两种安全机制——身份验证和权限控制，来确保存储数据的安全性。

7.2.1　身份验证

在 Kafka 系统中，身份验证是指，客户端在连接服务端时需要确认身份。

整个认证范围包括：

- 客户端和 Kafka 代理节点之间的连接认证；
- 代理节点与代理节点之间的连接认证；
- 代理节点与 Zookeeper 系统之间的连接认证。

当前 Kafka 系统支持多种认证机制：SSL、SASL/Kerberos、SASL/PLAIN、SASL/SCRAM。

提示：
身份验证可以理解为，登录一个系统时输入用户名和密码进行校验的过程。

关于 SSL、SASL/Kerberos、SASL/PLAIN、SASL/SCRAM 这几种认证机制，在本章的后部分会详细介绍，这里只需有一个基本的印象。

7.2.2　权限控制

在 Kafka 系统中，客户端的"身份验证通过"仅代表该客户端属于合法用户，能够访问 Kafka 集群，但不一定具有操作 Kafka 集群主题的权限。

因此，在 Kafka 系统中，还有另外一种安全机制——权限控制。

权限控制是指，对客户端操作（如读、写、删、改等）Kafka 集群主题进行权限控制。

Kafka 系统中的权限控制是可插拔的，并且支持与外部授权服务进行集成。Kafka 系统自带一个简单的授权类——kafka.security.auth.SimpleAclAuthorizer。

提示：
在部署 Kafka 系统时，其安全性是可选的。即，可以部署一个不带安全机制的 Kafka 集群。但如果生产环境涉及敏感的业务数据（或对于 Kafka 集群数据的安全性来说很重要的数据），建议还是配置安全机制。

7.3 使用 SSL 协议进行加密和身份验证

Kafka 系统允许客户端将 SSL 协议作为认证机制来进行连接。但是在 Kafka 系统中，SSL 协议作为认证机制默认是禁止的。如果需要使用，可以手动开启 SSL 协议来作为认证机制。

安装和配置 SSL 协议的步骤较多，大致步骤如下：

（1）给每台代理节点创建一个临时密钥库；

（2）创建私有证书 CA；

（3）给证书进行签名，其内容包含导出证书和签名、导入 CA 和证书到密钥库；

（4）配置服务端和客户端。

详细实现流程如图 7-2 所示。

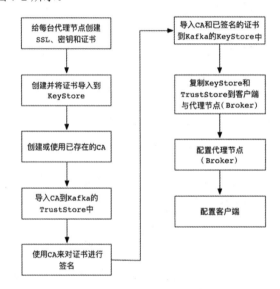

图 7-2　安装与配置 SSL 的流程

7.3.1 了解 SSL 协议

在创建和部署 SSL 协议之前，先给读者介绍一下什么是 SSL 协议。

 提示：

Secure Sockets Layer 简称 SSL，它主要为网络通信提供安全保障。SSL 协议利用数据加密技术，确保数据在网络中传输数据不会被截取和窃听。

SSL 协议介于传输层协议和应用层协议之间，分为两层。

- 记录协议：建立在可靠的传输层协议之上，提供数据封装、压缩、加密等功能；
- 握手协议：建立在记录协议之上，用于在实际传输数据之前，确认通信双方的身份。

SSL 协议提供的主要服务如下：

（1）认证客户端和服务端，确保数据发送到正确的客户端和服务器上；

（2）对数据进行加密，防止数据在传输中被窃取；

（3）确保数据的完整性，保证数据在传输的过程中不被篡改。

7.3.2 实例 37：创建 SSL 密钥库，并查看密钥库文件

在部署 SSL 之前，需要先给 Kafka 集群的每个代理节点创建密钥和证书。可以使用 Java 语言的 keytool 命令来实现这个步骤。将生成的密钥导入一个临时的密钥库，这样以后就可以用 CA 将其导出并签名使用。

 提示：

Certificate Authority 简称 CA，是数字证书发行的唯一机构。

实例描述

使用 JDK 库中的 keytool 命令创建密钥，并按照下列步骤来实施：（1）创建密钥库；（2）开启 HTTPS 属性；（3）查看密钥库文件。

---

1. 创建密钥库

（1）使用 JDK 库中的密钥命令（keytool）创建 SSL，具体操作命令如下。

```
# 使用Java的keytool命令来实现
[hadoop@dn1 ca]$ keytool -keystore server.keystore.jks -alias dn1 -validity 365 -genkey -keyalg RSA
```

（2）执行上述命令后，按照控制台给出的提示，请填写相关信息（比如姓名、单位名称、城市等信息），如图 7-3 所示。

需要注意的是，使用上述命令需要指定以下两个关键的参数。

- keystore：存储证书的密钥文件。密钥存储文件包含证书的私钥，因此需要安全保存；
- validity：证书的有效时间，单位是天。

```
[hadoop@dn1 ca]$ keytool -keystore server.keystore.jks -alias dn1 -validity 365 -genkey -keya
lg RSA
输入密钥库口令:
您的名字与姓氏是什么？
  [Unknown]:  dengjie
您的组织单位名称是什么？
  [Unknown]:  smartloli.org
您的组织名称是什么？
  [Unknown]:  smartloli.org
您所在的城市或区域名称是什么？
  [Unknown]:  sz
您所在的省/市/自治区名称是什么？
  [Unknown]:  sz
该单位的双字母国家/地区代码是什么？
  [Unknown]:  cn
CN=dengjie, OU=smartloli.org, O=smartloli.org, L=sz, ST=sz, C=cn是否正确？
  [否]:  y

输入 <dn1> 的密钥口令
        (如果和密钥库口令相同，按回车):
[hadoop@dn1 ca]$
```

图 7-3　创建临时密钥库

2. 开启 HTTPS 属性

默认情况下没有定义属性"ssl.endpoint.identification.algorithm"，因此不会执行主机名验证。

（1）如果要启用主机名验证，请设置以下属性，见代码 7-1。

代码 7-1　启用主机名验证

```
# 设置属性为 HTTPS
ssl.endpoint.identification.algorithm=HTTPS
```

（2）启用后，客户端将通过以下两个字段之一来验证服务器的完全限定域名（FQDN）。

- Common Name（通用名称，简称 CN）；
- Subject Alternative Name（主体备用名称，简称 SAN）。

 提示：

Fully Qualified Domain Name 简称 FQDN，表示同时带有主机名和域名的名称。例如，有一个主机名为 dn1，域名为 smartloli.org，那 dn1 的 FQDN 就是 dn1.smartloli.org。

（3）CN 和 SAN 这两个字段都是有效的，但是 RFC-2818 标准推荐使用 SAN。因为 SAN 更加灵活，允许声明多个 DNS。另一个优点是，CN 可以设置成更加有意义的值来用于授权。

 提示：

RFC-2818 是一种连接的标准，它利用传输层安全（TLS）来保护网络上超文本传输协议（HTTP）。

（4）如要添加 SAN 字段，则在 keytool 命令中使用参数"-ext SAN=DNS:{FQDN}"来实现：

```
# 添加参数
[hadoop@dn1 ca]$ keytool -keystore server.keystore.jks -alias fqdn1
```

```
-validity 365 -genkey -keyalg RSA -ext SAN=DNS:smartloli.org
```

3. 查看密钥库文件

添加成功之后，会在当前目录下生成一个 server.keystore.jks 文件。

（1）通过 keytool 命令的 list 命令来验证证书中的内容，具体操作命令如下。

```
# 查看 FQDN 证书
[hadoop@dn1 ca]$ keytool -list -v -keystore server.keystore.jks
```

（2）输入正确的密码，观察操作结果，控制台输出结果如图 7-4 所示。

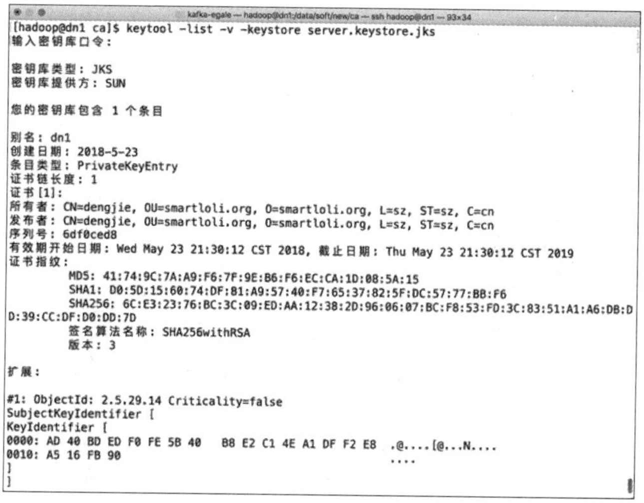

```
[hadoop@dn1 ca]$ keytool -list -v -keystore server.keystore.jks
输入密钥库口令：

密钥库类型：JKS
密钥库提供方：SUN

您的密钥库包含 1 个条目

别名：dn1
创建日期：2018-5-23
条目类型：PrivateKeyEntry
证书链长度：1
证书[1]:
所有者：CN=dengjie, OU=smartloli.org, O=smartloli.org, L=sz, ST=sz, C=cn
发布者：CN=dengjie, OU=smartloli.org, O=smartloli.org, L=sz, ST=sz, C=cn
序列号：6df0ced8
有效期开始日期：Wed May 23 21:30:12 CST 2018，截止日期：Thu May 23 21:30:12 CST 2019
证书指纹：
         MD5: 41:74:9C:7A:A9:F6:7F:9E:B6:F6:EC:CA:1D:08:5A:15
         SHA1: D0:5D:15:60:74:DF:81:A9:57:40:F7:65:37:82:5F:DC:57:77:BB:F6
         SHA256: 6C:E3:23:76:BC:3C:09:ED:AA:12:38:2D:96:06:07:BC:F8:53:FD:3C:83:51:A1:A6:DB:D
D:39:CC:DF:D0:DD:7D
         签名算法名称：SHA256withRSA
         版本：3

扩展：

#1: ObjectId: 2.5.29.14 Criticality=false
SubjectKeyIdentifier [
KeyIdentifier [
0000: AD 40 BD ED F0 FE 5B 40   B8 E2 C1 4E A1 DF F2 E8  .@....[@...N....
0010: A5 16 FB 90                                        ....
]
]
```

图 7-4　查看 FQDN 证书内容

7.3.3　实例 38：创建私有证书

Kafka 集群中，每个节点可通过创建公钥、私钥、证书来标记该节点。但是，创建的证书是没有签名的，这意味着，外部攻击者可以创建一个类似的证书来伪装成任何节点。

为了解决这种风险，可通过对集群中每一个节点进行签名来防止伪造证书。

> **提示：**
>
> 数字证书发行机构（CA）负责对证书进行签名。数字证书发行机构的工作机制，就像公安机关办理护照一样。公安机关在每一本护照上进行盖章，这样护照就很难被伪造。

数字证书发行机构签名后的证书和加密保证签名后的证书，是很难伪造的。因此，只要数字证书发行机构的权威性存在，客户端就能确保连接的节点是真实有效的。

实例描述

使用 Linux 操作系统的 openssl 命令创建私有证书，按照下列步骤来实施：

（1）创建 CA；（2）执行 keytool 命令，将证书添加到客户端信任库；（3）执行 keytool 命令，在服务端设置认证属性。

1. 创建 CA

（1）使用 Linux 的密码库命令（openssl）创建 CA 的公钥、私钥和证书。

```
# 创建 CA 的公钥、私钥和证书
[hadoop@dn1 ca]$ openssl req -new -x509 -keyout ca-key -out ca-cert -days 365
```

（2）按照控制台的提示填写相关信息，输出结果如图 7-5 所示。创建成功后会生成两个文件——ca-cert 和 ca-key。

```
[hadoop@dn1 ca]$ openssl req -new -x509 -keyout ca-key -out ca-cert -days 365
Generating a 2048 bit RSA private key
......................+++
...........................................................................+++
writing new private key to 'ca-key'
Enter PEM pass phrase:
Verifying - Enter PEM pass phrase:
-----
You are about to be asked to enter information that will be incorporated
into your certificate request.
What you are about to enter is what is called a Distinguished Name or a DN.
There are quite a few fields but you can leave some blank
For some fields there will be a default value,
If you enter '.', the field will be left blank.
-----
Country Name (2 letter code) [XX]:sz
State or Province Name (full name) []:guangdong
Locality Name (eg, city) [Default City]:shenzhen
Organization Name (eg, company) [Default Company Ltd]:smartloli.org
Organizational Unit Name (eg, section) []:smartloli.org
Common Name (eg, your name or your server's hostname) []:dn1
Email Address []:smartloli.org@gmail.com
```

图 7-5 创建 Key 和证书

2. 将证书添加到客户端信任库

将生成的证书添加到客户端信任库（Client TrustStore），以便客户端可以信任这个证书。具体执行命令如下。

（1）执行 keytool 命令将证书添加到客户端信任库。

```
# 添加证书到客户端信任库
[hadoop@dn1 ca]$ keytool -keystore client.truststore.jks -alias CAROOT -import -file ca-cert
```

（2）按照控制台的提示填写相关信息，如图 7-6 所示。成功执行该命令后，会在当前目录中生成一个 client.truststore.jks 文件。

```
[hadoop@dn1 ca]$ keytool -keystore client.truststore.jks -alias CAROOT -import -file ca-cert
输入密钥库口令：
再次输入新口令：
所有者：EMAILADDRESS=smartloli.org@gmail.com, CN=dn1, OU=smartloli.org, O=smartloli.org, L=shenzhen, ST=guangdong, C=sz
发布者：EMAILADDRESS=smartloli.org@gmail.com, CN=dn1, OU=smartloli.org, O=smartloli.org, L=shenzhen, ST=guangdong, C=sz
序列号：f641ec5cce521f7a
有效期开始日期：Wed May 23 21:34:29 CST 2018, 截止日期：Thu May 23 21:34:29 CST 2019
证书指纹：
    MD5: AB:7A:12:EF:19:DD:0E:9D:4A:0F:E6:45:D7:EF:0C:19
    SHA1: C6:91:E5:73:F9:2A:8E:48:76:13:4D:0A:C3:E4:C6:A5:1E:AB:6F:78
    SHA256: BB:52:1C:60:5F:2B:B4:CE:64:09:A3:77:14:8B:EF:1D:83:88:E0:D7:14:68:69:AE:1C:32:7C:7D:BE:7E:58:0E
    签名算法名称：SHA1withRSA
    版本: 3

扩展：

#1: ObjectId: 2.5.29.35 Criticality=false
AuthorityKeyIdentifier [
KeyIdentifier [
0000: AE 06 88 F5 B7 01 31 CA   26 AE 8B DF 2A DA 4A 61  ......1.&...*.Ja
0010: FE 53 A6 EF                                        .S..
]
]

#2: ObjectId: 2.5.29.19 Criticality=false
BasicConstraints:[
  CA:true
  PathLen:2147483647
]

#3: ObjectId: 2.5.29.14 Criticality=false
```

图 7-6　添加证书到客户端信任库

3．在服务端设置认证属性

在 Kafka 服务端，设置"ssl.client.auth"属性为"requested"或"required"。通过该属性来要求代理节点对客户端连接进行验证，同时，必须给代理节点提供信任库和签过名的证书。

具体执行命令如下。

（1）执行 keytool 命令，在服务端设置认证属性值。

```
# 将证书导入服务端信任库中
[hadoop@dn1 ca]$ keytool -keystore server.truststore.jks -alias CAROOT -import -file ca-cert
```

（2）按照控制台的提示输入相关信息，如图 7-7 所示。

客户端信任库存储了所有客户端信任的证书后，将证书导入一个信任库，意味着由该证书签名的所有证书都是合法、有效的。这种特性被称为信任链，在大型的 Kafka 集群上部署 SSL 协议时非常有用。

可以使用单个数字证书发行机构来签名 Kafka 集群中的所有证书，并且所有的节点共享相同的信任库，这样集群中的节点就可以相互验证了。

```
[hadoop@dn1 ca]$ keytool -keystore server.truststore.jks -alias CAROOT -import -file ca-cert
输入密钥库口令：
再次输入新口令：
所有者：EMAILADDRESS=smartloli.org@gmail.com, CN=dn1, OU=smartloli.org, O=smartloli.org, L=sh
enzhen, ST=guangdong, C=sz
发布者：EMAILADDRESS=smartloli.org@gmail.com, CN=dn1, OU=smartloli.org, O=smartloli.org, L=sh
enzhen, ST=guangdong, C=sz
序列号：f641ec5cce521f7a
有效期开始日期：Wed May 23 21:34:29 CST 2018, 截止日期：Thu May 23 21:34:29 CST 2019
证书指纹：
         MD5: AB:7A:12:EF:19:DD:0E:9D:4A:0F:E6:45:D7:EF:0C:19
         SHA1: C6:91:E5:73:F9:2A:8E:48:76:13:4D:0A:C3:E4:C6:A5:1E:AB:6F:78
         SHA256: BB:52:1C:60:5F:2B:B4:CE:64:09:A3:77:14:8B:EF:1D:83:88:E0:D7:14:68:69:AE:1C:3
2:7C:7D:BE:7E:58:0E
         签名算法名称：SHA1withRSA
         版本：3

扩展：

#1: ObjectId: 2.5.29.35 Criticality=false
AuthorityKeyIdentifier [
KeyIdentifier [
0000: AE 06 88 F5 B7 01 31 CA   26 AE 8B DF 2A DA 4A 61    ......1.&...*.Ja
0010: FE 53 A6 EF                                          .S..
]
]

#2: ObjectId: 2.5.29.19 Criticality=false
BasicConstraints:[
  CA:true
  PathLen:2147483647
]

#3: ObjectId: 2.5.29.14 Criticality=false
```

图 7-7　将证书导入服务端信任库中

7.3.4　实例 39：导出证书，使用 CA 对证书进行签名

下面将证书从密钥库中导出来，然后使用 CA 对证书进行签名。

实例描述

执行 keytool 命令，按照下列步骤来给私有证书签名：

（1）导出私有证书，（2）签名；（3）导入 CA 和私有证书到密钥库。

1. 导出私有证书

（1）使用 keytool 命令导出私有证书，具体代码如下。

```
# 导出私有证书
[hadoop@dn1 ca]$ keytool -keystore server.keystore.jks -alias dn1 -certreq -file cert-file
```

（2）导出结果如图 7-8 所示。

```
[hadoop@dn1 ca]$ keytool -keystore server.keystore.jks -alias dn1 -certreq -file cert-file
输入密钥库口令:
[hadoop@dn1 ca]$ ll
总用量 28
-rw-rw-r-- 1 hadoop hadoop 1460 5月  23 21:34 ca-cert
-rw-rw-r-- 1 hadoop hadoop 1834 5月  23 21:34 ca-key
-rw-rw-r-- 1 hadoop hadoop 1093 5月  23 21:41 cert-file
-rw-rw-r-- 1 hadoop hadoop 1100 5月  23 21:36 client.truststore.jks
drwxrwxr-x 2 hadoop hadoop 4096 5月  23 01:11 fqdn
-rw-rw-r-- 1 hadoop hadoop 2235 5月  23 21:30 server.keystore.jks
-rw-rw-r-- 1 hadoop hadoop 1100 5月  23 21:39 server.truststore.jks
```

图 7-8　导出证书

2. 签名

（1）执行 openssl 命令来进行 CA 签名，具体代码如下。

```
# 进行CA 签名
[hadoop@dn1 ca]$ openssl x509 -req -CA ca-cert -CAkey ca-key -in cert-file -out cert-signed\
  -days 365 -CAcreateserial -passin pass:123456
```

（2）操作结果如图 7-9 所示。

```
[hadoop@dn1 ca]$ openssl x509 -req -CA ca-cert -CAkey ca-key -in cert-file -out cert-signed -days 365 -CAcreateserial -passin pass:123456
Signature ok
subject=/C=cn/ST=sz/L=sz/O=smartloli.org/OU=smartloli.org/CN=dengjie
Getting CA Private Key
```

图 7-9　签名

3. 导入 CA 和证书到密钥库

将 CA 的证书（ca-cert）和已签名的证书（cert-signed）导入密钥库中。

（1）将 CA 导入密钥库。

具体操作命令如下：

```
# 导入CA
[hadoop@dn1 ca]$ keytool -keystore server.keystore.jks -alias CARoot -import -file ca-cert
```

执行上述命令后，按照控制台的提示输入相关信息，如图 7-10 所示。

```
[hadoop@dn1 ca]$ keytool -keystore server.keystore.jks -alias CARoot -import -file ca-cert
输入密钥库口令:
所有者: EMAILADDRESS=smartloli.org@gmail.com, CN=dn1, OU=smartloli.org, O=smartloli.org, L=shenzhen, ST=guangdong, C=sz
发布者: EMAILADDRESS=smartloli.org@gmail.com, CN=dn1, OU=smartloli.org, O=smartloli.org, L=shenzhen, ST=guangdong, C=sz
序列号: f641ec5cce521f7a
有效期开始日期: Wed May 23 21:34:29 CST 2018, 截止日期: Thu May 23 21:34:29 CST 2019
证书指纹:
     MD5:  AB:7A:12:EF:19:DD:0E:9D:4A:0F:E6:45:D7:EF:0C:19
     SHA1: C6:91:E5:73:F9:2A:8E:48:76:13:4D:0A:C3:E4:C6:A5:1E:AB:6F:78
     SHA256: BB:52:1C:60:5F:2B:B4:CE:64:09:A3:77:14:8B:EF:1D:83:88:E0:D7:14:68:96:AE:1C:32:7C:7D:BE:7E:58:0E
```

图 7-10　导入 CA 到密钥库

（2）将已签名的证书导入密钥库。

具体操作命令如下。

```
# 导入证书
[hadoop@dn1 ca]$ keytool -keystore server.keystore.jks -alias dn1 -import -file cert-signed
```

执行上述命令后，按照控制台的提示输入相关信息，如图 7-11 所示。

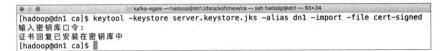

图 7-11　导入证书到密钥库

以上命令中各个参数的含义见表 7-1。

表 7-1　参数含义

参　　数	含　　义
keystore	后面跟的参数表示密钥库的存储路径
ca-cert	CA 的证书
ca-key	CA 的密钥
ca-password	CA 的密码
cert-file	未签名的服务器证书
cert-signed	已签名的服务器证书

创建、签名、导入与导出等步骤可以整理成一个脚本，具体见代码 7-2。

代码 7-2　设置 SSL 脚本

```bash
#! /bin/bash

# 1.创建密钥库
keytool -keystore server.keystore.jks -alias dn1 -validity 365 -genkey -keyalg RSA
# 2.创建 CA
openssl req -new -x509 -keyout ca-key -out ca-cert -days 365
# 3.导入到客户端信任库
keytool -keystore client.truststore.jks -alias CAROOT -import -file ca-cert
# 4.导入到服务端信任库
keytool -keystore server.truststore.jks -alias CAROOT -import -file ca-cert
# 5.从密钥库中导出证书
keytool -keystore server.keystore.jks -alias dn1 -certreq -file cert-file
# 6.签名
```

```
openssl x509 -req -CA ca-cert -CAkey ca-key -in cert-file -out cert-signed -days 365
-CAcreateserial -passin pass:123456
# 7.导入CA到密钥库
keytool -keystore server.keystore.jks -alias CARoot -import -file ca-cert
# 8.导入证书到密钥库
keytool -keystore server.keystore.jks -alias dn1 -import -file cert-signed
```

7.3.5 实例40：在服务端配置SSL协议，并创建主题

Kafka集群代理节点可监听多个端口上的连接。

实例描述

从Kafka代理节点中复制一份server.properties文件，并重命名为ssl.properties。通过配置ssl.properties文件启用SSL协议。

（1）在ssl.properties文件中配置相关信息，例如访问地址、密钥库路径地址和密码等，见代码7-3。

代码7-3　配置ssl.properties文件

```
# 配置一个明文传输和一个加密传输
listeners=PLAINTEXT://:9092,SSL://dn1:9093
# 设置外网IP或域名
advertised.listeners=PLAINTEXT://dn1:9092,SSL://dn1:9093
# 设置密钥库文件路径
ssl.keystore.location=/data/soft/new/ca/server.keystore.jks
# 设置密钥库密码
ssl.keystore.password=123456
# 设置信任库存储路径
ssl.truststore.location=/data/soft/new/ca/server.truststore.jks
# 设置信任库密码
ssl.truststore.password=123456
# 设置密钥密码
ssl.key.password=123456
# 设置客户端也需要开启认证
ssl.client.auth=required
```

（2）启动Kafka集群，使用Kafka系统命令创建一个主题。具体操作命令如下。

```
# 启动Kafka集群后，创建一个主题
[hadoop@dn1 ca]$ kafka-topics.sh --create --zookeeper dn1:2181 --partitions
1 --replication-factor 1 --topic test_ssl
```

(3) Linux 控制台的输出结果如图 7-12 所示。

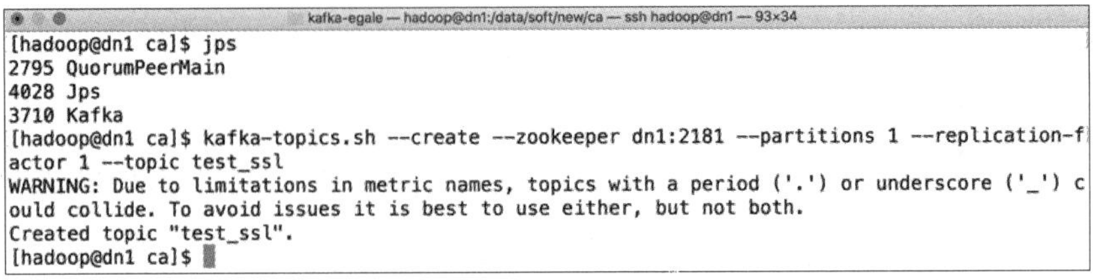

图 7-12 在启动 SSL 协议的 Kafka 集群中创建主题

7.3.6 实例 41：在客户端配置 SSL 协议，并读/写数据

可以使用 Kafka 系统的 kafka-console-producer.sh 脚本和 kafka-console-consumer.sh 脚本来操作客户端。

这里使用 kafka-console-producer.sh 脚本来将消息数据写入到 Kafka 系统主题（test_ssl）中，然后再使用 kafka-console-consumer.sh 脚本来读取 Kafka 系统主题（test_ssl）中的消息数据。

实例描述

执行 Kafka 系统提供的 kafka-console-producer.sh 脚本和 kafka-console-consumer.sh 脚本，同时进行如下实验：（1）向 Kafka 系统主题写入消息数据；（2）从 Kafka 系统主题读取消息数据。

1. 向 Kafka 系统主题写入消息数据

在 Kafka 代理节点中，复制一份 producer.properties 文件，并重命名为 ssl_producer.properties。通过配置 ssl_producer.properties 文件来启用 SSL 协议。

（1）配置生产者属性文件，添加 SSL 访问地址、密钥库路径地址和密码等内容，具体操作见代码 7-4。

代码 7-4 配置 ssl_producer.properties 文件

```
# 指定 SSL 监听的端口
bootstrap.servers=dn1:9093
# 指定协议类型为 SSL
security.protocol=SSL
# 指定信任库存储路径
ssl.truststore.location=/data/soft/new/ca/server.truststore.jks
# 指定信任库密码
ssl.truststore.password=123456
# 指定密钥库存储路径
ssl.keystore.location=/data/soft/new/ca/server.keystore.jks
```

```
# 指定密钥库密码
ssl.keystore.password=123456
```

（2）在控制台执行写入消息数据的命令，具体操作命令如下。

```
# 写入消息数据
[hadoop@dn1 bin]$ kafka-console-producer.sh --broker-list dn1:9093 --topic
 test_ssl --producer.config ../config/ssl_producer.properties
```

（3）在控制台中输入消息记录，输出结果如图 7-13 所示。

```
[hadoop@dn1 bin]$ kafka-console-producer.sh --broker-list dn1:9093 --topic test_ssl --produce
r.config ../config/ssl_producer.properties
hello,kafka
kafka ssl
```

图 7-13　写入消息

2. 从 Kafka 系统主题读取消息记录

在 Kafka 代理节点中，复制一份 consumer.properties 文件，并重命名为 ssl_consumer.properties。通过配置 ssl_consumer.properties 文件来启用 SSL 协议。

（1）配置消费者属性文件，添加消费者组 ID、密钥库路径地址和密码等内容，具体内容见代码 7-5。

代码 7-5　配置 ssl_consumer.properties 文件

```
# 指定协议类型为 SSL
security.protocol=SSL
# 指定消费者组
group.id=test-ssl-consumer-group
# 指定信任库存储路径
ssl.truststore.location=/data/soft/new/ca/server.truststore.jks
# 指定信任库密码
ssl.truststore.password=123456
# 指定密钥库存储路径
ssl.keystore.location=/data/soft/new/ca/server.keystore.jks
# 指定密钥库密码
ssl.keystore.password=123456
# 设置 Zookeeper 地址
zookeeper.connect=dn1:2181
```

（2）在控制台执行读取消息数据的命令，具体操作命令如下。

```
# 读取消息数据
[hadoop@dn1 bin]$ kafka-console-consumer.sh --bootstrap-server dn1:9093
 --topic test_ssl --from-beginning
--consumer.config ../config/ssl_consumer.properties
```

（3）控制台中会展示读取的消息数据，如图7-14所示。

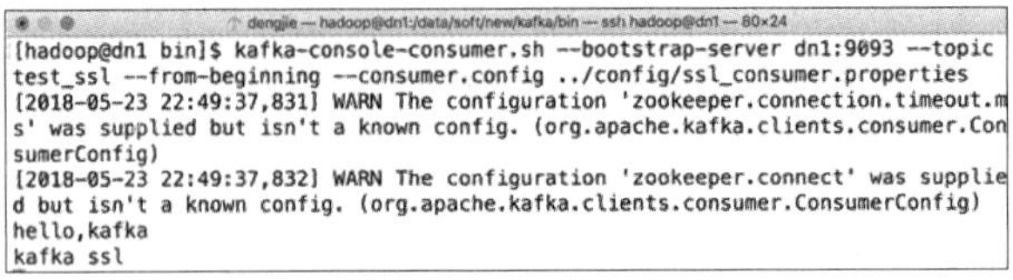

图7-14 展示读取的消息数据

7.4 使用 SASL 协议进行认证

SASL 协议，包含 Kerberos、PLAIN 和 SCRAM。这三者含义如下：

（1）Kerberos：一个用于安全认证的第三方协议。它采用了传统共享密钥的方式，实现了在网络环境中（并不要求所处的网络环境是安全的）客户端与服务端之间的通信，适用于 C/S 模型，由 MIT（即麻省理工学院）开发和实现。

> **提示：**
> C/S 模型即客户端（Client）/服务端（Server）结构，它是软件系统体系结构，通过它可以充分利用两端硬件环境的优势，将任务合理分配到客户端和服务端来实现，降低了系统的通信开销。

（2）PLAIN：一种简单的用户名/密码认证机制，通常使用 TLS 来加密实现安全认证。

> **提示：**
> TLS（Transport Layer Security，即安全传输层协议）。用于在两个通信应用程序之间提供保密性和数据完整性。

（3）SCRAM：SASL 协议的一种，通过执行用户名和密码认证来解决安全问题。

7.4.1 给客户端配置"Java 认证和授权服务"（JAAS）

Kafka 的 SASL 协议是通过 Java 授权服务来进行设置的。

1. 什么是 JAAS

Java 认证和授权服务（Java Authentication Authorization Service，JAAS），提供了灵活和可伸缩的机制，用来保证客户端和服务端之间 Java 程序的通信安全。

JAAS 允许应用程序同底层的具体认证技术保持独立，新增或者更新的认证方法并不需要更改应用程序本身。应用程序通过实例化对象开始进行认证，引用配置文件中的具体认证方法来执行认证逻辑。

2. 给客户端配置 JAAS 的步骤

客户端可以通过属性"sasl.jaas.config"，或者使用代理节点的静态配置文件，来进行配置 JAAS 认证授权服务。

（1）使用客户端配置属性。

客户端可以将 JAAS 认证授权服务配置到生产者程序和消费者程序的属性中，无须创建一个配置文件，可以通过 JAAS 静态属性 "java.security.auth.login.config" 和客户端属性 "sasl.jaas.config" 来进行设置。

（2）使用静态配置文件。

创建一个名为"kafka_client_jaas.conf"的 JAAS 文件，并在文件中编辑一个名为 KafkaClient 的登录部分，文件中设置的认证方式有多种，如 Kerberos、PLAIN、SCRAM。这里以 Kerberos 为示例。

配置内容见代码 7-6。

代码 7-6　配置静态文件

```
KafkaClient {
   com.sun.security.auth.module.Krb5LoginModule required
   useKeyTab=true
   storeKey=true
   keyTab="/etc/security/keytabs/kafka_client.keytab"
   principal="kafka-client-1@EXAMPLE.COM";
};
```

然后，在客户端程序中设置"java.security.auth.login.config"属性，并指定 kafka_client_jaas.conf 文件所在的位置，具体设置见代码 7-7。

代码 7-7　指定文件路径

```
# 配置文件路径
System.setProperty("java.security.auth.login.config",
"/kafka/kafka_client_jaas.conf");
```

如果使用的是 Kafka 系统脚本来操作，可以在脚本中添加如下内容。

```
# 添加文件路径
-Djava.security.auth.login.config=/kafka/kafka_client_jaas.conf
```

7.4.2 给服务端配置 SASL

SASL 可以使用 PLAINTEXT 或 SSL 协议作为传输层，即 SASL_PLAINTEXT 或 SASL_SSL。

1. 什么是 SASL

Simple Authentication and Security Layer，简称 SASL。它是一种用来扩展 C/S 模型能力的机制，它提供了一个通用的方法来增加验证支持。

2. 哪些协议支持 SASL 机制

在 Kafka 系统中，支持 SASL 的协议有：Kerberos、PLAIN、SCRAM（SHA-256 和 SHA-512）。这几种协议下面会详细介绍。

3. 配置 SASL

在 Kafka 服务端的 server.properties 文件中配置一个 SASL 端口，将 SASL_PLAINTEXT、SASL_SSL 协议中的至少一个添加到属性"listeners"，具体设置见代码 7-8。

代码 7-8　设置 listeners 属性

```
# 设置IP和端口
listeners=SASL_PLAINTEXT://dn1:9092
```

 提示：
在 Kafka 系统中，如果其中一个代理节点启用了 SASL_PLAINTEXT 协议，则其他代理节点需要使用相同的协议才能互相通信。

配置协议内容见代码 7-9。

代码 7-9　配置协议

```
# 设置SASL_PLAINTEXT认证协议
security.inter.broker.protocol=SASL_PLAINTEXT
```

 提示：
SASL 机制仅仅支持用 Kafka 新版本应用接口编写的消费者程序和生产者程序。

7.4.3 实例 42：开启 SASL/Kerberos 认证协议

Kerberos 是一种网络认证协议，其设计的目的是，通过密钥系统为客户端和服务端应用程序提供可靠的认证服务。

Kerberos 作为一种可信任的第三方认证服务，通过加密技术让客户端和服务端在传输数据时互相进行身份验证，以防止数据被窃听或攻击，从而有效地保护数据的完整性。

实例描述

执行 Linux 操作系统命令，执行下列步骤来演示 SASL/Kerberos 认证：（1）安装 Kerberos 环境；（2）创建 Kerberos 主体；（3）配置代理节点；（4）配置客户端 Kerberos 认证属性。

1. 安装 Kerberos 环境

如果读者所使用的操作系统已经安装了 Kerberos，那么可以跳过该步骤。

这里以 Redhat 为示例。

（1）安装 Kerberos，命令如下。

```
# 执行在线安装 Kerberos 服务命令
[hadoop@dn1 ~]$ sudo yum install -y krb5-server krb5-libs krb5-auth-dialog

# 安装 Kerberos 客户端依赖包
[hadoop@dn1 ~]$ sudo yum install -y krb5-workstation krb5-libs krb5-auth-dialog

# 如果使用 Kerberos 作为单点登录的一部分，则需要安装 krb5-pkinit-openssl
[hadoop@dn1 ~]$ sudo yum install -y krb5-pkinit-openssl
```

需要注意的是，如果操作系统使用的 JDK 是从 Oracle 官网下载的，那还需要下载 JCE 策略文件，并将下载后的文件复制到$JAVA_HOME/jre/lib/security 目录中。

> **提示：**
> Java Cryptography Extension，简称 JCE，是一个框架包，其中提供了用于实现加密、密钥创建、消息认证码算法的框架。

（2）到 Oracle 官方网站下载 JCE 安装包。下载地址如下。

```
# JCE 安装包下载地址
http://www.oracle.com/technetwork/java/javase/downloads/jce8-download-2133166.html
```

下载的 JCE 压缩包中，包含 US_export_policy.jar 和 local_policy.jar 两个重要的 JAR 包。在将这两个 JAR 包复制到$JAVA_HOME/jre/lib/security 目录中之前，需要先将$JAVA_HOME/jre/lib/security 目录中的相同文件进行备份，以后还原时可能用到。

2. 创建 Kerberos 主体

如果是自行独立安装的 Kerberos，需要创建自己的主体（Principal），具体命令如下。

```
# 创建主体
[hadoop@dn1 ~]$ sudo /usr/sbin/kadmin.local -q 'addprinc -randkey kafka/{hostname}@{REALM}'
[hadoop@dn1 ~]$ sudo /usr/sbin/kadmin.local -q "ktadd -k\
/etc/security/keytabs/{keytabname}.keytab kafka/{hostname}@{REALM}"
```

另外，需要保证所有的节点可以通过主机名进行访问，Kerberos 要求能通过/etc/hosts 文件来解析所有的主机名。

3. 配置代理节点（Broker）

（1）创建 JAAS 文件。在$KAFKA_HOME/config 目录中添加一个 kafka_server_jaas.conf 文件，具体配置内容见代码 7-10。

在 JAAS 文件中配置 KafkaServer，通知对应的代理节点（例如 dn1）使用主体，以及该主体密钥的存储路径。

代码 7-10　配置 kafka_server_jaas.conf 文件

```
// 在Kafka服务端配置Kerberos
KafkaServer {
   com.sun.security.auth.module.Krb5LoginModule required
   useKeyTab=true
   storeKey=true
   keyTab="/etc/security/keytabs/kafka_server.keytab"
   principal="kafka/dn1.hostname.com@EXAMPLE.COM";
};

// Zookeeper客户端认证配置Kerberos
Client {
   com.sun.security.auth.module.Krb5LoginModule required
   useKeyTab=true
   storeKey=true
   keyTab="/etc/security/keytabs/kafka_server.keytab"
   principal="kafka/dn1.hostname.com@EXAMPLE.COM";
};
```

（2）参数传递。可以将 JAAS 文件和 krb5 文件作为 JVM 参数传递给每个 Kafka 代理节点，具体操作命令如下。

```
# 设置JAAS文件和krb5文件
-Djava.security.krb5.conf=/etc/kafka/krb5.conf
-Djava.security.auth.login.config=/etc/kafka/kafka_server_jaas.conf
```

（3）配置 Kafka 系统文件。在$KAFKA_HOME/config/server.properties 文件中，设置 SASL 端口和 SASL 认证机制，配置内容见代码 7-11。

代码 7-11　配置 SASL 端口和认证机制

```
# 设置IP和端口
listeners=SASL_PLAINTEXT://dn1:9092
# 设置Kerberos认证机制
security.inter.broker.protocol=SASL_PLAINTEXT
sasl.mechanism.inter.broker.protocol=GSSAPI
sasl.enabled.mechanisms=GSSAPI
# 设置服务器名称，与主体名称保持一致
sasl.kerberos.service.name=kafka
```

4. 配置客户端 Kerberos 认证属性

在 Kafka 系统中，消费者程序、生产者程序、其他的连接者，对于 Kafka 来说都是客户端，这些客户端会使用自己的主体（Principal）来进行集群认证。

（1）在客户端中，将 krb5 文件的位置作为 JVM 的参数传递给每个客户端的 JVM，具体操作命令如下。

```
# 设置JVM参数
-Djava.security.krb5.conf=/etc/kafka/krb5.conf
```

（2）在生产者程序配置文件（producer.properties）或消费者程序配置文件（consumer.properties）中添加 Kerberos 认证属性，具体内容见代码 7-12。

代码 7-12　配置文件设置 Kerberos 认证属性

```
# 设置认证协议
security.protocol=SASL_PLAINTEXT
# 设置客户端连接SASL机制
sasl.mechanism=GSSAPI
# 设置服务器名称，与主体名称保持一致
sasl.kerberos.service.name=kafka
```

7.4.4　实例 43：开启 SASL/PLAIN 认证协议

SASL/PLAIN 是一种基于用户名和密码的认证机制，通常会和 TLS 加密配合使用。

实例描述

执行 Linux 操作系统命令，执行下列步骤来演示 SASL/PLAIN 认证：（1）配置代理节点；（2）配置客户端 PLAIN 认证属性。

1. 配置代理节点（Broker）

（1）新建 JAAS 文件。在每个 $KAFKA_HOME/config 目录下添加一个 kafka_server_jaas.conf 文件，具体内容见代码 7-13。

代码 7-13　配置 kafka_server_jaas.conf 文件

```
# 指定认证类，并设置用户名和密码
KafkaServer {
  org.apache.kafka.common.security.plain.PlainLoginModule required
  username="admin"
  password="admin-secret"
  user_admin="admin-secret";
};

# 客户端连接的用户名和密码
Client {
  org.apache.kafka.common.security.plain.PlainLoginModule required
  username="admin"
  password="admin-secret";
};
```

（2）在 KafkaServer 模块中，利用用户名和密码初始化连接到其他的代理节点，然后将 JAAS 文件作为 JVM 参数配置到 Kafka 系统脚本中。具体操作命令如下。

```
# 打开 kafka-server-start.sh 脚本
[hadoop@dn1 bin]$ vi kafka-server-start.sh

# 添加如下内容
export KAFKA_OPTS="-Djava.security.auth.login.config=/data/soft/new/kafka\
/config/kafka_server_jaas.conf"
```

（3）配置 $KAFKA_HOME/config/server.properties，具体设置内容见代码 7-14。

代码 7-14　添加 SASL_PLAIN 属性

```
# 配置 IP 和端口
listeners=SASL_PLAINTEXT://dn1:9092
advertised.listeners=SASL_PLAINTEXT://dn1:9092
# 指定认证协议
security.inter.broker.protocol=SASL_PLAINTEXT
sasl.enabled.mechanisms=PLAIN
sasl.mechanism.inter.broker.protocol=PLAIN

# 设置 ACL 权限控制
```

```
allow.everyone.if.no.acl.found=true
auto.create.topics.enable=false
delete.topic.enable=true
advertised.host.name=dn1
super.users=User:admin

# 指定认证机制类
authorizer.class.name=kafka.security.auth.SimpleAclAuthorizer
```

2. 配置客户端 PLAIN 认证属性

当服务端启用了 SASL_PLAIN 认证机制后，客户端在访问服务端时，需要在每个客户端配置一个 JAAS 文件用来做校验。

（1）配置客户端 JAAS 文件，具体配置内容见代码 7-15。

代码 7-15　配置 kafka_client_jaas.conf 文件

```
# 设置客户端用户名和密码
KafkaClient {
 org.apache.kafka.common.security.plain.PlainLoginModule required
 username="admin"
 password="admin-secret";
};
```

（2）配置 SASL_PLAIN 认证机制后，在使用 Kafka 系统生产者脚本或者是消费者脚本时，需要修改对应的配置文件。例如，在 producer.properties 或 consumer.properties 文件中配置如下属性。

```
# 配置 SASL 属性
security.protocol=SASL_PLAINTEXT
sasl.mechanism=PLAIN
```

（3）在 kafka-console-producer.sh 脚本或 kafka-console-producer.sh 脚本中添加 JVM 参数，具体操作命令如下。

```
# 以 kafka-console-producer.sh 为例，打开 kafka-console-producer.sh 脚本
[hadoop@dn1 bin]$ vi kafka-console-producer.sh

# 添加如下内容
export KAFKA_OPTS="-Djava.security.auth.login.config=/data/soft/new/kafka/config/kafka_client_jaas.conf"
```

7.4.5 实例 44：开启 SASL/SCRAM 认证协议

SCRAM（Salted Challenge Response Authentication Mechanism），是 SASL 认证机制的一种，通过执行用户名和密码认证来解决安全问题。

Kafka 系统支持 SCRAM-SHA-256 和 SCRAM-SHA-512 两种协议，可以和 TLS 一起使用执行安全认证。

实例描述

执行 Linux 操作系统命令，执行下列步骤来演示 SASL/SCRAM 认证：（1）创建 SCRAM 证书；（2）查看 SCRAM 证书；（3）删除 SCRAM 证书；（4）配置代理节点；（5）配置客户端 SCRAM 认证属性。

---

1. 创建 SCRAM 证书

Kafka 系统默认将 SCRAM 证书存储在 Zookeeper 系统中，可以通过使用 kafka-configs.sh 脚本来创建证书。

具体执行命令如下。

```
# 创建证书，用户名为 alice
[hadoop@dn1 bin]$ kafka-configs.sh --zookeeper localhost:2181 --alter
 --add-config 'SCRAM-SHA-256=[iterations=8192,password=alice-secret],
SCRAM-SHA-512=[password=alice-secret]' --entity-type users
 --entity-name alice
```

执行上述命令后，控制台输出结果如图 7-15 所示。

```
[hadoop@dn1 bin]$ kafka-configs.sh --zookeeper dn1:2181 --alter --add-config 'SC
RAM-SHA-256=[iterations=8192,password=alice-secret],SCRAM-SHA-512=[password=alic
e-secret]' --entity-type users --entity-name alice
Completed Updating config for entity: user-principal 'alice'.
[hadoop@dn1 bin]$
```

图 7-15 创建用户名为 alice 的证书

2. 查看 SCRAM 证书

如果需要查看 SCRAM 证书，可以通过 describe 命令来实现，具体操作命令如下。

```
# 查看 SCRAM 证书
[hadoop@dn1 bin]$ kafka-configs.sh --zookeeper dn1:2181 -describe\
--entity-type users --entity-name alice
```

执行上述命令后，控制台输出结果如图 7-16 所示。

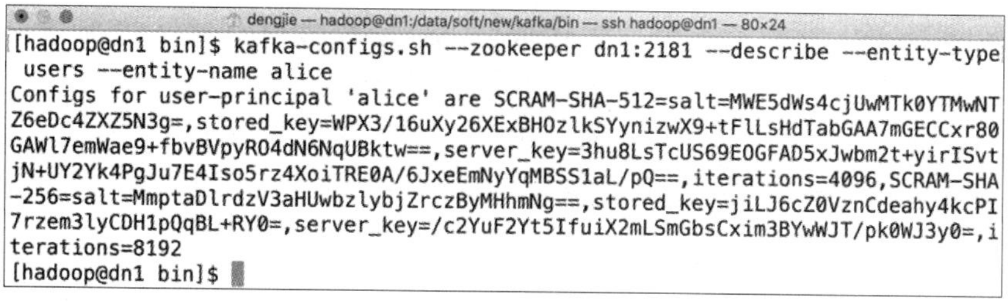
dengjie — hadoop@dn1:/data/soft/new/kafka/bin — ssh hadoop@dn1 — 80×24
[hadoop@dn1 bin]$ kafka-configs.sh --zookeeper dn1:2181 --describe --entity-type users --entity-name alice
Configs for user-principal 'alice' are SCRAM-SHA-512=salt=MWE5dWs4cjUwMTk0YTMwNTZ6eDc4ZXZ5N3g=,stored_key=WPX3/16uXy26XExBHOzlkSYynizwX9+tFlLsHdTabGAA7mGECCxr80GAWl7emWae9+fbvBVpyRO4dN6NqUBktw==,server_key=3hu8LsTcUS69EOGFAD5xJwbm2t+yirISvtjN+UY2Yk4PgJu7E4Iso5rz4XoiTRE0A/6JxeEmNyYqMBSS1aL/pQ==,iterations=4096,SCRAM-SHA-256=salt=MmptaDlrdzV3aHUwbzlybjZrczByMHhmNg==,stored_key=jiLJ6cZ0VznCdeahy4kcPI7rzem3lyCDH1pQqBL+RY0=,server_key=/c2YuF2Yt5IfuiX2mLSmGbsCxim3BYwWJT/pk0WJ3y0=,iterations=8192
[hadoop@dn1 bin]$

图 7-16　查看现有的 SCRAM 证书

3. 删除 SCRAM 证书

如果需要删除 SCRAM 证书，可以通过 delete 命令来实现，具体操作命令如下。

```
# 删除 SCRAM 证书
[hadoop@dn1 bin]$ kafka-configs.sh --zookeeper dn1:2181 -alter\
 --delete-config 'SCRAM-SHA-512' --entity-type users --entity-name alice

# 再次查看 SCRAM 证书
[hadoop@dn1 bin]$ kafka-configs.sh --zookeeper dn1:2181 -describe\
 --entity-type users --entity-name alice
```

执行上述命令后，控制台输出结果如图 7-17 所示。

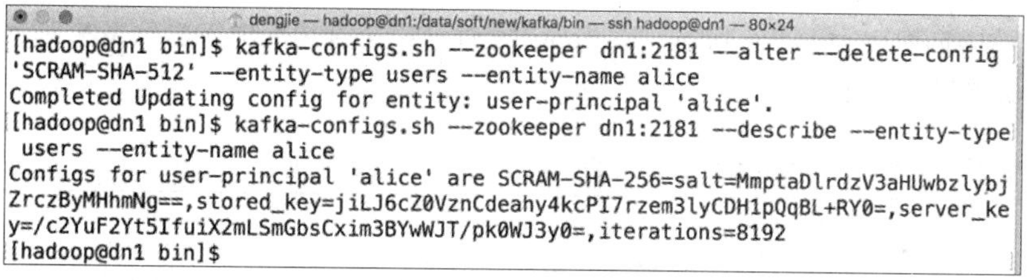
dengjie — hadoop@dn1:/data/soft/new/kafka/bin — ssh hadoop@dn1 — 80×24
[hadoop@dn1 bin]$ kafka-configs.sh --zookeeper dn1:2181 --alter --delete-config 'SCRAM-SHA-512' --entity-type users --entity-name alice
Completed Updating config for entity: user-principal 'alice'.
[hadoop@dn1 bin]$ kafka-configs.sh --zookeeper dn1:2181 --describe --entity-type users --entity-name alice
Configs for user-principal 'alice' are SCRAM-SHA-256=salt=MmptaDlrdzV3aHUwbzlybjZrczByMHhmNg==,stored_key=jiLJ6cZ0VznCdeahy4kcPI7rzem3lyCDH1pQqBL+RY0=,server_key=/c2YuF2Yt5IfuiX2mLSmGbsCxim3BYwWJT/pk0WJ3y0=,iterations=8192
[hadoop@dn1 bin]$

图 7-17　删除 SCRAM 证书

4. 配置代理节点（Broker）

首先，在$KAFKA_HOME/config 目录中添加一个 kafka_server_jaas.conf 文件，见代码 7-16。

代码 7-16　配置 kafka_server_jaas.conf 文件

```
# 配置用户名和密码，并指定认证类
KafkaServer {
    org.apache.kafka.common.security.scram.ScramLoginModule required
   username="admin"
   password="admin-secret";
};
```

然后，将 JAAS 配置文件的位置作为 JVM 参数传递给每个代理节点。例如在 kafka-server-start.sh 脚本中添加 JAAS 配置文件的位置属性，具体操作命令如下。

```
# 打开 kafka-server-start.sh 脚本
[hadoop@dn1 bin]$ vi kafka-server-start.sh

# 添加如下内容
export KAFKA_OPTS="-Djava.security.auth.login.config=/data/soft/new\
/kafka/config/kafka_server_jaas.conf"
```

最后，在 $KAFKA_HOME/config/server.properties 文件中配置 SASL 端口和 SASL 机制，见代码 7-17。

代码 7-17　配置 server.properties 文件

```
# 设置 IP 和端口
listeners=SASL_SSL://dn1:9092
# 设置 SASL 机制
security.inter.broker.protocol=SASL_SSL
sasl.mechanism.inter.broker.protocol=SCRAM-SHA-256
sasl.enabled.mechanisms=SCRAM-SHA-256
```

5. 配置客户端 SCRAM 认证属性

在客户端中创建一个 kafka_client_jaas.conf 文件，并在该文件中添加认证机制、用户名和密码。具体内容见代码 7-18。

代码 7-18　配置 kafka_client_jaas.conf 文件

```
# 设置用户名和密码，并指定认证机制
KafkaClient {
  org.apache.kafka.common.security.plain.ScramLoginModule required
  username="admin"
  password="admin-secret";
};
```

客户端通过指定 kafka_client_jaas.conf 文件的路径来进行认证登录。具体设置命令如下。

```
# 配置 JVM 参数
export KAFKA_OPTS="-Djava.security.auth.login.config=/data/soft/new/kafka\
/config/kafka_client_jaas.conf"
```

然后，在生产者配置文件（producer.properties）和消费者文件（consumer.properties）中配置如下属性。

```
# 以生产者配置文件为示例，打开 producer.properties
```

```
[hadoop@dn1 config]$ vi producer.properties

# 添加如下内容
# 设置认证机制
security.protocol=SASL_SSL
sasl.mechanism=SCRAM-SHA-512

# 保存并退出
```

6. SCRAM 注意事项

在使用 SCRAM 认证机制时,需要注意以下安全事项:

- SCRAM 证书默认存储在 Zookeeper 系统中,这种方式比较适合部署在内网中;
- Kafka 系统仅支持 SHA-25 和 SHA-512,最小迭代次数为 4096,通过强密码和高迭代次数能够防止强制攻击;
- SCRAM 只能使用 TLS 加密,以便防止恶意拦截和攻击,例如字典攻击、暴力攻击、伪装等。

7.5 权限控制

Kafka 系统自带一个可插拔的授权程序,并使用 Zookeeper 系统来存储所有的 ACL。授权程序通过在 Kafka 系统文件 server.properties 中设置相关属性来进行权限控制。

 提示:

ACL(Access Control List,访问控制列表)一般用于限制网络流量、提高网络性能和网络安全。

7.5.1 权限控制的基础命令

Kafka 授权管理脚本存放在$KAFKA_HOME/bin 目录中,该脚本名叫 kafka-acls.sh。它所支持的命令参数见表 7-2。

表 7-2 ACL 命令参数清单

命令参数	说明
--add	执行脚本创建一个 ACL
--remove	执行脚本删除一个 ACL
--list	执行脚本展示所有的 ACL
--authorizer	授权管理程序类名称(kafka.security.auth.SimpleAclAuthorizer)

续表

命令参数	说明
--authorizer-properties	初始化授权管理程序属性，如 zookeeper.connect=dn1:2181
--cluster	指定集群作为资源
--topic	指定主题作为资源
--group	指定消费者组作为资源
--allow-principal	添加到允许访问的 ACL 中
--deny-principal	添加到拒绝访问的 ACL 中
--allow-host	允许访问的 IP
--deny-host	拒绝访问的 IP
--operation	授权操作，如读、写、创建、删除、修改、查看等
--producer	给生产者角色添加或者删除权限，并允许在主题上执行写、删除等操作
--consumer	给消费者角色添加或者删除权限，并允许在主题上执行读、查看等操作
--force	方便选项对所有查询都采用"是"，并且无须提示

上述命令参数适用于所有客户端（如消费者程序、生产者程序、管理员）和 Kafka 集群内部代理节点（Broker）之间的操作。

在一个安全环境下的 Kafka 集群中，客户端和 Kafka 集群内部代理节点之间的操作都需要被授权，Kafka 集群内部代理节点之间的操作分为集群操作和主题操作。

（1）集群操作：倾向于集群内部代理节点之间的管理，例如代理节点升级、主题分区元数据 Leader 切换、主题分区副本设置等。

（2）主题操作：针对具体的访问权限，例如对主题的读取、删除、查看等。

7.5.2 配置 ACL（访问控制列表）

如果启动 ACL 权限控制，则需要在$KAFKA_HOME/config/server.properties 文件中进行配置，具体配置内容见代码 7-19。

代码 7-19 配置 ACL 权限控制

```
# 如果没有设置 ACL，则除超级用户外其他用户不能访问。默认为 false
allow.everyone.if.no.acl.found=true
# 设置超级用户
super.users=User:admin
# 启用 ACL，配置授权
authorizer.class.name=kafka.security.auth.SimpleAclAuthorizer
```

7.5.3 实例45：启动集群

由于配置了 ACL，所以在启动 Zookeeper 和 Kafka 集群时需要配置 JAAS 认证文件。

实例描述

在 Zookeeper 和 Kafka 中配置认证文件，通过下列步骤来启动集群：（1）配置 Zookeeper 认证文件并启动；（2）配置 Kafka 认证文件并启动。

1. 配置 Zookeeper 认证文件并启动

（1）在$KAFKA_HOME/config/目录中新建一个 kafka_zoo_jaas.conf 文件，并添加权限认证信息。具体配置内容见代码 7-20。

代码 7-20　配置 Zookeeper 认证文件

```
# 设置用户名和密码，并指定认证类
Server{
  org.apache.kafka.common.security.plain.PlainLoginModule required
  username="admin"
  password="admin-secret"
};
```

（2）在 zookeeper-server-start.sh 脚本中配置 JVM 启动参数，具体操作命令如下。

```
# 打开 zookeeper-server-start.sh 脚本
[hadoop@dn1 bin]$ vi zookeeper-server-start.sh

# 添加如下内容
export KAFKA_OPTS=" -Djava.security.auth.login.config=/data/soft/new/kafka/config/kafka_zoo_jaas.conf"

# 保存并退出
```

（3）启动 Zookeeper 集群，执行命令如下。

```
# 这里以 dn1 节点为例，其他节点启动命令相同
[hadoop@dn1 bin]$ ./zookeeper-server-start.sh
../config/zookeeper.properties &
```

2. 配置 Kafka 认证文件并启动

在$KAFKA_HOME/config/目录中新建一个 kafka_server_jaas.conf 文件，并添加权限认证信息，这里添加管理员、生产者用户、消费者用户，并将用户名和密码设置为相同。

（1）具体配置见代码 7-21。

代码 7-21　配置 Kafka 认证文件

```
# 配置生产者用户和消费者用户，并设置管理员用户名和密码
KafkaServer {
  org.apache.kafka.common.security.plain.PlainLoginModule required
  username="admin"
  password="admin-secret"
  user_admin="admin "
  user_producer="producer"
  user_consumer="consumer";
};
```

（2）在 kafka-server-start.sh 脚本中配置 JVM 启动参数，具体操作命令如下。

```
# 打开 kafka-server-start.sh 脚本
[hadoop@dn1 bin]$ vi kafka-server-start.sh

# 添加如下内容
export KAFKA_OPTS="-Djava.security.auth.login.config=
/data/soft/new/kafka/config/kafka_server_jaas.conf"

# 保存并退出
```

（3）启动 Kafka 集群，执行命令如下。

```
# 这里以 dn1 节点为例，其他节点启动命令相同
[hadoop@dn1 bin]$ kafka-server-start.sh ../config/server.properties &
```

7.5.4　实例 46：查看授权、添加授权、删除授权

在 $KAFKA_HOME/config/server.properties 文件中配置 ACL 好属性后，启动 Zookeeper 集群和 Kafka 集群。

实例描述

执行 Kafka 系统中提供的 kafka-acls.sh 脚本、kafka-topics.sh 脚本、kafka-console-producer.sh 脚本、kafka-console-producer.sh 脚本，同时进行如下操作：（1）查看授权信息；（2）创建待授权主题；（3）添加生产者写权限；（4）添加消费者读权限；（5）删除权限。

1. 查看授权信息

执行 list 命令来查看当前 Kafka 集群是否存在授权信息，具体操作命令如下。

```
# 查看授权信息
[hadoop@dn1 bin]$ ./kafka-acls.sh --list --authorizer-properties\
 zookeeper.connect=dn1:2181
```

执行上述命令后，控制台输出结果如图 7-18 所示。

```
[hadoop@dn1 bin]$ ./kafka-acls.sh --list --authorizer-properties zookeeper.conne
ct=dn1:2181
[2018-05-27 11:17:34,180] INFO Accepted socket connection from /10.211.55.5:3910
5 (org.apache.zookeeper.server.NIOServerCnxnFactory)
[2018-05-27 11:17:34,189] INFO Client attempting to establish new session at /10
.211.55.5:39105 (org.apache.zookeeper.server.ZooKeeperServer)
[2018-05-27 11:17:34,208] INFO Established session 0x1639f99130d0000 with negoti
ated timeout 6000 for client /10.211.55.5:39105 (org.apache.zookeeper.server.Zoo
KeeperServer)
[2018-05-27 11:17:34,248] INFO Processed session termination for sessionid: 0x16
39f99130d0000 (org.apache.zookeeper.server.PrepRequestProcessor)
[2018-05-27 11:17:34,253] INFO Closed socket connection for client /10.211.55.5:
39105 which had sessionid 0x1639f99130d0000 (org.apache.zookeeper.server.NIOServ
erCnxn)
[hadoop@dn1 bin]$
```

图 7-18　查看授权信息

由于当前 Kafka 集群暂时未执行任何授权操作，所以并未输出任何授权信息。

2. 创建待授权主题

在 Kafka 系统中启动 ACL 权限功能后，创建一个待授权的主题。具体操作命令如下。

（1）在 kafka-topics.sh 脚本中添加认证文件路径信息。

```
# 修改 kafka-topics.sh，添加 JVM 启动参数
[hadoop@dn1 bin]$ vi kafka-topics.sh

# 添加如下内容
export KAFKA_OPTS="-Djava.security.auth.login.config=
/data/soft/new/kafka/config/kafka_server_jaas.conf"

# 保存并退出
```

（2）执行 kafka-topics.sh 脚本创建待授权主题，具体操作命令如下。

```
# 创建一个待授权的主题
[hadoop@dn1 bin]$ kafka-topics.sh --create --zookeeper dn1:2181
 --replication-factor --partitions 1 --topic kafka_acl_topic2
```

执行上述命令后，控制台的输出结果如图 7-19 所示。

```
[hadoop@dn1 bin]$ kafka-topics.sh --create --zookeeper dn1:2181 --replication-factor 1 --p
artitions 1 --topic kafka_acl_topic2
WARNING: Due to limitations in metric names, topics with a period ('.') or underscore ('_'
) could collide. To avoid issues it is best to use either, but not both.
Created topic "kafka_acl_topic2".
```

图 7-19　创建待授权主题

3. 添加生产者写权限

当 Kafka 集群开启 ACL 后，如果直接执行生产者脚本（kafka-console-producer.sh），则会抛出如图 7-20 所示的异常信息。

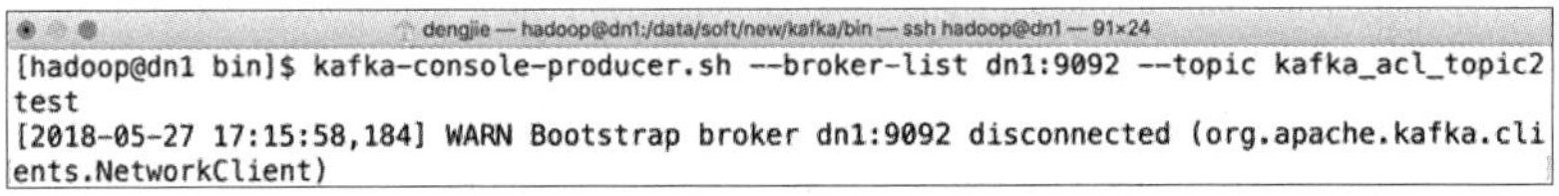

```
[hadoop@dn1 bin]$ kafka-console-producer.sh --broker-list dn1:9092 --topic kafka_acl_topic2
test
[2018-05-27 17:15:58,184] WARN Bootstrap broker dn1:9092 disconnected (org.apache.kafka.cli
ents.NetworkClient)
```

图 7-20 执行生产者脚本异常

图 7-20 中显示的异常问题，可以按照下列步骤来解决。

（1）在 $KAFKA_HOME/config 目录中创建一个 kafka_producer_jaas.conf 文件，并配置生产者的用户名和密码，具体配置见代码 7-22。

代码 7-22 配置生产者客户端用户名和密码

```
# 配置生产者用户名和密码
KafkaClient {
 org.apache.kafka.common.security.plain.PlainLoginModule required
 username="producer"
 password="producer";
};
```

（2）修改 kafka-console-producer.sh 脚本来指定 JVM 启动参数，具体操作命令如下。

```
# 打开 kafka-console-producer.sh 脚本
[hadoop@dn1 bin]$ vi kafka-console-producer.sh

# 添加如下内容
export KAFKA_OPTS="-Djava.security.auth.login.config=
/data/soft/new/kafka/config/kafka_producer_jaas.conf"

# 保存并退出
```

（3）给 producer 用户分配写权限，具体操作命令如下。

```
# 分配写权限
[hadoop@dn1 ~]$ kafka-acls.sh --authorizer
 kafka.security.auth.SimpleAclAuthorizer --authorizer-properties
 zookeeper.connect=dn1:2181 --add --allow-principal User:producer
 --operation Write --topic kafka_acl_topic2
```

（4）观察操作结果，如图 7-21 所示。

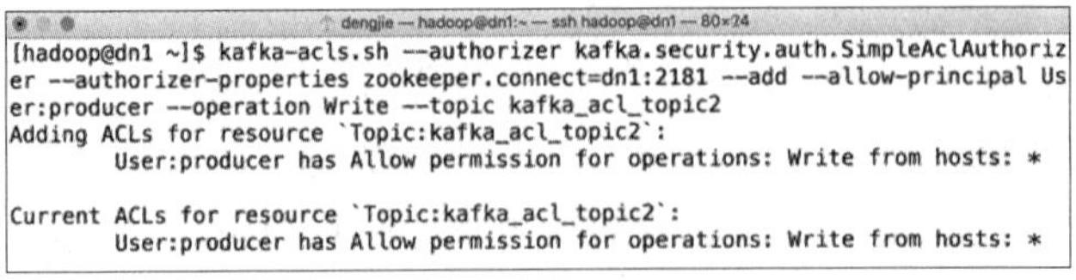

```
[hadoop@dn1 ~]$ kafka-acls.sh --authorizer kafka.security.auth.SimpleAclAuthoriz
er --authorizer-properties zookeeper.connect=dn1:2181 --add --allow-principal Us
er:producer --operation Write --topic kafka_acl_topic2
Adding ACLs for resource `Topic:kafka_acl_topic2`:
        User:producer has Allow permission for operations: Write from hosts: *

Current ACLs for resource `Topic:kafka_acl_topic2`:
        User:producer has Allow permission for operations: Write from hosts: *
```

图 7-21 分配写权限

（5）执行 kafka-console-producer.sh 脚本，并向 Kafka 集群发送消息数据，具体操作如下。

```
# 发送消息数据
[hadoop@dn1 bin]$ kafka-console-producer.sh --broker-list dn1:9092 --topic
kafka_acl_topic2 --producer.config /data/soft/new/kafka
/config/producer.properties
```

（6）观察操作结果，如图 7-22 所示。

```
[hadoop@dn1 bin]$ kafka-console-producer.sh --broker-list dn1:9092 --topic kafka_acl_topic2
--producer.config /data/soft/new/kafka/config/producer.properties
test acls2
```

图 7-22　发送消息数据

4．添加消费者读权限

因为消费者程序和生产者程序均属于客户端的范畴，所以，执行 kafka-console-consumer.sh 脚本时同样需要配置认证信息。

（1）在$KAFKA_HOME/config 目录中创建一个 kafka_consumer_jaas.conf 文件，配置消费者程序用户名和密码，具体内容见代码 7-23。

代码 7-23　配置消费者客户端用户名和密码

```
# 配置消费者用户名和密码
KafkaClient {
 org.apache.kafka.common.security.plain.PlainLoginModule required
 username="consumer"
 password="consumer";
};
```

（2）修改 kafka-console-consumer.sh 脚本来指定 JVM 启动参数，具体操作命令如下。

```
# 打开 kafka-console-consumer.sh 脚本
[hadoop@dn1 bin]$ vi kafka-console-consumer.sh

# 添加如下内容
export KAFKA_OPTS="-Djava.security.auth.login.config=
/data/soft/new/kafka/config/kafka_consumer_jaas.conf"

# 保存并退出
```

（3）给 consumer 用户分配读权限，具体操作命令如下。

```
# 分配读权限
[hadoop@dn1 ~]$ kafka-acls.sh --authorizer
```

```
kafka.security.auth.SimpleAclAuthorizer --authorizer-properties
zookeeper.connect=dn1:2181 --add --allow-principal
User:consumer --operation Read --topic kafka_acl_topic2
```

执行上述命令后输出结果如图 7-23 所示。

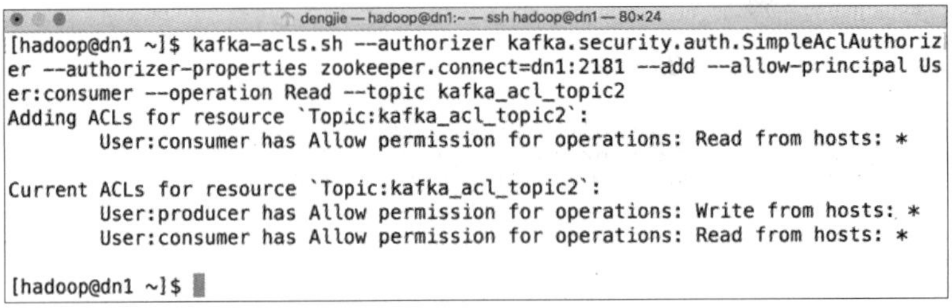

```
[hadoop@dn1 ~]$ kafka-acls.sh --authorizer kafka.security.auth.SimpleAclAuthoriz
er --authorizer-properties zookeeper.connect=dn1:2181 --add --allow-principal Us
er:consumer --operation Read --topic kafka_acl_topic2
Adding ACLs for resource `Topic:kafka_acl_topic2`:
        User:consumer has Allow permission for operations: Read from hosts: *

Current ACLs for resource `Topic:kafka_acl_topic2`:
        User:producer has Allow permission for operations: Write from hosts: *
        User:consumer has Allow permission for operations: Read from hosts: *

[hadoop@dn1 ~]$
```

图 7-23　分配读权限

（4）执行 kafka-console-consumer.sh 脚本，读取 Kafka 集群主题中的消息数据，具体操作命令如下。

```
# 读取消息数据
[hadoop@dn1 ~]$ kafka-console-consumer.sh --bootstrap-server dn1:9092 --
topic kafka_acl_topic2 --from-beginning --consumer.config
/data/soft/new/kafka/config/consumer.properties
```

执行上述命令后输出结果如图 7-24 所示。

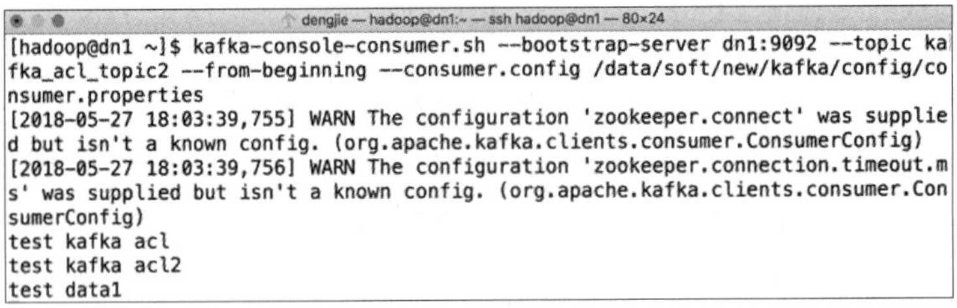

```
[hadoop@dn1 ~]$ kafka-console-consumer.sh --bootstrap-server dn1:9092 --topic ka
fka_acl_topic2 --from-beginning --consumer.config /data/soft/new/kafka/config/co
nsumer.properties
[2018-05-27 18:03:39,755] WARN The configuration 'zookeeper.connect' was supplie
d but isn't a known config. (org.apache.kafka.clients.consumer.ConsumerConfig)
[2018-05-27 18:03:39,756] WARN The configuration 'zookeeper.connection.timeout.m
s' was supplied but isn't a known config. (org.apache.kafka.clients.consumer.Con
sumerConfig)
test kafka acl
test kafka acl2
test data1
```

图 7-24　读取消息数据

5. 删除权限

Kafka 系统 ACL 机制提供了 remove 命令，可用来删除权限。

（1）查看当前授权信息列表，执行命令如下。

```
# 查看授权信息
[hadoop@dn1 bin]$ kafka-acls.sh --list --authorizer-properties
zookeeper.connect=dn1:2181
```

执行上述命令，输出结果如图 7-25 所示。

图 7-25　查看授权信息

（2）回收主题 kafka_acl_topic3 的写权限，具体操作命令如下。

```
# 回收写权限
[hadoop@dn1 bin]$ kafka-acls.sh --authorizer-properties
zookeeper.connect=dn1:2181 --remove --allow-principal User:producer
--operation Write --topic kafka_acl_topic3
```

（3）按照控制台的提示输入相关信息，输出结果如图 7-26 所示。

图 7-26　回收写权限

7.6　小结

本章的主要目的在于帮助读者熟练掌握 Kafka 系统的安全机制，详细介绍了几种不同类型安全机制的安装与配置。7.5 节中，详细介绍了 Kafka 系统权限控制的配置与操作步骤，读者可通过实战深入理解 Kafka 的安全机制。

第 8 章

用 Kafka 连接器建立数据管道

本章学习 Kafka 系统的连接器,内容包含认识 Kafka 连接器、操作 Kafka 连接器、开发一个简易的 Kafka 连接器等。

8.1 本章教学视频说明

视频内容:认识 Kafka 连接器、操作 Kafka 连接器,以及编写一个简易的 Kafka 连接器等。

视频时长:13 分钟。

视频截图见图 8-1。

图 8-1 本章教学视频截图

8.2 认识 Kafka 连接器

Kafka 连接器是 Kafka 系统与其他系统之间实现功能扩展、数据传输的工具。

通过 Kafka 连接器能够简单、快速地将大量数据集移入 Kafka 系统,或者从 Kafka 系统中移出。例如，利用 Kafka 连接器，可以低延时地将数据库（或者应用服务器）中的指标数据收集到 Kafka 系统主题中。

另外，Kafka 连接器可以通过作业导出的方式，将 Kafka 系统主题传输到二次存储和查询系统中，或者传输到批处理系统中进行离线分析。

8.2.1 了解连接器的使用场景

Kafka 连接器通常用来构建数据管道，一般有两种使用场景。

1. 开始和结束的端点

将 Kafka 系统作为数据管道的开始和结束的端点。

例如，将 Kafka 系统主题中的数据移出到 HBase 数据库，或者把 Oracle 数据库中的数据移入 Kafka 系统。具体数据流向如图 8-2 所示。

图 8-2　开始和结束的端点

2. 数据传输的中间介质

把 Kafka 系统作为一个中间传输介质。

例如，为了把海量日志数据存储到 ElasticSearch 中，可以先把这些日志数据传输到 Kafka 系统中，然后再从 Kafka 系统中将这些数据移出到 ElasticSearch 中进行存储。

> **提示：**
> ElasticSearch 是一个基于 Lucene（Lucene 是一款高性能、可扩展的信息检索工具库）实现的存储介质。它提供了一个分布式、多用户的全文搜索引擎，基于 RESTful（一种软件架构和设计风格，但是并非标准，只是提供了一组设计原则和约束条件）接口实现。

具体数据流向如图 8-3 所示。

图 8-3　数据传输的中间介质

Kafka 连接器给数据管道带来了很重要的价值。例如，Kafka 连接器可以作为数据管道各个数据阶段的缓冲区，将消费者程序和生产者程序有效地进行解耦。

Kafka 系统在解除耦合的能力、系统安全性、数据处理效率等方面均表现不俗，因而，使用 Kafka 连接器来构建数据管道是一个最佳的选择。

8.2.2 特性及优势

Kafka 连接器具有一些重要的特性，并且给数据管道提供了一个成熟稳定的框架。另外，Kafka 连接器还提供了一些简单易用的工具库，大大降低了开发人员的研发成本。

1. 特性

Kafka 连接器包含以下特性。

- 是一种处理数据的通用框架：Kafka 连接器制定了一种标准，用来约束 Kafka 系统与其他系统的集成，简化了 Kafka 连接器的开发、部署和管理过程；
- 提供单机模式和分布式模式：Kafka 连接器支持两种模式，既能扩展到支持大型集群，也可以缩小到开发和测试小规模的集群；
- 提供 REST 接口：使用 REST API 来提交请求并管理 Kafka 集群；
- 自动管理偏移量：通过连接器的少量信息，Kafka 连接器可以自动管理偏移量；
- 分布式和可扩展：Kafka 连接器建立在现有的组管理协议基础上，可以通过添加更多的连接器实例来实现水平扩展，实现分布式服务；
- 数据流和批量集成：利用 Kafka 系统已有的能力，Kafka 连接器是桥接数据流和批处理系统的一种理想的解决方案。

2. 优势

Kafka 中的连接器中分为两种。

- Source 连接器：负责将数据导入 Kafka 系统；
- Sink 连接器：负责将数据从 Kafka 系统中导出。

这两种连接器提供了对业务层面数据读取和写入的抽象接口，简化了生命周期的管理工作。

在处理数据时，Source 连接器和 Sink 连接器会初始化各自的任务，并将数据结构进行标准化的封装。在实际应用中，不同业务中的数据格式是不一样的，Kafka 连接器可以通过注册数据结构来解决数据格式验证和兼容性问题。

当数据源发生变化时，Kafka 连接器会生成新的数据结构，通过不同的处理策略来完成对数据格式的兼容。

8.2.3 连接器的几个核心概念

在 Kafka 连接器中存在几个核心的概念，下面分别介绍。

1. 连接器实例

在 Kafka 连接器中，连接器实例决定了消息数据的流向，即，消息数据从何处复制，以及将复制的消息数据写入到何处。

连接器实例负责 Kafka 系统与其他系统之间的逻辑处理。连接器实例通常以 JAR 包形式存在，通过实现 Kafka 系统应用接口来完成。

2. 任务数

在分布式模式下，每一个连接器实例可以将一个作业切分成多个任务（Task），然后再将任务分发到各个事件线程（Worker）中去执行。任务不会保存当前的状态信息，通常由特定的 Kafka 主题来保存，例如，指定具体属性 offset.storage.topic 和 status.storage.topic 的值来保存。

在分布式模式中存在一个"任务均衡"的概念。当一个连接器实例首次提交到 Kafka 集群时，所有的事件线程都会执行任务均衡的操作，来保证每一个事件线程都运行差不多数量的任务，避免所有任务集中到某一个事件线程。

3. 事件线程

在 Kafka 系统中，连接器实例和任务数都是逻辑层面的，需要由具体的线程来执行。在 Kafka 连接器中，事件线程用来执行具体的任务。事件线程包含两种模式——单机模式和分布式模式。

4. 转换器

转换器能将字节数据转换成 Kafka 连接器内部的格式，也能将 Kafka 连接器内部存储的数据格式转换成字节数据。

8.3 操作 Kafka 连接器

连接器作为 Kafka 的一部分，是随着 Kafka 系统一起发布的，无须独立安装。

在大数据应用场景下，建议在每台物理机上安装一个 Kafka。根据实际需求，可以在一部分物理机上启动 Kafka 实例（即代理节点 Broker），在另一部分物理机上启动连接器。

8.3.1 配置 Kafka 连接器的属性

配置 Kafka 连接器是指，在文件中做简单的键值对映射。

- 在单机模式下，这些属性都配置在文件中，可通过 Kafka 连接器命令来加载这些配置文件。
- 在分布式模式下，属性配置文件中并没有连接器的配置信息，因为在该模式下使用连接器无须指定参数，这些都是通过 REST API 来完成的。例如，对 Kafka 连接器执行启动、停止、重启和查看等操作。

1. 常见属性

在分布式模式下,大多数配置都需要依赖 Kafka 连接器,常见属性内容见表 8-1。

表 8-1 常见属性

属性	描述
name	连接器唯一名称,重复注册时会失败
connector.class	连接器的 Java 类名
tasks.max	连接器创建的最大任务数
key.converter	可选项,覆盖默认的 Key 转换器
value.converter	可选项,覆盖默认的 Value 转换器
connector.class	支持多种格式,比如连接器类的全名称或者别名
topics	连接器输入主题名称,多个主题以逗号分隔
topics.regex	连接器输入主题名称,主题名称支持 Java 正则表达式

2. 详细属性

Kafka 连接器详细属性配置见表 8-2。

表 8-2 详细属性

属性	描述
config.storage.topic	存储 Kafka 连接器的主题名称
group.id	唯一字符串,用来标识 Worker 所属的连接器集群组
key.converter	用于转换消息数据键,支持的格式包含 JSON 和 Avro
offset.storage.topic	指定连接器偏移量存储到哪个主题中
status.storage.topic	指定连接器和任务状态存储到哪个主题中
value.converter	用于转换消息数据值,支持的格式包含 JSON 和 Avro
internal.key.converter	用于转换消息数据键,例如偏移量和配置
internal.value.converter	用于转换消息数据值,例如偏移量和配置
bootstrap.servers	配置 Kafka 集群地址,格式为:dn1:9092,dn2:9092,dn3:9092
heartbeat.interval.ms	设置心跳间隔时间,确保会话处于有效状态
rebalance.timeout.ms	设置均衡允许的最大时间,限制所有任务处理数据和提交偏移量所耗费的时间。如果超时,则会导致偏移量提交失败
session.timeout.ms	设置会话过期时间。如果在会话超时结束之前,Kafka 代理节点并未收到 Worker 上报的信息,那么代理节点会从组中删除该 Worker,并重新开始执行均衡操作
ssl.key.password	可选值,私钥的密码

续表

属性	描述
ssl.keystore.location	可选值，密钥库文件的存放路径
ssl.keystore.password	可选值，密钥库密码
ssl.truststore.location	信任库的存放路径
ssl.truststore.password	信任库密码
connections.max.idle.ms	设置关闭空闲连接的最大时间间隔
receive.buffer.bytes	读取数据时，设置接收缓冲区的大小
request.timeout.ms	设置客户端等待请求响应的最大时间
sasl.jaas.config	配置 JAAS 文件用于登录认证
sasl.kerberos.service.name	设置 Kerberos 服务名称
sasl.mechanism	设置客户端 SASL 机制
security.protocol	设置与代理节点通信的策略，例如 PLAINTEXT、SSL、SASL_PLAINTEXT、SASL_SSL
send.buffer.bytes	发送数据时，设置发送缓冲区的大小
ssl.enabled.protocols	启用 SSL 连接协议列表
ssl.keystore.type	密钥库存储文件的格式
ssl.protocol	用于生成 SSLContext 的 SSL 协议，默认值为 TLS
ssl.provider	默认由 JVM 安全提供程序来连接 SSL
ssl.truststore.type	信任库存储文件格式
worker.sync.timeout.ms	设置 Worker 同步超时时间
worker.unsync.backoff.ms	设置 Worker 未能和其他 Worker 保持同步的时间
access.control.allow.methods	设置请求方法，例如 GET、POST 等
access.control.allow.origin	设置访问为 REST API 请求
client.id	设置发送请求时传递给服务器的 ID 字符串
config.storage.replication.factor	设置存储配置主题的副本数
header.converter	默认情况下，SimpleHeaderConverter 转换器用于将标题值序列化为字符串，然后再进行反序列化
listeners	设置 REST API 的 URI 监听列表，使用逗号进行分隔
metadata.max.age.ms	设置元数据刷新时间，当分区 Leader 未发生变化时，主动去发现新增的 Kafka 代理节点和分区
metric.reporters	设置监控性能指标类
metrics.recording.level	设置监控级别，例如 INFO 和 DEBUG
offset.flush.interval.ms	设置提交偏移量的时间间隔
offset.flush.timeout.ms	设置提交偏移量的超时时间
offset.storage.partitions	设置偏移量存储的主题分区数

续表

属性	描述
offset.storage.replication.factor	设置偏移量存储的主题副本数
plugin.path	插件路径列表，以逗号分隔
reconnect.backoff.max.ms	设置重新连接的最大时间
reconnect.backoff.ms	设置重新连接的等待时间
rest.advertised.host.name	设置其他 Worker 使用主机名进行连接
rest.advertised.listener	设置其他 Worker 使用 HTTP 或 HTTPS 进行连接
rest.advertised.port	设置其他 Worker 通过指定的端口进行连接
rest.host.name	设置 REST API 接口的主机名
rest.port	设置 REST API 接口的端口
retry.backoff.ms	设置重试连接时间，避免在异常情况下，频繁重复发送请求
sasl.kerberos.kinit.cmd	Kerberos 的命令路径
sasl.kerberos.min.time.before.relogin	设置登录线程休眠时间
ssl.cipher.suites	密码套件列表。默认情况下，支持所有可用的密码套件
ssl.client.auth	设置服务器开启客户端请求验证
ssl.endpoint.identification.algorithm	使用服务器证书验证服务器主机名
ssl.keymanager.algorithm	设置 SSL 连接的密钥管理算法
status.storage.partitions	设置状态存储主题分区数
status.storage.replication.factor	设置状态存储主题副本数
task.shutdown.graceful.timeout.ms	设置关闭任务超时时间，这个时间是所有任务的总时间

8.3.2 认识应用接口——REST API

在 Kafka 系统中，连接器最终是以一个常驻进程的形式运行在后台服务中，它提供了一个用来管理连接器实例的 REST API。默认情况下，服务端口地址是 8083。

> **提示：**
> REST（Representational State Transfer），即表现层状态转移。
> REST 是所有 Web 应用程序都应遵守的一种规范。符合 REST 设计规范的应用接口即 REST API。

在 Kafka 连接器中，REST API 支持获取、写入、创建接口等操作，详细内容见表 8-3。

表 8-3 REST API 列表

命 令	描 述
GET /connectors	获取活跃的连接器实例列表
POST /connectors	创建一个新的连接器实例，请求的参数是一个包含 name 和 config 字段的 JSON 对象
GET /connectors/{name}	获取指定连接器实例信息
GET /connectors/{name}/config	获取指定连接器实例配置信息
PUT /connectors/{name}/config	更新指定连接器实例配置信息
GET /connectors/{name}/status	获取指定连接器实例任务状态信息，包含任务是否运行、失败、暂停等
GET /connectors/{name}/tasks	获取指定连接器实例正在运行的任务列表
GET /connectors/{name}/tasks/{taskid}/status	获取指定连接器实例中特定任务的运行状态
PUT /connectors/{name}/pause	暂停指定连接器实例中运行的任务
PUT /connectors/{name}/resume	恢复指定连接器实例中被暂停的任务
POST /connectors/{name}/restart	重启指定连接器实例
POST /connectors/{name}/tasks/{taskId}/restart	重启指定连接器实例中特定的任务（通常该任务处于失败状态）
DELETE /connectors/{name}	删除指定连接器实例
GET /connector-plugins	获取已安装的连接器插件列表
PUT /connector-plugins/{connector-type}/config/validate	校验配置信息，并返回建议值和错误信息

在 Kafka 系统中，Kafka 连接器目前支持两种运行模式——单机模式和分布式模式。

8.3.3 实例 47：单机模式下，将数据导入 Kafka 主题中

在单机模式下，所有的事件线程都在一个单进程中运行。单机模式使用起来更加简单，特别是在开发和定位分析问题时，使用单机模式会比较适合。

实例描述

执行 connect-standalone.sh 脚本和 kafka-console-consumer.sh 脚本，演示单机模式下将文件中的数据导入 Kafka 主题中。

（1）编辑单机模式配置文件。

在单机模式下，主题的偏移量是存储在/tmp/connect.offsets 目录下，在$KAFKA_HOME/config 目录下有一个 connect-standalone.properties 文件，通过设置 offset.storage.file.filename 属性值来改变存储路径。

每次启动 Kafka 连接器时，通过加载$KAFKA_HOME/config/connect-file-source.properties

配置文件中的 name 属性来获取主题的偏移量,然后执行后续的读写操作。

配置文件 connect-file-source.properties 具体内容见代码 8-1。

代码 8-1　配置文件 connect-file-source.properties

```
# 设置连接器名称
name=local-file-source
# 指定连接器类
connector.class=FileStreamSource
# 设置最大任务数
tasks.max=1
# 指定读取的文件
file=/tmp/test.txt
# 指定主题名
topic=connect_test
```

(2)创建数据源文件并添加数据,具体操作命令如下。

```
# 新建一个 test.txt 文件并添加数据
[hadoop@dn1 ~]$ vi /tmp/test.txt

# 添加内容如下
kafka
hadoop
kafka-connect

# 保存并退出
```

在使用 Kafka 文件连接器时,连接器实例会监听配置的数据文件。如果文件中有数据更新,(例如:追加新的消息数据),则连接器实例会及时处理新增的消息数据。

(3)利用命令启动 Kafka 连接器单机模式,具体操作命令如下。

```
# 启动一个单机模式的连接器
[hadoop@dn1 bin]$ ./connect-standalone.sh
../config/connect-standalone.properties
../config/connect-file-source.properties
```

执行上述命令,控制台会打印出连接器处理日志,如图 8-4 所示。

```
              timeout.ms = 30000
              value.serializer = class org.apache.kafka.common.serialization.ByteArray
Serializer
 (org.apache.kafka.clients.producer.ProducerConfig:180)
[2018-06-09 16:04:06,061] INFO Kafka version : 0.10.2.0 (org.apache.kafka.common
.utils.AppInfoParser:83)
[2018-06-09 16:04:06,061] INFO Kafka commitId : 576d93a8dc0cf421 (org.apache.kaf
ka.common.utils.AppInfoParser:84)
[2018-06-09 16:04:06,074] INFO Created connector local-file-source (org.apache.k
afka.connect.cli.ConnectStandalone:90)
[2018-06-09 16:04:06,076] INFO Source task WorkerSourceTask{id=local-file-source
-0} finished initialization and start (org.apache.kafka.connect.runtime.WorkerSo
urceTask:142)
[2018-06-09 16:04:16,081] INFO Finished WorkerSourceTask{id=local-file-source-0}
 commitOffsets successfully in 7 ms (org.apache.kafka.connect.runtime.WorkerSour
ceTask:371)
```

图 8-4　使用连接器导入数据到 Kafka 主题

 提示：

如果出现异常 "ERROR Failed to flush WorkerSourceTask{id=local-file-source-0}, timed out while waiting for producer to flush outstanding 1 messages"，则可以设置 $KAFKA_HOME/config/connect-standalone.properties 文件中的属性 bootstrap.servers，将该属性的 localhost 修改为对应的主机名或者 IP。

（4）使用 Kafka 系统命令查看导入到主题（connect_test）中的数据，具体操作命令如下。

```
# 使用 Kafka 命令查看
[hadoop@dn1 bin]$ ./kafka-console-consumer.sh --zookeeper dn1:2181
--topic connect_test --from-beginning
```

执行上述命令，控制台会打印出主题（connect_test）中的数据，如图 8-5 所示。

```
[hadoop@dn1 bin]$ ./kafka-console-consumer.sh --zookeeper dn1:2181 --topic conne
ct_test --from-beginning
Using the ConsoleConsumer with old consumer is deprecated and will be removed in
 a future major release. Consider using the new consumer by passing [bootstrap-s
erver] instead of [zookeeper].
{"schema":{"type":"string","optional":false},"payload":"kafka"}
{"schema":{"type":"string","optional":false},"payload":"hadoop"}
{"schema":{"type":"string","optional":false},"payload":"kafka-connect"}
```

图 8-5　查看主题中的数据

8.3.4　实例 48：单机模式下，将 Kafka 主题中的数据导出

实例描述

执行 connect-standalone.sh 脚本，演示在单机模式下将 Kafka 主题中的数据导出到本地文件。

（1）使用连接器执行导入命令将数据导入新的主题（connect_test2）中，具体操作命令如下。

```
# 使用新的主题
[hadoop@dn1 bin]$ ./connect-standalone.sh
```

```
../config/connect-standalone.properties
../config/connect-file-source.properties
```

（2）使用连接器导出 Kafka 主题（connect_test2）中的数据，具体操作命令如下。

```
# 导出 Kafka 系统主题中的数据到本地文件
[hadoop@dn1 bin]$ ./connect-standalone.sh ../config/connect-standalone.properties \
../config/connect-file-sink.properties
```

执行上述命令后，控制台会打印出连接器处理日志，如图 8-6 所示。

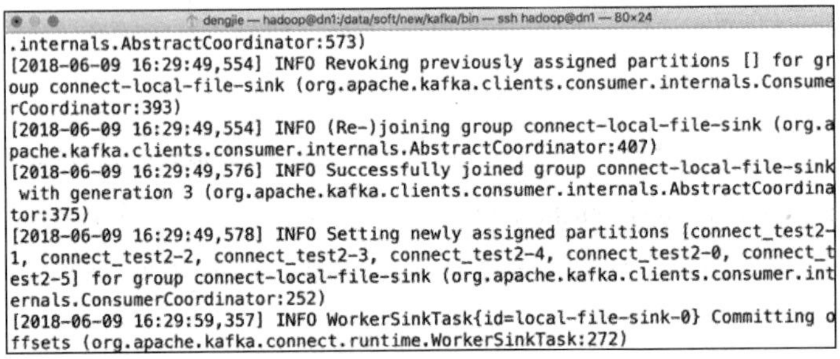

图 8-6　使用连接器将 Kafka 主题中的数据导出到本地文件

（3）使用 Linux 系统中的 cat 命令，到指定的目录查看导出文件的内容。具体操作命令如下。

```
# 查看导出的数据
[hadoop@dn1 ~]$ cat /tmp/test.sink.txt
```

（4）执行上述命令后，控制台会打印出本地文件中的数据，如图 8-7 所示。

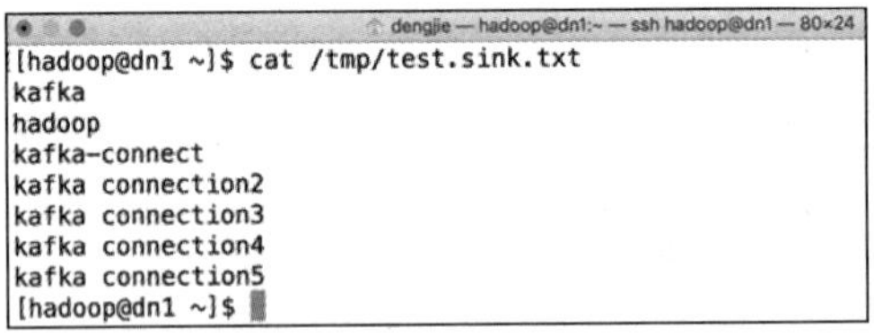

图 8-7　查看导出的数据

8.3.5　实例 49：分布式模式下，将数据导入 Kafka 主题

在分布式模式下，Kafka 连接器会自动均衡每个事件线程所处理的任务数。允许用户动态地增加或者减少任务，在执行任务、修改配置、提交偏移量时能够得到容错保障。

在分布式模式中，Kafka 连接器会在主题中存储偏移量、配置和任务状态。建议手动创建存储偏移量的主题，这样可以按需设置主题分区数和副本数。

需要注意的是，除配置一些通用的属性外，还需要配置以下几个重要的属性。

- group.id（默认值 connect-cluster）：连接器组的唯一名称。切记，不能和消费者组名称冲突。
- config.storage.topic（默认值 connect-configs）：用来存储连接器实例和任务配置。需要注意的是，该主题应该以单分区多副本的形式存在，建议手动创建。如果自动创建，则可能存在多个分区。
- offset.storage.topic（默认值 connect-offsets）：用来存储偏移量。该主题建议以多分区多副本的形式存在。
- status.storage.topic（默认值 connect-status）：用来存储任务状态。建议该主题以多分区多副本的形式存在。

> **提示：**
> 在分布式模式下，Kafka 连接器的配置文件不能使用命令行，需要使用 REST API 来执行创建、修改和销毁 Kafka 连接器的操作。

实例描述

执行 connect-distributed.sh 脚本，在分布式模式下，将文件中的数据导入 Kafka 主题中，观察操作结果。

（1）编辑分布式模式配置文件（connect-distributed.properties），具体配置内容见代码 8-2。

代码 8-2　编辑 connect-distributed.properties 文件

```
# 设置 Kafka 集群地址
bootstrap.servers=dn1:9092,dn2:9092,dn3:9092
# 设置连接器唯一组名称
group.id=connect-cluster
# 指定键值对 JSON 转换器类
key.converter=org.apache.kafka.connect.json.JsonConverter
value.converter=org.apache.kafka.connect.json.JsonConverter
# 启用键值对转换器
key.converter.schemas.enable=true
value.converter.schemas.enable=true
# 设置内部键值对转换器，例如偏移量、配置等
internal.key.converter=org.apache.kafka.connect.json.JsonConverter
internal.value.converter=org.apache.kafka.connect.json.JsonConverter
internal.key.converter.schemas.enable=false
internal.value.converter.schemas.enable=false
# 设置偏移量的存储主题
offset.storage.topic=connect_offsets
# 设置配置存储主题
config.storage.topic=connect_configs
```

```
# 设置任务状态存储主题
status.storage.topic=connect_status
# 设置偏移量持久化时间间隔
offset.flush.interval.ms=10000
```

（2）创建配置主题、偏移量主题、任务状态主题，具体操作命令如下。

```
# 创建配置主题
kafka-topics.sh --create --zookeeper dn1:2181 --replication-factor 3
--partitions 1 --topic connect_configs
# 创建偏移量主题
kafka-topics.sh --create --zookeeper dn1:2181 --replication-factor 3
--partitions 6 --topic connect_offsets
# 创建任务状态主题
kafka-topics.sh --create --zookeeper dn1:2181 --replication-factor 3
--partitions 6 --topic connect_status
```

这里为了简化书写，只需填写其中一台可用的 Zookeeper 节点地址即可。

（3）启动分布式模式连接器，具体操作命令如下。

```
# 启动分布式模式连接器
[hadoop@dn1 bin]$ ./connect-distributed.sh
../config/connect-distributed.properties
```

执行上述命令后，控制台会打印出启动日志，如图 8-8 所示。

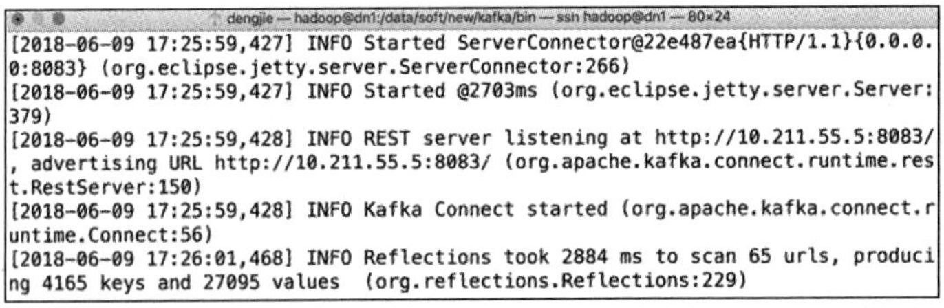

```
[2018-06-09 17:25:59,427] INFO Started ServerConnector@22e487ea{HTTP/1.1}{0.0.0.
0:8083} (org.eclipse.jetty.server.ServerConnector:266)
[2018-06-09 17:25:59,427] INFO Started @2703ms (org.eclipse.jetty.server.Server:
379)
[2018-06-09 17:25:59,428] INFO REST server listening at http://10.211.55.5:8083/
, advertising URL http://10.211.55.5:8083/ (org.apache.kafka.connect.runtime.res
t.RestServer:150)
[2018-06-09 17:25:59,428] INFO Kafka Connect started (org.apache.kafka.connect.r
untime.Connect:56)
[2018-06-09 17:26:01,468] INFO Reflections took 2884 ms to scan 65 urls, produci
ng 4165 keys and 27095 values (org.reflections.Reflections:229)
```

图 8-8　启动分布式模式连接器

（4）执行 REST API 命令查看当前 Kafka 连接器的版本号，具体操作命令如下。

```
# 查看连接器版本号
[hadoop@dn1 ~]$ curl http://dn1:8083/
```

执行上述命令后，控制台会打印出连接器版本信息，如图 8-9 所示。

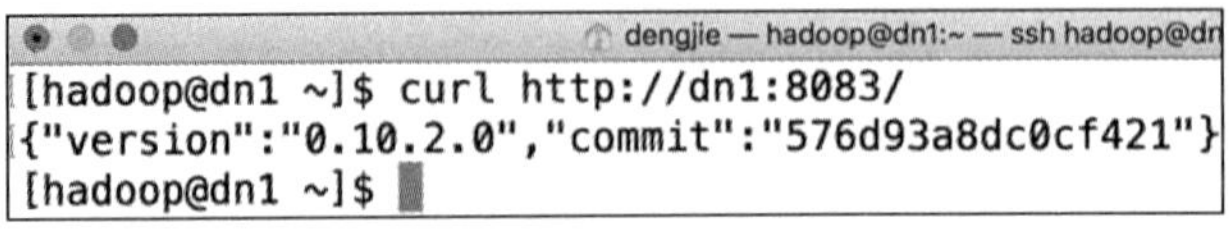

```
[hadoop@dn1 ~]$ curl http://dn1:8083/
{"version":"0.10.2.0","commit":"576d93a8dc0cf421"}
[hadoop@dn1 ~]$
```

图 8-9　查看连接器版本信息

（5）查看当前已安装的连接器插件，通过浏览器访问 http://dn1:8083/connector-plugins 地址来查看，结果如图 8-10 所示。

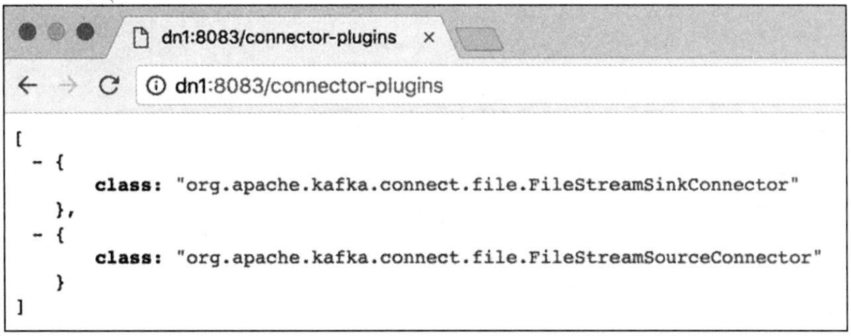

图 8-10　查看已安装的连接器插件

（6）创建一个新的连接器实例，具体操作命令如下。

```
# 创建一个新的连接器实例
[hadoop@dn1 ~]$ curl 'http://dn1:8083/connectors' -X POST -i -H\
 "Content-Type:application/json" -d
 '{"name":"distributed-console-source","config":\
{"connector.class":"org.apache.kafka.connect.file
.FileStreamSourceConnector","tasks.max":"1",
"topic":"distributed_connect_test",
"file":"/tmp/distributed_test.txt"}}'
```

执行上述命令后，控制台会打印出创建成功的日志信息，如图 8-11 所示。

图 8-11　创建一个新的连接器实例

然后在浏览器访问 http://dn1:8083/connectors 地址来查看当前成功创建的连接器实例名称，如图 8-12 所示。

图 8-12　查看已创建的连接器实例

（7）查看使用分布式模式导入主题（distributed_connect_test）中的数据，具体命令如下。

```
# 在文件/tmp/distributed_test.txt 中添加消息数据
[hadoop@dn1 ~]$ vi /tmp/distributed_test.txt

# 添加如下内容（这条注释不要写入到 distributed_test.txt 文件中）
distributed_kafka
kafka_connection
kafka
hadoop

# 保存并退出（这条注释不要写入到 distributed_test.txt 文件中）

# 使用 Kafka 系统命令查看主题 distributed_connect_test 中的数据
[hadoop@dn1 ~]$ kafka-console-consumer.sh --zookeeper dn1:2181 --topic
distributed_connect_test --from-beginning
```

执行上述命令后，控制台会打印出主题（distributed_connect_test）中的数据，如图 8-13 所示。

```
[hadoop@dn1 ~]$ kafka-console-consumer.sh --zookeeper dn1:2181 --topic distribut
ed_connect_test --from-beginning
Using the ConsoleConsumer with old consumer is deprecated and will be removed in
 a future major release. Consider using the new consumer by passing [bootstrap-s
erver] instead of [zookeeper].
{"schema":{"type":"string","optional":false},"payload":"distributed_kafka"}
{"schema":{"type":"string","optional":false},"payload":"kafka_connection"}
{"schema":{"type":"string","optional":false},"payload":"kafka"}
{"schema":{"type":"string","optional":false},"payload":"hadoop"}
```

图 8-13　查看分布式模式导入主题中的数据

8.4　实例 50：开发一个简易的 Kafka 连接器插件

实例描述

开发一个完整的 Kafka 连接器插件，分为两个部分来实现。

（1）编写 Source 连接器。Source 连接器负责将第三方系统中的数据导入 Kafka 系统主题中；

（2）编写 Sink 连接器。Sink 连接器负责将 Kafka 系统主题中的数据导出到第三方系统中。

> **提示：**
> 第三方系统可以是关系型数据库（如 MySQL、Oracle 等）、文件系统（如本地文件、分布式文件系统等）、日志系统等。

8.4.1 编写 Source 连接器

编写一个自定义的 Source 连接器，需要实现两个抽象类。
- SourceConnector 类：用来初始化连接器配置和任务数；
- SourceTask 类：用来实现标准输入或者文件读取。

1. 设置依赖 JAR 包

开发本节实例使用的是 Maven 工程，需要在 pom.xml 文件中配置 Kafka 依赖包，具体内容见代码 8-3。

代码 8-3　配置 Kafka 依赖包

```xml
<!-- 配置 Kafka 依赖包 -->
<dependency>
    <groupId>org.apache.kafka</groupId>
    <artifactId>kafka-streams</artifactId>
    <version>0.10.2.0</version>
</dependency>
```

2. 编写输入连接器任务类

通过继承 SourceTask 类来实现具体的业务逻辑，详细实现见代码 8-4。

代码 8-4　CustomerFileStreamSourceTask 类

```java
public class CustomerFileStreamSourceTask extends SourceTask {
    // 声明一个日志类
    private static final Logger LOG =
LoggerFactory.getLogger(CustomerFileStreamSourceTask.class);
    // 定义文件字段
    public static final String FILENAME_FIELD = "filename";
    // 定义偏移量字段
    public static final String POSITION_FIELD = "position";
    // 定义值的数据格式
    private static final Schema VALUE_SCHEMA = Schema.STRING_SCHEMA;
```

```java
// 声明文件名
private String filename;
// 声明输入流对象
private InputStream stream;
// 声明读取对象
private BufferedReader reader = null;
// 定义缓冲区大小
private char[] buffer = new char[1024];
// 声明偏移量变量
private int offset = 0;
// 声明主题名
private String topic = null;

// 声明输入流偏移量
private Long streamOffset;

/** 获取版本 */
public String version() {
    return new CustomerFileStreamSourceConnector().version();
}

/** 开始执行任务 */
public void start(Map<String, String> props) {
    filename = props.get(CustomerFileStreamSourceConnector.FILE_CONFIG);
    if (filename == null || filename.isEmpty()) {
        stream = System.in;
        streamOffset = null;
        reader = new BufferedReader(new InputStreamReader(stream,
            StandardCharsets.UTF_8));
    }
    topic = props.get(CustomerFileStreamSourceConnector.TOPIC_CONFIG);
    if (topic == null)
        throw new ConnectException("FileStreamSourceTask config missing topic setting");
}

/** 读取记录并返回数据集 */
public List<SourceRecord> poll() throws InterruptedException {
    if (stream == null) {
        try {
            stream = new FileInputStream(filename);
            Map<String, Object> offset = context.offsetStorageReader()
                .offset(Collections.singletonMap(FILENAME_FIELD, filename));
```

```java
            if (offset != null) {
                Object lastRecordedOffset = offset.get(POSITION_FIELD);
                if (lastRecordedOffset != null && !(lastRecordedOffset instanceof Long))
                    throw new ConnectException("Offset position is the incorrect type");
                if (lastRecordedOffset != null) {
                    LOG.debug("Found previous offset, trying to skip to file offset {}", lastRecordedOffset);
                    long skipLeft = (Long) lastRecordedOffset;
                    while (skipLeft > 0) {
                        try {
                            long skipped = stream.skip(skipLeft);
                            skipLeft -= skipped;
                        } catch (IOException e) {
                            LOG.error("Error while trying to seek to previous offset in file: ", e);
                            throw new ConnectException(e);
                        }
                    }
                    LOG.debug("Skipped to offset {}", lastRecordedOffset);
                }
                streamOffset = (lastRecordedOffset != null) ?
                    (Long) lastRecordedOffset : 0L;
            } else {
                streamOffset = 0L;
            }
            reader = new BufferedReader(new
                InputStreamReader(stream, StandardCharsets.UTF_8));
            LOG.debug("Opened {} for reading", logFilename());
        } catch (FileNotFoundException e) {
            LOG.warn("Couldn't find file {} for FileStreamSourceTask,
                sleeping to wait for it to be created", logFilename());
            synchronized (this) {
                this.wait(1000);
            }
            return null;
        }
    }

    try {
        final BufferedReader readerCopy;
        synchronized (this) {
            readerCopy = reader;
```

```java
            }
            if (readerCopy == null)
                return null;

            ArrayList<SourceRecord> records = null;

            int nread = 0;
            while (readerCopy.ready()) {
                nread = readerCopy.read(buffer, offset, buffer.length - offset);
                LOG.trace("Read {} bytes from {}", nread, logFilename());

                if (nread > 0) {
                    offset += nread;
                    if (offset == buffer.length) {
                        char[] newbuf = new char[buffer.length * 2];
                        System.arraycopy(buffer, 0, newbuf, 0, buffer.length);
                        buffer = newbuf;
                    }

                    String line;
                    do {
                        line = extractLine();
                        if (line != null) {
                            LOG.trace("Read a line from {}", logFilename());
                            if (records == null)
                                records = new ArrayList<>();
                            records.add(new SourceRecord(offsetKey(filename),
                        offsetValue(streamOffset), topic, null, null, null,
                        VALUE_SCHEMA, line, System.currentTimeMillis()));
                        }
                    } while (line != null);
                }
            }

            if (nread <= 0)
                synchronized (this) {
                    this.wait(1000);
                }

            return records;
        } catch (IOException e) {
        }
        return null;
    }
```

```java
/** 解析一条记录 */
private String extractLine() {
    int until = -1, newStart = -1;
    for (int i = 0; i < offset; i++) {
        if (buffer[i] == '\n') {
            until = i;
            newStart = i + 1;
            break;
        } else if (buffer[i] == '\r') {
            if (i + 1 >= offset)
                return null;

            until = i;
            newStart = (buffer[i + 1] == '\n') ? i + 2 : i + 1;
            break;
        }
    }

    if (until != -1) {
        String result = new String(buffer, 0, until);
        System.arraycopy(buffer, newStart, buffer, 0, buffer.length - newStart);
        offset = offset - newStart;
        if (streamOffset != null)
            streamOffset += newStart;
        return result;
    } else {
        return null;
    }
}

/** 停止任务 */
public void stop() {
    LOG.trace("Stopping");
    synchronized (this) {
        try {
            if (stream != null && stream != System.in) {
                stream.close();
                LOG.trace("Closed input stream");
            }
        } catch (IOException e) {
            LOG.error("Failed to close FileStreamSourceTask stream: ", e);
        }
        this.notify();
```

```
        }
    }

    private Map<String, String> offsetKey(String filename) {
        return Collections.singletonMap(FILENAME_FIELD, filename);
    }

    private Map<String, Long> offsetValue(Long pos) {
        return Collections.singletonMap(POSITION_FIELD, pos);
    }

    /** 判断是标准输入还是读取文件 */
    private String logFilename() {
        return filename == null ? "stdin" : filename;
    }
}
```

3. 编写输入连接器实例

输入连接器实例,用来实现读取配置信息和分配任务的一些初始化工作。具体见代码 8-5。

代码 8-5 CustomerFileStreamSourceConnector 类

```
public class CustomerFileStreamSourceConnector extends SourceConnector {
    // 定义主题配置变量
    public static final String TOPIC_CONFIG = "topic";
    // 定义文件配置变量
    public static final String FILE_CONFIG = "file";

    // 实例化一个配置对象
    private static final ConfigDef CONFIG_DEF = new ConfigDef().
        define(FILE_CONFIG, Type.STRING, Importance.HIGH,
        "Source filename.").define(TOPIC_CONFIG, Type.STRING,
        Importance.HIGH, "The topic to publish data to");

    // 声明文件名变量
    private String filename;
    // 声明主题变量
    private String topic;

    /** 获取版本 */
    public String version() {
        return AppInfoParser.getVersion();
    }
```

```java
/** 开始初始化 */
public void start(Map<String, String> props) {
    filename = props.get(FILE_CONFIG);
    topic = props.get(TOPIC_CONFIG);
    if (topic == null || topic.isEmpty())
        throw new ConnectException("FileStreamSourceConnector
            configuration must include 'topic' setting");
    if (topic.contains(","))
        throw new ConnectException("FileStreamSourceConnector
            should only have a single topic when used as a source.");
}

/** 实例化输入类 */
public Class<? extends Task> taskClass() {
    return CustomerFileStreamSourceTask.class;
}

/** 获取配置信息 */
public List<Map<String, String>> taskConfigs(int maxTasks) {
    ArrayList<Map<String, String>> configs = new ArrayList<>();
    Map<String, String> config = new HashMap<>();
    if (filename != null)
        config.put(FILE_CONFIG, filename);
    config.put(TOPIC_CONFIG, topic);
    configs.add(config);
    return configs;
}

@Override
public void stop() {
}

/** 获取配置对象 */
public ConfigDef config() {
    return CONFIG_DEF;
}
}
```

8.4.2 编写 Sink 连接器

在 Kafka 系统中，实现一个自定义的 Sink 连接器，需要实现两个抽象类。

- SinkTask 类：用来实现标准输出或者文件写入；

- SinkConnector 类:用来初始化连接器配置和任务数。

1. 编写输出连接器任务类

通过继承 SinkTask 类来实现连接器输出的业务逻辑,具体实现见代码 8-6。

代码 8-6　CustomerFileStreamSinkTask 类

```java
public class CustomerFileStreamSinkTask extends SinkTask {
    // 声明一个日志对象
    private static final Logger LOG =
        LoggerFactory.getLogger(CustomerFileStreamSinkTask.class);

    // 声明一个文件名变量
    private String filename;
    // 声明一个输出流对象
    private PrintStream outputStream;

    /** 构造函数 */
    public CustomerFileStreamSinkTask() {
    }

    /** 重新载入构造函数 */
    public CustomerFileStreamSinkTask(PrintStream outputStream) {
        filename = null;
        this.outputStream = outputStream;
    }

    /** 获取版本号 */
    public String version() {
        return new CustomerFileStreamSinkConnector().version();
    }

    /** 开始执行任务 */
    public void start(Map<String, String> props) {
        filename = props.get(CustomerFileStreamSinkConnector.FILE_CONFIG);
        if (filename == null) {
            outputStream = System.out;
        } else {
            try {
                outputStream = new PrintStream(new FileOutputStream(filename, true),
                    false, StandardCharsets.UTF_8.name());
            } catch (FileNotFoundException | UnsupportedEncodingException e) {
                throw new ConnectException("Couldn't find or
                    create file for FileStreamSinkTask", e);
```

```
            }
        }
    }

    /** 发送记录给 Sink 并输出 */
    public void put(Collection<SinkRecord> sinkRecords) {
        for (SinkRecord record : sinkRecords) {
            LOG.trace("Writing line to {}: {}", logFilename(), record.value());
            outputStream.println(record.value());
        }
    }

    /** 持久化数据 */
    public void flush(Map<TopicPartition, OffsetAndMetadata> offsets) {
        LOG.trace("Flushing output stream for {}", logFilename());
        outputStream.flush();
    }

    /** 停止任务 */
    public void stop() {
        if (outputStream != null && outputStream != System.out)
            outputStream.close();
    }

    /** 判断是标准输出还是文件写入 */
    private String logFilename() {
        return filename == null ? "stdout" : filename;
    }
}
```

2. 编写输出连接器实例

通过继承 SinkConnector 类，来实现读取配置信息、分配任务等一些初始化工作。具体实现见代码 8-7。

代码 8-7　CustomerFileStreamSinkConnector 类

```
public class CustomerFileStreamSinkConnector extends SinkConnector {

    // 声明文件配置变量
    public static final String FILE_CONFIG = "file";
    // 实例化一个配置对象
    private static final ConfigDef CONFIG_DEF = new ConfigDef().define(FILE_CONFIG,
        Type.STRING, Importance.HIGH, "Destination filename.");

    // 声明一个文件名变量
```

```java
    private String filename;

    /** 获取版本信息 */
    public String version() {
        return AppInfoParser.getVersion();
    }

    /** 执行初始化 */
    public void start(Map<String, String> props) {
        filename = props.get(FILE_CONFIG);
    }

    /** 实例化输出类 */
    public Class<? extends Task> taskClass() {
        return CustomerFileStreamSinkTask.class;
    }

    /** 获取配置信息 */
    public List<Map<String, String>> taskConfigs(int maxTasks) {
        ArrayList<Map<String, String>> configs = new ArrayList<>();
        for (int i = 0; i < maxTasks; i++) {
            Map<String, String> config = new HashMap<>();
            if (filename != null)
                config.put(FILE_CONFIG, filename);
            configs.add(config);
        }
        return configs;
    }

    public void stop() {
    }

    /** 获取配置对象 */
    public ConfigDef config() {
        return CONFIG_DEF;
    }

}
```

8.4.3 打包与部署

接下来将编写好的连接器集成到 Kafka 系统中。

1. 打包

打包写好的 Kafka 连接器，可以使用代码编辑器来完成。一般代码编辑器都自带导出的功能，操作步骤如下。

（1）选中项目工程，然后单击"Export"按钮。

（2）弹出如图 8-14 所示的对话框。在"Java"目录下选择"JAR file"，然后单击"Next"按钮。

（3）弹出如图 8-15 所示的对话框。在项目工程中勾选"org.smartloli.kafka.game.x.book_8.file"复选框，然后单击"Browse"按钮选择打包文件的输出路径，最后单击"Finish"按钮完成打包工作。

图 8-14　选择打包类型

图 8-15　选择需要打包的类

2. 部署

将打包后的 customer-connector.jar 上传到 Kafka 集群的 $KAFKA_HOME/libs 目录中，然后重启 Kafka 集群。具体操作步骤如下。

（1）执行 scp 命令将打包后的 JAR 上传到 $KAFKA_HOME/libs 目录中。具体操作命令如下。

```
# 上传 JAR
dengjiedeMacBook-Pro:~ dengjie$ scp /Users/dengjie/Desktop/customer-connector.jar\
hadoop@dn1:/data/soft/new/kafka/libs
```

（2）通过 for 循环来同步 customer-connector.jar 到 Kafk 集群的其他代理节点，具体操作命令如下。

```
# 添加需要同步节点的主机名
[hadoop@dn1 ~]$ vi /tmp/node.list
dn2
dn3
```

```
# 同步 JAR
[hadoop@dn1 ~]$ for i in `cat /tmp/node.list`;do scp $KAFKA_HOME/libs/\
customer-connector.jar $i:$KAFKA_HOME/libs;done
```

(3) 通过 kafka-daemons.sh 脚本对 Kafka 集群进行重启,具体操作命令如下。

```
# 重启 Kafka 集群
[hadoop@dn1 ~]$ kafka-daemons.sh restart
```

(4) 使用 connect-distributed.sh 脚本启动分布式模式连接器,具体操作命令如下。

```
# 启动分布式模式连接器
[hadoop@dn1 bin]$ ./connect-distributed.sh ../config
/connect- distributed. properties
```

(5) 通过访问 http://dn1:8083/connector-plugins 地址来查看已安装的连接器插件,输出结果如图 8-16 所示。

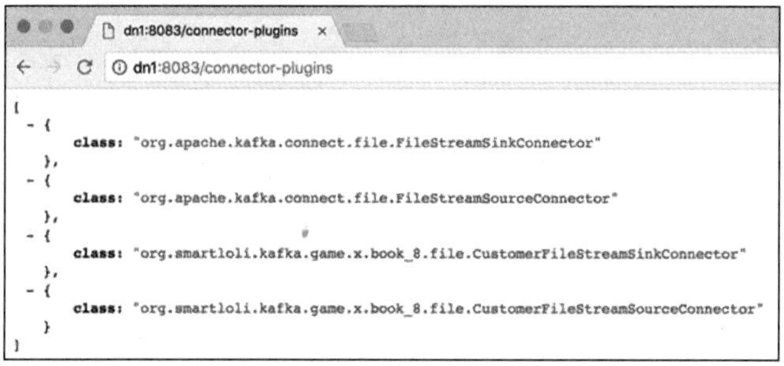

图 8-16 查看已安装的连接器插件

从图 8-16 中可以看到,CustomerFileStreamSinkConnector 和 CustomerFileStreamSourceConnector 这两个自定义开发的连接器插件已经部署成功。

(6) 创建新的 Source 连接器实例,并将本地的文件内容输入 Kafka 系统主题中,具体操作命令如下。

```
# 创建新的 Source 连接器实例
[hadoop@dn1 ~]$ curl 'http://dn1:8083/connectors' -X POST -i -H\
 "Content-Type:application/json" -d
'{"name":"customer-distributed-console-source",\
"config":{"connector.class":"org.smartloli.kafka.game.x.book_8.file.

CustomerFileStreamSourceConnector","tasks.max":"1",
"topic":"distributed_connect_test","file":"/tmp/distributed_test.txt"}}'
```

执行上述命令后控制台会输出创建日志信息,如图 8-17 所示。

```
[hadoop@dn1 ~]$ curl 'http://dn1:8083/connectors' -X POST -i -H "Content-Type:ap
plication/json" -d '{"name":"customer-distributed-console-source","config":{"con
nector.class":"org.smartloli.kafka.game.x.book_8.file.CustomerFileStreamSourceCo
nnector","tasks.max":"1","topic":"distributed_connect_test","file":"/tmp/distrib
uted_test.txt"}}'
HTTP/1.1 201 Created
Date: Sun, 10 Jun 2018 09:09:25 GMT
Location: http://dn1:8083/connectors/customer-distributed-console-source
Content-Type: application/json
Content-Length: 292
Server: Jetty(9.2.15.v20160210)

{"name":"customer-distributed-console-source","config":{"connector.class":"org.s
martloli.kafka.game.x.book_8.file.CustomerFileStreamSourceConnector","tasks.max"
:"1","topic":"distributed_connect_test","file":"/tmp/distributed_test.txt","name
":"customer-distributed-console-source"},"tasks":[]}[hadoop@dn1 ~]$
[hadoop@dn1 ~]$
```

图 8-17　创建新的 Source 连接器实例

（7）创建新的 Sink 连接器实例，并将 Kafka 系统主题中的数据输出到本地文件中。具体操作命令如下。

```
# 创建新的 Sink 连接器实例
[hadoop@dn1 ~]$ curl 'http://dn1:8083/connectors' -X POST -i -H\
"Content-Type:application/json" -d
'{"name":"customer-distributed-console- sink",\
"config":{"connector.class":"org.smartloli.kafka.game.x.book_8.
file.CustomerFileStreamSinkConnector","tasks.max":"1",\
"topics":"distributed_connect_test","file":"/tmp/distributed_sink_test.txt"}}'
```

执行上述命令后控制台会输出创建日志信息，如图 8-18 所示。

```
[hadoop@dn1 ~]$ curl 'http://dn1:8083/connectors' -X POST -i -H "Content-Type:ap
plication/json" -d '{"name":"customer-distributed-console-sink","config":{"conne
ctor.class":"org.smartloli.kafka.game.x.book_8.file.CustomerFileStreamSinkConnec
tor","tasks.max":"1","topics":"distributed_connect_test","file":"/tmp/distribute
d_sink_test.txt"}}'
HTTP/1.1 201 Created
Date: Sun, 10 Jun 2018 09:20:12 GMT
Location: http://dn1:8083/connectors/customer-distributed-console-sink
Content-Type: application/json
Content-Length: 350
Server: Jetty(9.2.15.v20160210)

{"name":"customer-distributed-console-sink","config":{"connector.class":"org.sma
rtloli.kafka.game.x.book_8.file.CustomerFileStreamSinkConnector","tasks.max":"1"
,"topics":"distributed_connect_test","file":"/tmp/distributed_sink_test.txt","na
me":"customer-distributed-console-sink"},"tasks":[{"connector":"customer-distrib
uted-console-sink","task":0}]}[hadoop@dn1 ~]$
[hadoop@dn1 ~]$
```

图 8-18　创建新的 Sink 连接器实例

（8）通过访问 http://dn1:8083/connectors 地址来查看已创建的连接器实例，如图 8-19 所示。

图 8-19　已创建的连接器实例

（9）使用 Kafka 系统命令查看输入 Kafka 系统主题中的数据，具体操作命令如下。

```
# 查看输入到主题的数据
[hadoop@dn1 ~]$ kafka-console-consumer.sh --zookeeper dn1:2181 -topic\
distributed_connect_test --from-beginning
```

执行上述命令后，控制台会打印主题（distributed_connect_test）中的数据，如图 8-20 所示。

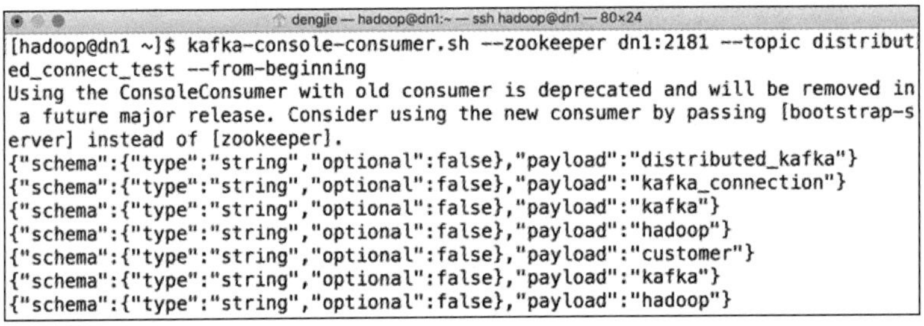

图 8-20　查看主题数据

（10）使用 Linux 的 cat 命令查看输出到本地文件的消息记录，具体操作命令如下。

```
# 查看输出到本地文件的消息记录
[hadoop@dn1 ~]$ cat /tmp/distributed_sink_test.txt
```

输出的结果与使用 Kafka 系统命令查看的结果一致，如图 8-21 所示。

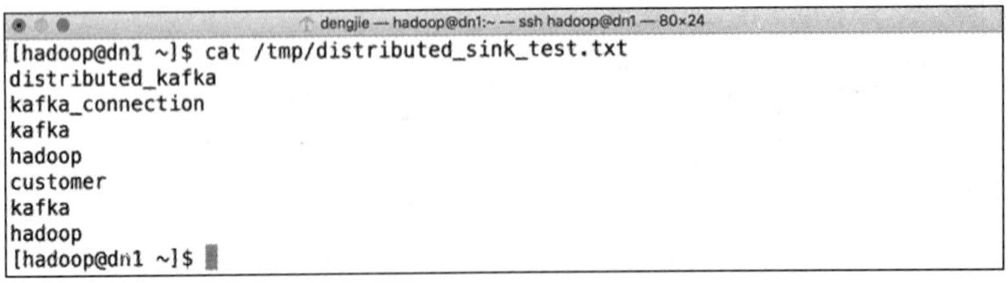

图 8-21　查看本地文件输出结果

8.5 小结

本章的主要目的在于帮助读者熟练运用 Kafka 系统的连接器来建立数据管道,介绍了 Kafka 连接器的核心概念,以及在单机模式和分布式模式下操作 Kafka 连接器的具体步骤。

8.4 节介绍了一个完整的 Kafka 连接器实例。通过实际开发一个 Kafka 连接器插件,读者能够更深入地了解 Kafka 连接器的开发、编译、部署等流程。

第 9 章 Kafka流处理

Kafka 0.10.0.0 版本中，Kafka 官方正式宣布了流处理功能，并且还提供了一个强大的流处理类库。

本章学习 Kafka 流处理的相关内容。其中包含 Kafka 流处理、剖析流处理架构、实战操作 KStream 和 KTable，以及开发一个单词统计流处理应用程序等。

9.1 本章教学视频说明

视频内容：Kafka 流处理、剖析流处理架构、操作 KStream 和 KTable，以及编写一个单词统计流处理应用程序。

视频时长：12 分钟。

视频截图见 9-1。

图 9-1　本章教学视频截图

9.2 初识 Kafka 流处理

流处理是一种用来处理无穷数据集的数据处理引擎。通常无穷数据集具有以下几个特点。

- 无穷数据：持续产生的数据，它们通常会被称为流数据。例如：银行信用卡交易订单、股票交易记录、游戏角色移动产生的数据等。

> **提示：**
> 流数据与批次数据的区别在于——数据边界是否有限。
> 在大数据应用场景中，无穷数据通常用来表示流数据，有穷数据用来表示批次数据。

- 低延时：流数据通常都是实时处理，数据实时产生，然后流处理引擎实时处理流数据，因此延时很短。

9.2.1 什么是流处理

对于存储在 Kafka 系统内的数据，Kafka 系统提供了一种进行处理和分析的功能——流处理，它具有以下特性。

1. 是一个轻量级的类库

Kafka 流处理提供了一个非常轻量级的 Java 类库，它能够轻而易举地集成到任意的 Java 应用程序中，打包和部署的方式也没有特殊的要求。

2. 拥有良好的可扩展性和容错性

Kafka 流处理除依赖 Kafka 系统外，对外界不存在任何依赖。在系统达到瓶颈时，Kafka 流处理可以使用 Kafka 系统的分区机制，轻松地实现水平扩展来解决瓶颈问题。同时，通过记录状态（窗口操作、聚合操作等）来实现高效的操作。

3. 拥有丰富的应用接口

Kafka 流处理对底层的应用接口进行了封装，并对拓扑结构进行了高度抽象。

4. 具有灵活的弹性伸缩功能

在只读取数据一次的情况下，流处理应用程序无须用户介入，也能自动修改参数，实现应用程序的自动扩容和减容。

9.2.2 什么是流式计算

通常情况下，流式计算与批处理计算会放在一起做比较分析。

（1）在流式计算模型中，数据的输入是持续不断的，这意味着永远不知道数据的上限是多少，因此，计算产生的结果也是持续输出的，流程如图 9-2 所示。流式计算一般对实时性要求较高，为了提升计算效率，通常会采用增量计算来替代全量计算。

图 9-2　流式计算的实现流程

（2）在批处理计算模型中，通常数据上限是可知的，一般会先定义计算逻辑，然后进行全量计算，并将计算结果一次性输出。流程如图 9-3 所示。

图 9-3　批处理计算的实现流程

9.2.3　为何要使用流处理

在大数据生态圈中存在很多流处理系统或框架，下面介绍三个非常流行的开源流处理框架。

- Flink：一个对流数据和批次数据进行分布式处理的框架，它主要由 Java 代码实现。对于 Flink 而言，处理的主要是流数据，批次数据只是流数据的一个特例而已。当前 Flink 支持 SQL 语法来操作流数据。
- Spark Streaming：一种构建在 Spark 上的实时计算框架，用来处理流数据。Spark 功能强大，同样支持 SQL 语法来操作流数据。
- Storm：一个用于事件流的分布式处理框架，主要由 Clojure 实现。该框架的目标是将输入流、处理，以及输出模块结合在一起，并组建成一套有向无环图。当前 Storm 也支持 SQL 语法来操作流数据。

既然已存在这些优秀的实时处理框架，为何 Kafka 还需要设计流处理呢？原因有以下几点。

1. 简单易用

Flink、Spark、Storm 都属于流式处理框架，而 Kafka 流处理是基于 Kafka 系统的流处理类库，并非框架。

通常情况下，框架有固定的运行方式，用户需要了解框架的执行流程，这使得学习成本增加。而 Kafka 流处理作为一个类库，用户可以直接调用具体的类，整个执行逻辑都在用户的掌控之中，不会产生额外的学习成本。

2. 方便部署

Kafka 流处理作为一个类库，可以非常方便地集成到应用程序中，并且对应用程序的打包和部署没有任何限制。

3. 资源使用率低

流式处理框架在启动实例时会预分配系统资源，即使是应用程序实例，框架自身也需要占用一部分系统资源。例如，一个 Spark Streaming 应用程序需要给 Shuffle 和 Storage 事先申请内存。

使用 Kafka 流处理不涉及框架实例的运行，所以不会额外占用系统资源。

 提示：

Shuffle 可以理解为一个沟通数据连接的桥梁。

Storage 负责把数据存储到内存、磁盘或者堆外内存，有时还需要在其他节点创建副本来保存。

9.3 了解流处理的架构

Kafka 流处理使用 Kafka 系统的消费者类库和生产者类库来构建应用程序，并利用 Kafka 系统自身的特性来实现数据并行性、分布式协调性、容错性、易操作性等，从而简化用户开发应用程序的步骤。

本节将介绍 Kafka 流处理的工作流程，如图 9-4 所示。

Kafka 流处理输入的数据来源于 Kafka 系统中的业务主题，处理后的结果会存储到 Kafka 系统中新的业务主题中。

图 9-4 中，消费者程序和生产者程序并不需要用户在应用程序中显式地实例化，而是通过 Kafka 流处理根据参数来隐式地实例化和管理，这让操作变得更加简单。用户只需关心核心业务逻辑（即图 9-4 中的任务模块）的编写，其他的都交由 Kafka 流处理来实现。

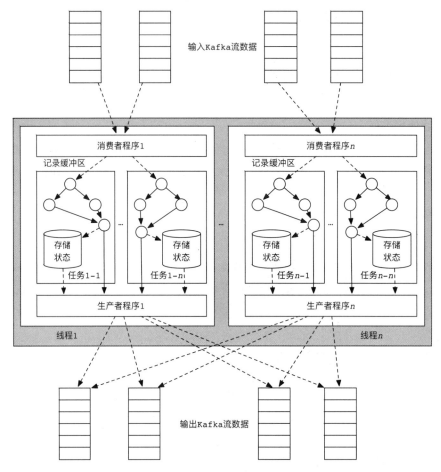

图 9-4 流处理应用程序流程图

9.3.1 流分区与任务

Kafka 流处理通过流分区来处理数据，内容包含存储和传输数据。Kafka 流处理使用分区和任务概念来作为并发模型中的逻辑单元。在并发环境中，通过分区数据来保证灵活性、可扩展性、高效性和容错性。

1. 流分区的作用

在 Kafka 流处理中，每个流分区是完全而有序的数据队列。这些有序数据记录会映射到 Kafka 系统主题分区中。

流数据中映射的消息数据来自于 Kafka 系统主题。消息数据中键（Key）值是 Kafka 和 Kafka 流处理的关键，它决定了数据如何被路由到指定分区。

2. 任务的作用

一个应用程序可以被拆分成多个任务来执行。Kafka 流处理会根据输入流分区来创建固定数量的任务，每个任务分配一个输入流分区列表。

任务是应用程序并行执行时的固定单元，因此分区对任务的分配不会造成影响。任务可以基于分配到的分区来实现相关处理流程，同时为每个分配到的分区保留一个缓冲区，并从这些缓冲区逐一地处理消息，这样可以让 Kafka 流处理的任务自动并行处理。

> **提示：**
> 在一个子处理流程中，如果一个 Kafka 流处理应用程序指定了多个处理流程，则每个任务只实例化一个处理对象。
>
> 另外，一个处理流程可以被拆分为多个独立的子处理流程，只要保证子处理流程与其他子处理流程没有交集即可。通过这种方式可以让任务之间保持负载均衡。

图 9-5 展示了不同主题的两个分区的流处理过程。

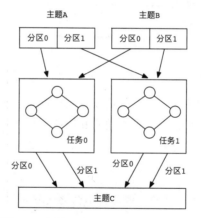

图 9-5　不同主题的两个分区的流处理过程

> **提示：**
> Kafka 流处理不是一个资源管理器，而是一个类库。
>
> Kafka 流处理可以运行在任何流处理应用程序中。应用程序的多个实例可以运行在同一台主机上，也可以分发到不同的主机进行执行。如果一个应用程序实例发生异常导致不可用，则该任务将会自动地在其他的实例上重新创建，并从相同的分区中继续读取数据。

9.3.2 线程模型

Kafka 流处理允许用户配置多个线程，并通过多线程来均衡应用程序中的任务数。每个线程的处理流程可以执行一个或者多个任务。

1. 线程模型的处理流程

图 9-6 所示是使用一个线程来处理多个流任务。

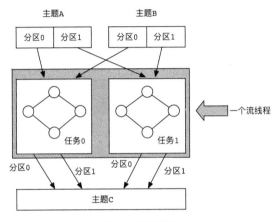

图 9-6　线程模型

启动多个流线程或更多的应用程序，只需要复制执行流程即可。比如，将一份业务逻辑处理代码复制到不同的主机上进行执行。这样做的好处是，通过多线程来并行处理不同 Kafka 系统主题分区中的数据，能提升处理效率。

 提示：

这些线程之间的状态是不共享的。因此，不需要线程间的协作。这使得运行一个多并发的处理流程实例变得非常简单。

2. 线程模型的优点

（1）易扩展：对 Kafka 流处理应用程序进行扩展是很容易的，只需要运行应用程序的实例即可。

（2）自动分配分区：Kafka 流处理会监听任务数量的变化，并自动给任务分配分区。

（3）多线程：用户在启动应用程序时，可以根据 Kafka 系统输入主题中的分区数来设置线程数。每个线程至少对应一个分区。

3. 实例：多线程并发场景

假设有一个 Kafka 流处理应用程序，它从两个业务主题（A 和 B）中读取数据，每个业务主题都有 3 个分区。如果用户在一台主机上启动一个应用程序实例，并设置线程数为 2，则最终会出现两个 Kafka 流处理线程。

由于输入主题 A 和输入主题 B 的最大分区数均为 3，所以 Kafka 流处理会默认将其拆分为 3 个任务，然后将合计的 6 个分区（主题 A 和主题 B 的分区总和）均匀地分布到 3 个任务中。

这种情况下，每个任务会同时从两个分区中读取数据。最终，这 3 个任务会被均匀地分布在两个线程当中。两个线程的作用分别如下。

- 线程 1 包含两个任务，从四个分区（主题 A 的两个分区和主题 B 的两个分区）中读取数据；
- 线程 2 包含一个任务，从两个分区（主题 A 的一个分区和主题 B 的一个分区）中读取数据。

具体实现流程如图 9-7 所示。

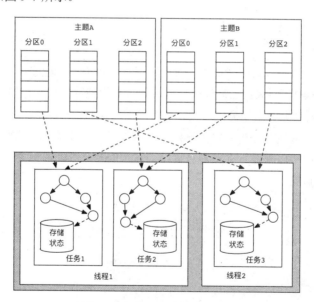

图 9-7 多线程多任务执行流程

随着业务数据量的增加，需要对现有的应用程序进行拓展。实施的具体方案是，在另外一台主机上启动该应用程序，并设置线程数为 1。具体实现流程如图 9-8 所示。

当前总分区数为 6 个，线程总数为 3 个。当任务被重新分配时，相同的分区、任务和存储状态，都会被移到新的线程中，从而使应用程序达到负载均衡。

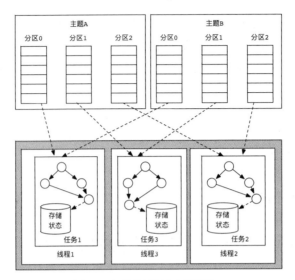

图 9-8　新增应用程序和线程数

9.3.3　本地状态存储

Kafka 流处理提供的状态存储机制，可用来保存和查询应用程序产生的状态数据。例如，在执行连接、聚合操作时，Kafka 流处理会自动创建和管理这些状态存储。

图 9-9 展示了两个流处理任务，以及它们专用的本地状态存储。

在 Kafka 流处理应用程序中，每个流任务可以集成一个或多个本地状态存储，这些本地状态存储可以通过应用接口来进行存储和查询。同时，Kafka 流处理也为本地状态存储提供了容错机制和自动恢复功能。

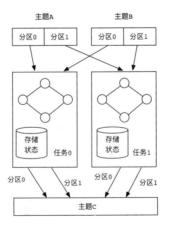

图 9-9　流处理任务本地状态存储

9.3.4 容错性（Failover）

Kafka 流处理继承了 Kafka 系统主题分区的两大能力——高可用能力、副本故障自动转移能力。因而，在流数据持久化到 Kafka 系统主题时，即使应用程序失败也会自动重新处理。

Kafka 流处理中的任务利用 Kafka 系统客户端提供的容错机制来处理异常问题。如果某个任务在发生故障的主机上执行，则 Kafka 流处理会自动在应用程序的其他运行实例中重新启动该任务。

每个状态存储都会维护一个更改日志主题的副本，用来跟踪状态的更新。这些更改日志主题也进行了分区，以便每个本地状态存储实例和访问存储的任务都有其专属的更改日志主题分区。在更该日志主题上启用日志压缩，可以方便、安全地清理无用数据，避免主题数据无限增长。

如果任务在一台主机上运行失败，之后在另一台主机上重新启动，则 Kafka 流处理在恢复对新启动的任务之前，通过回滚机制将关联的状态存储恢复到故障之前，整个过程对于用户来说是完全透明的。

需要注意的是，任务初始化所耗费的时间，通常取决于回滚机制恢复状态存储所用的时间。为了缩短恢复时间，用户可以将应用程序配置为本地状态的备用副本。当发生任务迁移时，Kafka 流处理会尝试将任务分配给已存在备用副本的应用程序实例，以减少任务初始化所耗费的时间。

 提示：

可以通过设置属性 num.standby.replicas 来分配每个任务的备用副本数。

9.4 操作 KStream 和 KTable

Kafka 流处理中定义了以下三个抽象概念。
- KStream：它是一个消息流的抽象，消息记录由"键-值"对构成，其中的每条消息记录代表无界数据集中的一条消息记录；
- KTable：它是一个变更日志流的抽象，其中每条消息记录代表一次更新。如果消息记录中的键不存在，则更新操作将被认为是创建；
- GlobalKTable：它和 KTable 类似，也是一个变更日志流的抽象，其中每条消息记录代表一次更新。

无论是消息流抽象，还是变更日志流抽象，都能通过一个或者多个 Kafka 系统主题来进行创建。

在 Kafka 流处理中，KStream 和 KTable 都提供了一系列的转换操作，每个操作可以产生一个或多个 KStream 和 KTable 对象，所有这些转换的函数连接在一起，则形成了一个复杂的处理流程。

 提示：

> 因为 KStream 和 KTable 都属于强类型，所以这些转换操作都被定义成通用函数。因此，用户在使用时，需要显性指定输入和输出的数据类型。

9.4.1 流处理的核心概念

Kafka 流处理是一个客户端类库，用于处理和分析 Kafka 系统主题中的数据。

Kafka 流处理能够准确区分事件时间和处理时间，另外，它支持窗口操作，能够简单而有效地管理和查询应用程序的状态。

Kafka 流处理有以下几个核心概念。

1. 时间

时间（Time）是 Kafka 流处理中一个比较重要的概念，它定义了 Kafka 流处理如何进行建模和集成。例如，窗口操作就是基于时间边界来定义的。

目前 Kafka 流处理定义了以下三种通用的时间类型。

- 事件时间：事件或消息记录产生的时间，都包含在消息记录中。产生的时间由生产者实例在写入数据时指定一个时间戳字段。
- 处理时间：Kafka 流处理应用程序开始处理事件的时间点，即消息记录存入 Kafka 代理节点的时间。一般情况下，处理时间迟于事件时间，它们之间的时间间隔单位可能是毫秒、秒或小时。
- 摄取时间：消息被处理后存储到 Kafka 系统主题的时间点。如果消息没有被处理，而是直接存储到 Kafka 系统主题中，则这个阶段没有处理时间，只有存储时间。

事件时间和摄取时间的选择，实际上是通过配置 Kafka 来完成的。从 Kafka 0.10.x 开始，每条消息记录会自动附带一个时间戳。通过配置 Kafka 代理节点或主题可以设置消息记录的时间戳类型。例如，在 Kafka 系统主题中配置 message.timestamp.type 属性，该属性可选值包括 CreateTime 和 LogAppendTime。

在 Kafka 流处理中，可以通过 TimestampExtractor 接口给每条消息记录附加一个时间戳，用户可以根据实际的业务需求来实现。

2. 状态

某些流处理应用程序是不需要状态信息的，这意味着，每条消息记录的处理都是互相独立的。而某些流处理应用程序是需要保存一些状态信息的，例如，聚合操作需要状态信息来随时保存当前的聚合结果。

Kafka 流处理引入"状态存储"的概念，流处理应用程序可以对状态存储进行读/写。每个流处理任务都可以集成一个或多个状态存储。状态存储支持持久化键值对存储、内存哈希表存储或者其他形式的存储。

交互式查询允许进程内部和外部的代码对状态存储进行只读操作。另外，Kafka 流处理还为本地状态存储提供了容错和自动恢复功能。

3. 处理保障

在流处理中，常见的问题之一是"在处理过程中遇到异常，流处理是否能够保障每条记录只被处理一次"。

在 0.11.0.0 版本之前，Kafka 流处理系统不能完全保证每条记录只被处理一次。

从 0.11.0.0 版本开始，Kafka 系统开始支持生产者实例以事物性和幂等性向主题分区发送消息数据。通过这一特性，Kafka 流处理可以准确地支持一次性处理。

> **提示：**
> 幂等性是指，用户对同一操作发起的一次或多次请求的结果是一致的，不会因为多次请求而产生副作用。

Kafka 流处理框架和其他实时处理框架不同之处是，Kafka 流处理和底层的 Kafka 存储机制紧密集成，确保是原子性操作，其操作内容包括：对主题偏移量的提交、对状态存储的更新、对输出主题的写入等。

如果要启用一次性处理保障，则需要配置属性 processing.guarantee 的值为 exactly_once。

9.4.2 窗口操作

流数据属于时间无界的数据集。而在某些特定的场景下需要处理有界的数据集，这时可以通过窗口来实现。

在处理流数据时，会把消息记录按照时间进行分组，每一组由一个窗口构成。Kafka 目前支持四种窗口，下面分别介绍。

1. 翻滚时间窗口

翻滚时间窗口是大小固定、不重叠、无间隙的一类窗口模型。窗口的间隔是由窗口大小来决定的，这样可以有效地保证窗口之间不会发生重叠现象，一条消息记录也仅属于一个窗口。

图 9-10 是一个窗口大小为 5min 的翻滚时间窗口。

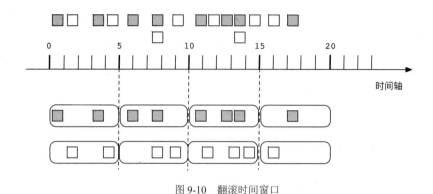

图 9-10 翻滚时间窗口

图 9-10 中,颜色相同的方块代表消息记录的键是相同的,而窗口的创建是根据每条消息记录的键来实现的。

需要注意的是,翻滚时间窗口的取值范围是闭区间到开区间,即,低位是闭区间,高位是开区间。而翻滚时间窗口规定,第一个窗口的取值必须从 0 开始。例如,窗口大小为 5000ms 的滚动时间窗口取值为[0, 5000)、[5000, 10000)等,并不是[1000,6000)、[6000,11000)或者一些其他随机的数字。

> **提示:**
> 闭区间是指区间边界的两个值都包含在内,例如[0, 1]。
> 开区间是指区间边界的两个值都不包含在内,例如(0, 1)。

【实例】实现一个滚动时间窗口,大小为 5min。

具体内容见代码 9-1。

代码 9-1 实现滚动时间窗口大小为 5min

```
long windowSizeMs = TimeUnit.MINUTES.toMillis(5);   // 将 5 分钟转换为毫秒, 5 * 60 * 1000L
TimeWindows.of(windowSizeMs);                        // 设置时间窗口大小为 5min
```

2. 跳跃时间窗口

跳跃时间窗口是基于时间间隔的窗口模型,是一个大小固定、可能会出现重叠的窗口模型。

"跳跃"现象由窗口大小和时间间隔两个属性决定。如果时间间隔小于窗口大小,则会出现这种现象。

例如,配置一个窗口大小为 5min,时间间隔为 1min 的跳跃时间窗口。由于跳跃时间窗口会出现重叠,所以消息记录可能属于多个窗口,如图 9-11 所示。

图 9-11 中,颜色相同的方块代表消息记录的键是相同的,而窗口的创建是根据每条消息记录的键来实现的。

> **提示：**
> 在 Kafka 流处理中，时间单位是 ms，如果是每隔 5min 标记一次，那换算成 ms 就是 300000ms。

需要注意的是，跳跃时间窗口的取值范围是闭区间到开区间。即，低位是闭区间，高位是开区间。

另外，翻滚时间窗口规定第一个窗口的取值必须从 0 开始。

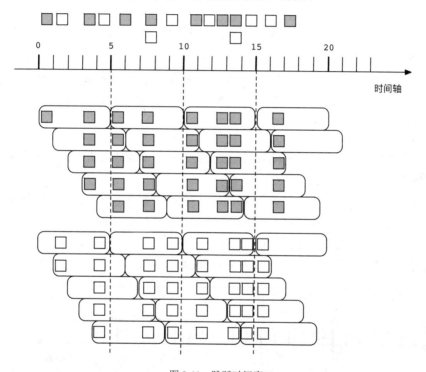

图 9-11　跳跃时间窗口

例如，窗口大小为 5000ms，时间间隔为 3000ms 的跳跃时间窗口取值为[0, 5000)、[3000, 8000)等，并不是[1000, 6000)、[4000, 9000)或一些其他随机的数字。

【实例】实现一个跳跃时间窗口，大小为 5min，时间间隔为 1min。

具体实现见代码 9-2。

代码 9-2　设置跳跃时间窗口，大小为 5min，时间间隔为 1min

```
long windowSizeMs = TimeUnit.MINUTES.toMillis(5);// 将窗口大小分钟转换成毫秒 5 * 60 * 1000L
long advanceMs =    TimeUnit.MINUTES.toMillis(1);// 将时间间隔分钟转换成毫秒 1 * 60 * 1000L
TimeWindows.of(windowSizeMs).advanceBy(advanceMs);// 将设置跳跃时间窗口大小大于时间间隔
```

3. 滑动时间窗口

滑动时间窗口与翻滚时间窗口、跳跃时间窗口不同，它是大小固定、沿着时间轴连续滑动的窗口模型。

如果两条消息记录的时间戳之差在窗口大小范围之内，则这两条消息记录属于同一个窗口。因此，滑动时间窗口不会和某个时间点对齐，而是和消息记录的时间戳进行对齐，它的窗口大小取值范围为闭区间到闭区间。

> **提示：**
> 在 Kafka 流处理中，滑动时间窗口只有在连接操作时才会用到，即，在执行 KStream 连接操作时用到连接类 JoinWindows。
>
> 例如，滑动时间窗口的大小为 10ms，参与连接操作的两个 KStream 中，消息数据的时间戳之差小于 10ms 的消息数据会被认为在同一个窗口中，从而进行连接操作。

4. 会话窗口

会话窗口需要先对消息记录的键做分组，然后根据实际的业务需求为分组后的数据定义一个起始点和结束点的窗口。

例如，使用会话窗口统计用户登录游戏的时长。用户在登录游戏时会产生一条唯一的消息记录，此时会话窗口生成一个起始点，当用户退出游戏或者当前会话自动超时时，该用户的会话窗口会在结束后生成一个结束点。

图 9-12 中有三条消息记录，会话窗口大小为 5min。

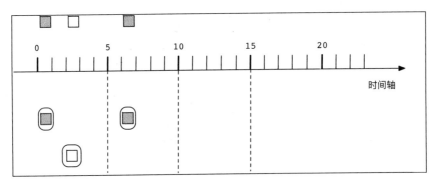

图 9-12　会话窗口

图 9-12 中，颜色相同的方块代表消息记录的键是相同的，而窗口的创建是根据每条消息记录的键来实现的。由于黑色方块的两条消息记录时间差超过 5min，所以，黑色方块所代表的消息记录会产生两个会话窗口，白色方块所代表的消息记录会产生一个会话窗口。

如果此时探测到新的消息记录，则会话窗口会发生相应的变化，如图 9-13 所示。

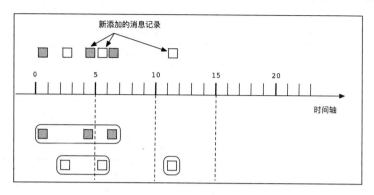

图 9-13　添加新的消息记录

由于新增的灰色方块所代表的消息记录与之前黑色方块所代表的消息记录时间差小于 5min，所以会话窗口会发生合并，形成一个会话窗口。

- 新增的第一个白色方块所代表的消息记录和之前的消息记录时间差小于 5min，所以会在同一个会话窗口。
- 新增的第二个白色方块所代表的消息记录和已有的消息记录时间差大于 5min，所以会另起一个会话窗口。

【实例】实现一个会话窗口大小为 5min。具体见代码 9-3。

代码 9-3　设置会话窗口大小为 5min

```
SessionWindows.with(TimeUnit.MINUTES.toMillis(5));        // 设置一个会话窗口大小为 5min
```

9.4.3　连接操作

连接操作是通过消息记录键将两个流数据记录进行合并，生成一个新的流数据。

Kafka 流处理中将流抽象为 KStream、KTable、GlobalKTable 三种类型，因此连接操作也是在这三类流之间进行互相操作，即：

- KStream 和 KStream；
- KTable 和 KTable；
- KStream 和 KTable；
- KStream 和 GlobalKTable；
- KTable 和 GlobalKTable。

Kafka 流处理提供了三种连接操作——内连接、左连接、外连接，对应的函数分别是 join()、leftJoin()、outerJoin()。

三种类型与三种连接操作的支持关系见表 9-1。

表 9-1 类型与连接操作的支持关系

连接操作	内连接	左连接	外连接
KStream 和 KStream	支持	支持	支持
KTable 和 KTable	支持	支持	支持
KStream 和 KTable	支持	支持	不支持
KStream 和 GlobalKTable	支持	支持	不支持
KTable 和 GlobalKTable	不支持	不支持	不支持

> **提示：**
> 由于 GlobalKTable 和 KTable 很类似，下面直接介绍 KStream 和 KTable 之间的连接操作。

1. KStream 和 KStream 连接

KStream 和 KStream 连接是基于时间窗口的连接，所以通过时间窗口能有效地控制流数据的增长，从而实现对两个 KStream 进行连接操作。

（1）内连接：设置时间窗口为 5min，连接操作中合并两个流值在 ValueJoiner 类的 apply() 函数中完成。具体实现见代码 9-4。

代码 9-4　KStream 和 KStream 内连接

```
// 定义流变量
KStream<String, Long> left;
KStream<String, Double> right;

// 执行内连接逻辑
KStream<String, String> joined = left.join(right,
    new ValueJoiner<Long, Double, String>() {
      /** 合并两个流值 */
      public String apply(Long leftValue, Double rightValue) {
        return "left=" + leftValue + ", right=" + rightValue;
      }
    },
    JoinWindows.of(TimeUnit.MINUTES.toMillis(5)), /** 设置窗口大小为5min */
    Joined.with(
      Serdes.String(),      /** 键 */
      Serdes.Long(),        /** 左边消息值 */
      Serdes.Double())      /* 右边消息值 */
  );
```

（2）左连接：设置时间窗口为 5min，使用 leftJoin() 函数来实现左连接。具体实现见代码 9-5。

代码 9-5　KStream 和 KStream 左连接

```
// 定义流变量
KStream<String, Long> left;
KStream<String, Double> right;

// 执行左连接逻辑
KStream<String, String> joined = left.leftJoin(right,
  new ValueJoiner<Long, Double, String>() {
    /** 合并两个流值 */
    public String apply(Long leftValue, Double rightValue) {
      return "left=" + leftValue + ", right=" + rightValue;
    }
  },
  JoinWindows.of(TimeUnit.MINUTES.toMillis(5)), /** 设置窗口大小为 5min */
  Joined.with(
    Serdes.String(),    /** 键 */
    Serdes.Long(),      /** 左边消息记录 */
    Serdes.Double())    /** 右边消息记录 */
);
```

（3）外连接：设置时间窗口为 5min，使用 outerJoin() 函数来实现外连接。具体实现见代码 9-6。

代码 9-6　KStream 和 KStream 外连接

```
// 定义流变量
KStream<String, Long> left;
KStream<String, Double> right;

// 执行外连接逻辑
KStream<String, String> joined = left.outerJoin(right,
  new ValueJoiner<Long, Double, String>() {
    /** 合并两个流值 */
    public String apply(Long leftValue, Double rightValue) {
      return "left=" + leftValue + ", right=" + rightValue;
    }
  },
  JoinWindows.of(TimeUnit.MINUTES.toMillis(5)), /** 设置窗口大小为 5min */
  Joined.with(
    Serdes.String(), /** 键 */
    Serdes.Long(),   /** 左边消息记录 */
    Serdes.Double()) /** 右边消息记录 */
);
```

2. KTable 和 KTable 连接

由于 KTable 属于一个更新日志流，相同键的消息记录只会保留最新的值，因此，同一个键的消息记录任何时候都只会有一条最新的消息记录，所以无须设置时间窗口。

（1）内连接：使用 join() 函数，通过 ValueJoiner 类中的 apply() 函数合并两个流值。具体实现见代码 9-7。

代码 9-7　KTable 和 KTable 内连接

```
// 定义流变量
KStream<String, Long> left;
KStream<String, Double> right;

// 执行内连接逻辑
KTable<String, String> joined = left.join(right,
    new ValueJoiner<Long, Double, String>() {
        /** 合并两个流值 */
        public String apply(Long leftValue, Double rightValue) {
            return "left=" + leftValue + ", right=" + rightValue;
        }
    });
```

（2）左连接：使用 leftJoin() 函数，通过 ValueJoiner 类中的 apply() 函数合并两个流值。具体实现见代码 9-8。

代码 9-8　KTable 和 KTable 左连接

```
// 定义流变量
KStream<String, Long> left;
KStream<String, Double> right;

// 执行左连接逻辑
KTable<String, String> joined = left.leftJoin(right,
    new ValueJoiner<Long, Double, String>() {
        /** 合并两个流值 */
        public String apply(Long leftValue, Double rightValue) {
            return "left=" + leftValue + ", right=" + rightValue;
        }
    });
```

（3）外连接：使用 outerJoin() 函数，通过 ValueJoiner 类中的 apply() 函数合并两个流值。具体实现见代码 9-9。

代码 9-9　KTable 和 KTable 外连接

```
// 定义流变量
KStream<String, Long> left;
KStream<String, Double> right;

// 执行外连接逻辑
KTable<String, String> joined = left.outerJoin(right,
    new ValueJoiner<Long, Double, String>() {
      /** 合并两个流值 */
      public String apply(Long leftValue, Double rightValue) {
        return "left=" + leftValue + ", right=" + rightValue;
      }
    });
```

3. KStream 和 KTable 连接

在 Kafka 0.10.2.0 版本中，Kafka 流处理只支持 KStream 和 KTable 进行内连接和左连接，暂时不支持外连接。

（1）内连接：使用 join() 函数，通过 ValueJoiner 类中的 apply() 函数合并两个流值。具体实现见代码 9-10。

代码 9-10　KStream 和 KTable 内连接

```
// 定义流变量
KStream<String, Long> left;
KStream<String, Double> right;

// 执行内连接逻辑
KStream<String, String> joined = left.join(right,
    new ValueJoiner<Long, Double, String>() {
      /** 合并两个流值 */
      public String apply(Long leftValue, Double rightValue) {
        return "left=" + leftValue + ", right=" + rightValue;
      }
    },
    Joined.keySerde(Serdes.String())  /** 键 */
      .withValueSerde(Serdes.Long())  /** 左边消息记录 */
);
```

（2）左连接：使用 leftJoin() 函数，通过 ValueJoiner 类中的 apply() 函数合并两个流值。具体实现见代码 9-11。

代码 9-11　KStream 和 KTable 左连接

```
// 定义流变量
KStream<String, Long> left;
KStream<String, Double> right;

// 执行左连接逻辑
KStream<String, String> joined = left.leftJoin(right,
  new ValueJoiner<Long, Double, String>() {
    /** 合并两个流值 */
    public String apply(Long leftValue, Double rightValue) {
      return "left=" + leftValue + ", right=" + rightValue;
    }
  },
  Joined.keySerde(Serdes.String()) /** 键 */
    .withValueSerde(Serdes.Long()) /** 左边消息记录 */
);
```

9.4.4　转换操作

在 Kafka 流处理中，KStream 和 KTable 支持一系列的转换操作。这些转换操作都可以被转换为一个或者多个连接，这些转换后的连接组合在一起形成一个复制的流处理关系。

由于 KStream 和 KTable 都是强类型，因此这些转换操作都以泛型的方式进行定义。

 提示：
泛型是程序设计语言的一种特性，用于实现一个通用的标准容器库。

对于 KStream 转换操作来说，某些 KStream 可以产生一个或多个 KStream 对象，另外一些则产生一个 KTable 对象。

而对于 KTable 来说，所有的转换操作都只能产生一个 KTable 对象。

1. 无状态转换

这种转换不依赖任何状态（如过滤、分组等）就可以完成，不要求 Kafka 流处理器去关联状态存储。

（1）过滤操作：在 Predicate 类的 test() 方法中实现过滤规则。具体实现见代码 9-12。

代码 9-12　过滤操作

```
// 定义流对象
KStream<String, Long> stream;

// 调用过滤函数
```

```java
KStream<String, Long> onlyPositives = stream.filter(
  new Predicate<String, Long>() {
    /** 实现过滤逻辑 */
    public boolean test(String key, Long value) {
      return value > 0;
    }
  });
```

（2）分组操作：分组保证了数据被正确分区，执行分组操作不允许修改键（Key）或键（Key）的类型。具体实现见代码 9-13。

代码 9-13　分组操作

```java
// 定义流对象
KStream<byte[], String> stream;

// 如果键值类型不匹配，则需要显示指定
KGroupedStream<byte[], String> groupedStream = stream.groupByKey(
  Serialized.with(
    Serdes.ByteArray(), /** 键 */
    Serdes.String())   /** 值 */
);
```

2．有状态转换

有状态转换操作需要依赖某些状态信息。例如，在执行聚合操作时，会使用状态存储来保存上一个窗口的聚合结果；在执行连接操作时，会使用状态存储保存窗口边界内部的所有记录。

状态存储默认支持容错。如果出现异常，Kafka 流处理会先恢复所有的状态存储，然后再进行后续的处理。

9.4.5　聚合操作

在 Kafka 流处理中，聚合操作是一种有状态的转换，通过 Aggregator 类的 apply()函数来实现聚合功能。聚合操作是基于键来完成的，这意味着，操作的流数据会先按照相同的键来进行分组，然后对消息记录进行聚合，而在执行聚合操作时可以选择使用窗口或不使用窗口。

1．无窗口

按照消息记录键进行分组，然后使用 count()函数来统计消息记录数。具体实现见代码 9-14。

代码 9-14　无窗口统计

```java
// 定义流分组变量
KGroupedStream<String, Long> groupedStream;
```

```
KGroupedTable<String, Long> groupedTable;

// 调用统计函数并执行
KTable<String, Long> aggregatedStream = groupedStream.count();
KTable<String, Long> aggregatedTable = groupedTable.count();
```

2. 有窗口

按照消息记录键进行分组,然后设置窗口大小为 5min,并使用 count()函数来统计消息记录数。具体实现见代码 9-15。

代码 9-15　有窗口统计

```
// 定义流分组变量
KGroupedStream<String, Long> groupedStream;

// 基于翻滚时间窗口来执行统计逻辑
KTable<Windowed<String>, Long> aggregatedStream = groupedStream.windowedBy(
    TimeWindows.of(TimeUnit.MINUTES.toMillis(5))) /* time-based window */
    .count();

// 基于会话窗口来执行统计逻辑
KTable<Windowed<String>, Long> aggregatedStream = groupedStream.windowedBy(
    SessionWindows.with(TimeUnit.MINUTES.toMillis(5))) /* session window */
    .count();
```

9.5　实例 51:利用流处理开发一个单词统计程序

使用 Kafka 流处理创建 KStream 实例,从指定的 Kafka 系统主题中读取流数据,执行单词统计逻辑。

实例描述

开发一个完整的单词统计流处理应用程序,分为三个步骤来实现。(1)创建 Kafka 流主题;(2)统计流主题中单词出现的频率;(3)预览操作结果。

9.5.1　创建 Kafka 流主题

创建一个 Kafka 流主题用来存储流数据。具体操作命令如下。

```
# 创建主题
[hadoop@dn1 ~]$ kafka-topics.sh --create --zookeeper dn1:2181
--replication-factor 1 --partitions 1 --topic streams_wordcount_input
```

执行上述命令后，会输出创建的日志信息，如图 9-14 所示。

```
[hadoop@dn1 ~]$ kafka-topics.sh --create --zookeeper dn1:2181 --replication-fact
or 1 --partitions 1 --topic streams_wordcount_input
WARNING: Due to limitations in metric names, topics with a period ('.') or under
score ('_') could collide. To avoid issues it is best to use either, but not bot
h.
Created topic "streams_wordcount_input".
```

图 9-14　创建流主题

9.5.2　统计流主题中单词出现的频率

使用 KafkaStreams 实例来统计流主题中单词出现的频率，具体实现见代码 9-16。

代码 9-16　实现单词统计逻辑

```java
/**
 * 使用高阶 KStream DSL 统计一个流数据单词频率
 *
 * @author smartloli
 *
 *         Created by Jun 19, 2018
 */
public class WordCountStream {
    public static void main(String[] args) throws Exception {
        Properties props = new Properties();                    // 实例化一个属性对象
        props.put(StreamsConfig.APPLICATION_ID_CONFIG,
                "kstreams_wordcount");                          // 配置一个应用 ID
        props.put(StreamsConfig.BOOTSTRAP_SERVERS_CONFIG,
                "dn1:9092,dn2:9092,dn3:9092");                  // 配置 Kafka 集群地址
        props.put(StreamsConfig.KEY_SERDE_CLASS_CONFIG,
                Serdes.String().getClass().getName());  // 设置序列化与反序列类键属性
        props.put(StreamsConfig.VALUE_SERDE_CLASS_CONFIG,
                Serdes.String().getClass().getName());  // 设置序列化与反序列类值属性

        props.put(ConsumerConfig.AUTO_OFFSET_RESET_CONFIG,
                "earliest");                                    // 设置偏移量重置属性

        KStreamBuilder builder = new KStreamBuilder(); // 实例化一个流处理构建对象

        KStream<String, String> source = builder
                .stream("streams_wordcount_input");     // 指定一个输入流主题

        // 执行统计单词逻辑
        KTable<String, Long> counts = source.flatMapValues(new ValueMapper<String,
```

```java
                Iterable<String>>() {
            @Override
            public Iterable<String> apply(String value) {
                return Arrays.asList(value.toLowerCase(Locale.getDefault()).split(" "));
            }
        }).map(new KeyValueMapper<String, String, KeyValue<String, String>>() {
            @Override
            public KeyValue<String, String> apply(String key, String value) {
                return new KeyValue<>(value, value);
            }
        }).groupByKey().count("counts");

        counts.print();                                          // 输出统计结果

        KafkaStreams streams = new KafkaStreams(builder, props);// 实例化一个流处理对象
        streams.start();                                         // 执行流处理
    }
}
```

9.5.3 预览操作结果

首先,在 Kafka 集群中执行 kafka-console-producer.sh 脚本,模拟实时产生流数据。具体代码如下。

```
# 模拟实时产生流数据
[hadoop@dn1 ~]$ kafka-console-producer.sh --broker-list dn1:9092 --topic streams_wordcount_input
```

然后,在 Linux 控制台输入一串数据,如图 9-15 所示。

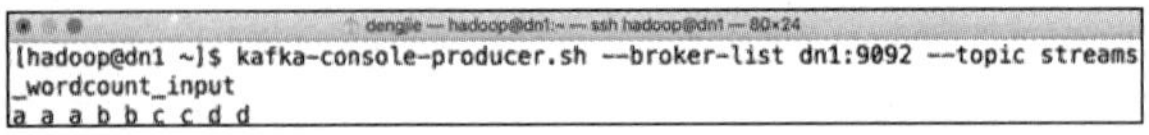

图 9-15　模拟实时产生流数据

接着,在代码编辑器中执行单词统计代码,会输出统计结果,如图 9-16 所示。

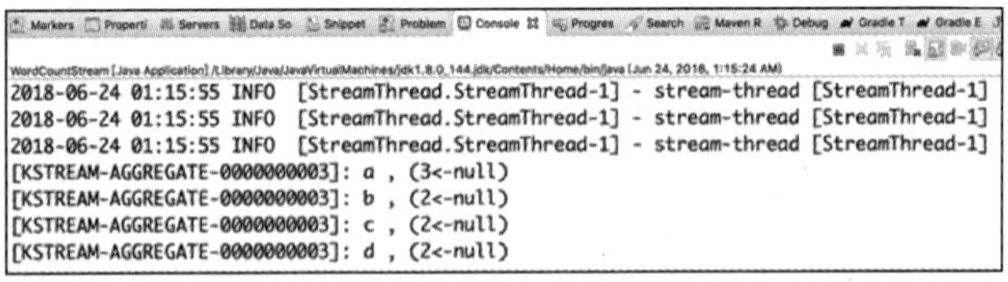

图 9-16　输出单词统计结果

9.6 实例 52：利用 Kafka 流开发一个 SQL 引擎

在使用 Kafka 流处理实现流应用程序的相关功能时，可以通过 Kafka 流处理提供的应用接口来开发一个 SQL 引擎，来处理相关流数据。处理流程如图 9-17 所示。

图 9-17　流 SQL 引擎实现流程图

> 提示：
> 本书 Kafka 流 SQL 引擎的实现代码托管在 Github 开源社区，读者可以访问 https://github.com/ smartloli/kafka-game-x 来获取学习。

实例描述

开发一个完整的 Kafka 流 SQL 引擎应用程序，分为四个步骤来实现。（1）构建生产流数据源；（2）构建 Kafka 流处理；（3）构建数据结构和执行 SQL 逻辑；（4）观察操作结果。

9.6.1　构建生产流数据源

Kafka 系统提供了生产者程序接口，可通过该接口来构建一个流数据源入口，让外界的业务数据通过这个入口进入 Kafka 系统主题。具体实现内容见代码 9-17。

代码 9-17　流数据源

```java
/**
 * 初始化生产者实例并随机生成数据
 *
 * @author smartloli
 *
 *         Created by Jun 20, 2018
 */
public class RandomNetworkDataProducer implements Runnable {

    private static final long INCOMING_DATA_INTERVAL = 500; // 设置等待时间

    private static final Logger LOGGER = LoggerFactory
            .getLogger(RandomNetworkDataProducer.class);    // 实例化一个日志对象

    @Override
    public void run() {
```

```java
        LOGGER.info("Initializing kafka producer...");

        Properties properties = ConfigUtil.getConfig("network-data");    // 实例化一个属性对象
        properties.put("key.serializer", StringSerializer.class);        // 序列化键
        properties.put("value.serializer", StringSerializer.class);      // 序列化值
        properties.put("acks", "all");                                   // 设置应答机制

        String topic = properties.getProperty("topic.names");            // 主题
        LOGGER.info("Start producing random network data to topic: " + topic);

        Producer<String, String> producer = new KafkaProducer<>(properties);

        Random random = new Random();

        final int deviceCount = 100;
        List<String> deviceIds = IntStream.range(0, deviceCount)
            .mapToObj(i ->
UUID.randomUUID().toString()).collect(Collectors.toList());

        // 生产业务数据，数据结构包含网络信号类型、发送流量包大小、网络速度等
        for (int i = 0; i < Integer.MAX_VALUE; i++) {
            NetworkData networkData = new NetworkData();

            networkData.setDeviceId(deviceIds.get(random.nextInt(deviceCount - 1)));
            networkData.setSignals(new ArrayList<>());
            for (int j = 0; j < random.nextInt(4) + 1; j++) {
                NetworkSignal networkSignal = new NetworkSignal();
                networkSignal.setNetworkType(i % 2 == 0 ? "4G" : "wifi");    // 网络信号类型

                networkSignal.setRxData((long) random.nextInt(1000));  // 接收流量包大小
                networkSignal.setTxData((long) random.nextInt(1000));  // 发送流量包大小
                networkSignal.setRxSpeed((double) random.nextInt(100)); // 接收网络速度
                networkSignal.setTxSpeed((double) random.nextInt(100)); // 发送网络速度
                networkSignal.setTime(System.currentTimeMillis());
                networkData.getSignals().add(networkSignal);
            }

            String key = "key-" + System.currentTimeMillis();
            String value = networkData.toString();

            if (LOGGER.isDebugEnabled()) {
                LOGGER.debug("Random data generated: " + key + ", " + value);
            }
```

```java
            // 实例化发送实例对象，然后执行消息记录发送操作
            ProducerRecord<String, String> record = new ProducerRecord<>(topic, key, value);
            producer.send(record);

            try {
                Thread.sleep(INCOMING_DATA_INTERVAL);  // 设置每次消息记录发送时间间隔
            } catch (InterruptedException e) {
                e.printStackTrace();
            }
        }

        producer.close();                              // 关闭发送对象
    }

}
```

9.6.2 构建 Kafka 流处理

通过 Kafka 流处理实例化 KafkaStreams 对象，来实时读取 Kafka 系统业务流主题中的数据，然后再进行业务逻辑处理。具体实现内容见代码 9-18。

代码 9-18　Kafka 流处理实现逻辑

```java
/**
 * 使用线程对数据进行逻辑处理
 *
 * @author smartloli
 *
 *         Created by Jun 20, 2018
 */
public class NetworkDataProcessor implements Runnable {

    private static final Logger LOG = LoggerFactory
            .getLogger(NetworkDataProcessor.class);        // 实例化一个日志对象

    private static Processor<byte[], byte[]> getProcessor() {
        return new NetworkDataKafkaProcessor();            // 调用具体的业务逻辑实现
    }

    /** 在线程中实现流处理逻辑 */
    public void run() {
        LOG.info("Initializing kafka processor...");
```

```java
        Properties properties = ConfigUtil.getConfig("network-data");
        String topics = properties.getProperty("topic.names");
        StreamsConfig config = new StreamsConfig(properties);

        LOG.info("Start listening topics: " + topics);

        TopologyBuilder builder = new TopologyBuilder()
                .addSource("SOURCE", topics.split(","))
                .addProcessor("PROCESSOR",
                   NetworkDataProcessor::getProcessor, "SOURCE");        // 构建流处理拓扑对象

        KafkaStreams streams = new KafkaStreams(builder, config);  // 实例化流处理对象
        streams.start();                                           // 启动流处理
    }
}
```

9.6.3 构建数据结构和执行 SQL 逻辑

代码 9-19 中，处理消息记录是通过 NetworkDataProcessor 类来实现的：先在内存中构建主题的数据结构，然后将消息记录转化成可以用 SQL 语法进行操作的表结构。

代码 9-19 具体业务逻辑处理

```java
/**
 * 实现 SQL 处理逻辑
 *
 * @author smartloli
 *
 *         Created by Jun 20, 2018
 */
public class IgniteStreamingSQLQuery implements Runnable {

    private static final long POLL_TIMEOUT = 3000;            // 设置超时时间
    private final Logger LOG = LoggerFactory
            .getLogger(IgniteStreamingSQLQuery.class);  // 实例化一个日志对象

    /** 使用 SQL 语法对业务主题进行操作 */
    private static final List<String> QUERIES = Arrays.asList("SELECT deviceId, SUM(rxData) AS rxTotal, "
            + "SUM(txData) AS txTOTAL FROM NetworkSignalDomain "
            + "GROUP BY deviceId ORDER BY rxTotal DESC, txTotal DESC LIMIT 5",
            "SELECT networkType, SUM(rxData) AS rxTotal, SUM(txData) AS txTotal "
            + "FROM NetworkSignalDomain GROUP BY networkType",
```

```java
            "SELECT networkType, AVG(rxSpeed) AS avgRxSpeed, AVG(txSpeed) AS avgTxSpeed"
                    + " FROM NetworkSignalDomain GROUP BY networkType");
    /** 在线程中执行具体的业务逻辑 */
    public void run() {
        // 实例化一个 SQL 操作对象
        NetworkSignalIgniteRepository networkSignalRepository =
                new NetworkSignalIgniteRepository();
        try {
            List<List<?>> rows = null;
            do {
                // 等待数据写入
                try {
                    Thread.sleep(POLL_TIMEOUT);
                } catch (InterruptedException e) {
                    e.printStackTrace();
                }

                // 循环迭代执行 SQL 查询
                for (String sql : QUERIES) {
                    rows = networkSignalRepository.sqlQuery(sql);// 调用 SQL 处理函数
                    LOG.info("*******************************");
                    for (List<?> row : rows) {
                        LOG.info("Row: " + row.toString());      // 循环打印查询数据
                    }
                }
            } while (rows != null && rows.size() > 0);
        } finally {
            networkSignalRepository.close();                     // 关闭 SQL 操作对象
        }
    }
}
```

9.6.4 观察操作结果

实现流数据源入口功能、Kafka 流处理逻辑，以及 SQL 查询业务主题中的流数据等核心模块后，下面来启动服务，具体实现见代码 9-20。

代码 9-20 启动服务

```
/**
 * 利用 Kafka Stream 特性，实现一个基于流处理的 Kafka SQL 处理引擎
 * 
 * @author smartloli
 * 
 *         Created by Jun 19, 2018
```

```
*/
public class KafkaStreamingSql {
    public static void main(String[] args) {
        List<Runnable> jobs = Arrays.asList(new RandomNetworkDataProducer(),
            new NetworkDataProcessor(), new IgniteStreamingSQLQuery()); // 获取执行任务

        jobs.parallelStream().map(Thread::new).forEach(Thread::run);// 执行任务
    }
}
```

启动服务后,通过执行 SQL 查询语句来输出相关结果。代码中的 3 条 SQL 语句涉及的功能是:

- 按照设备唯一 ID 进行分组累加接收流量包大小和发送流量包大小;
- 按照网络类型进行分组累加接收流量包大小和发送流量包大小;
- 按照网络类型分组统计发送网络速度和接收网络速度的平均值。

具体输出结果如图 9-18 所示。

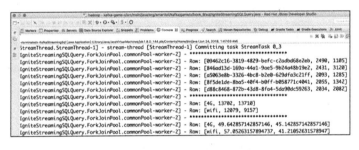

图 9-18 输出结果

9.7 小结

本章帮助读者掌握和运用 Kafka 流处理,介绍了 Kafka 流处理背景、架构,以及 KStream 和 KTable 的相关操作。9.5 和 9.6 节演示了两个完整的 Kafka 流处理实例,让读者更加深入地理解 Kafka 流处理。

第 10 章

监控与测试

本章通过介绍 Kafka Eagle 系统,帮助读者熟悉这个 Kafka 监控工具。读者日后从事 Kafka 相关开发工作时,可以通过该监控工具来提升工作效率。

另外,还详细地介绍了 Kafka 生产者和消费者性能基准测试所需要的环境,以及测试的步骤。让读者在日后调优 Kafka 生产者和消费者性能参数时,能够根据具体的测试环境得到最佳的参数值。

10.1 本章教学视频说明

视频内容:Kafka 监控工具的使用方法、消费者性能测试、生产者性能测试等。

视频时长:6 分钟。

视频截图见 10-1。

图 10-1 本章教学视频截图

10.2 Kafka 的监控工具——Kafka Eagle 系统

在管理 Kafka 集群上的主题和 Kafka 应用程序时，如果长期使用 Kafka 系统提供的脚本工具会很不方便。可以通过 Kafka 的监控工具——Kafka Eagle 系统，来减少日常的工作量。

10.2.1 实例 53：管理主题

实例描述

打开 Kafka Eagle 监控工具，执行两个操作：（1）查看主题信息，（2）删除主题。

1. 查看主题信息

访问 Kafka Eagle 系统，进入“Topic”-“List”模块。这里展示了 Kafka 集群上的所有主题信息，包含主题名、分区索引值、分区数、主题创建时间、主题修改时间等，如图 10-2 所示。

ID	Topic Name	Partition Indexes	Partition Numbers	Created	Modify	Operate
2	user_order3	["0","1","2","3","4","5"]	6	2018-04-16 07:55:15	2018-04-16 08:10:56	Remove
3	user_order	["0"]	1	2018-04-16 05:16:50	2018-04-16 05:16:50	Remove
5	ip_login	["0","1","2","3","4","5","6","7"]	8	2018-04-15 21:01:30	2018-04-16 01:07:55	Remove
1	kv_test	["0","1","2","3","4","5"]	6	2018-01-06 15:42:43	2018-01-06 16:51:31	Remove
6	__consumer_offsets	["44","45","46","47","48","49","10","11","12","13"...	50	2018-01-01 15:42:23	2018-01-01 15:42:23	Remove
4	ip_login_rt	["0","1","2","3","4","5"]	6	2018-01-01 15:40:55	2018-01-01 15:40:55	Remove

图 10-2 Kafka Eagle 展示所有主题名

Kafka Eagle 系统中展示的每个主题名都附有一个超链接，单击该超链接会跳转到一个新的页面，展示对应主题的详细信息。图 10-3 所示是每个分区所属的 Leader（分配到的 Kafka 代理节点）、副本信息以及 ISR。

Topic Meta Info

Topic	Partition	Leader	Replicas	Isr
user_order3	2	0	[0, 1, 2]	[0]
user_order3	5	0	[0, 1, 2]	[0]
user_order3	4	2	[0, 1, 2]	[2]
user_order3	1	2	[0, 1, 2]	[2]
user_order3	3	1	[0, 1, 2]	[1]
user_order3	0	1	[0, 1, 2]	[1]

Showing 1 to 6 of 6 entries　　Previous 1 Next

图 10-3 Kafka Eagle 展示主题的详细信息

2. 删除主题

如需删除主题，则可以单击主题对应的“Remove”按钮，会弹出如图 10-4 所示对话框，提示用户输入管理员密码以确认删除主题。

图 10-4　输入管理员密码确认删除

> **提示：**
> 管理员密码在 $KE_HOME/conf/system-config.properties 文件中，可以通过属性 kafka.eagle.topic.token 来控制。

10.2.2　实例 54：查看消费者组信息

当 Kafka 应用程序部署以后，需要观察这些应用程序的消费状态和能力。使用 Kafka 系统提供的脚本工具查看非常不方便，可以通过 Kafka Eagle 监控工具来查看各个消费组的情况。

实例描述

创建一个 JConsumerSubscribe.java 的源代码文件，编写一个消费者应用程序（见代码 10-1）并执行，观察 Kafka Eagle 系统"Consumers"模块的结果，如图 10-5 所示。

代码 10-1　源代码 JConsumerSubscribe.java

```java
/**
 * 实现一个消费者程序代码
 *
 * @author smartloli
 *
 *         Created by May 6, 2018
 */
public class JConsumerSubscribe extends Thread {
    /** 主函数入口 */
    public static void main(String[] args) {
        JConsumerSubscribe jconsumer = new JConsumerSubscribe();
        jconsumer.start();
    }

    /** 初始化Kafka集群信息 */
    private Properties configure() {
```

```java
        Properties props = new Properties();
        // 指定 Kafka 集群地址
        props.put("bootstrap.servers", "dn1:9092,dn2:9092,dn3:9092");
        props.put("group.id", "ke");                        // 指定消费者组
        props.put("enable.auto.commit", "true");            // 开启自动提交
        props.put("auto.commit.interval.ms", "1000");       // 自动提交的时间间隔
        // 反序列化消息主键
        props.put("key.deserializer",
            "org.apache.kafka.common.serialization.StringDeserializer");
        // 反序列化消费记录
        props.put("value.deserializer",
            "org.apache.kafka.common.serialization.StringDeserializer");
        return props;
    }

    /** 实现一个单线程消费者 */
    @Override
    public void run() {
        // 创建一个消费者对象
        KafkaConsumer<String, String> consumer =
            new KafkaConsumer<>(configure());
        // 订阅消费主题集合
        consumer.subscribe(Arrays.asList("user_order3"));
        // 实时消费标识
        boolean flag = true;
        while (flag) {
            // 获取主题消息数据
            ConsumerRecords<String, String> records = consumer.poll(100);
            for (ConsumerRecord<String, String> record : records)
                // 循环打印消息记录
                System.out.printf("offset = %d, key = %s, value = %s%n",
                    record.offset(), record.key(), record.value());
        }
        // 出现异常关闭消费者对象
        consumer.close();
    }
}
```

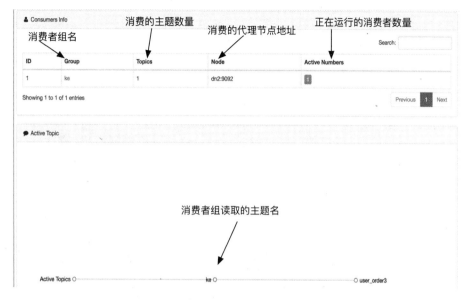

图 10-5　消费组信息展示

1. 查看消费者应用程序

（1）在"Consumers"模块里，每个消费组名称附带一个超链接。单击该超链接会弹出如图 10-6 所示对话框，单击主题后面的"Running"按钮。

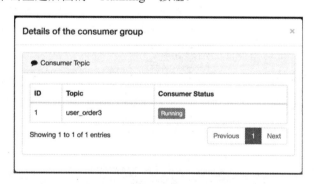

图 10-6　同一消费组下的主题

（2）进入被消费主题的详细展示界面，如图 10-7 所示。如要观察该主题"生产者"和"消费者"的历史曲线图，可以单击该主题名上的超链接。

user_order3

Partition	LogSize	Offset	Lag	Owner	Created	Modify
0	38248	38248	0	10.211.55.2-consumer-1-f010271c-f76b-48c9-a527-08066eb6a34c	2018-04-18 18:49:52	2018-04-18 18:49:52
1	40628	40628	0	10.211.55.2-consumer-1-f010271c-f76b-48c9-a527-08066eb6a34c	2018-04-18 18:49:52	2018-04-18 18:49:52
2	43007	43007	0	10.211.55.2-consumer-1-f010271c-f76b-48c9-a527-08066eb6a34c	2018-04-18 18:49:52	2018-04-18 18:49:52
3	40625	40625	0	10.211.55.2-consumer-1-f010271c-f76b-48c9-a527-08066eb6a34c	2018-04-18 18:49:52	2018-04-18 18:49:52
4	38245	38245	0	10.211.55.2-consumer-1-f010271c-f76b-48c9-a527-08066eb6a34c	2018-04-18 18:49:52	2018-04-18 18:49:52
5	38247	38247	0	10.211.55.2-consumer-1-f010271c-f76b-48c9-a527-08066eb6a34c	2018-04-18 18:49:52	2018-04-18 18:49:52

Showing 1 to 6 of 6 entries   Previous 1 Next

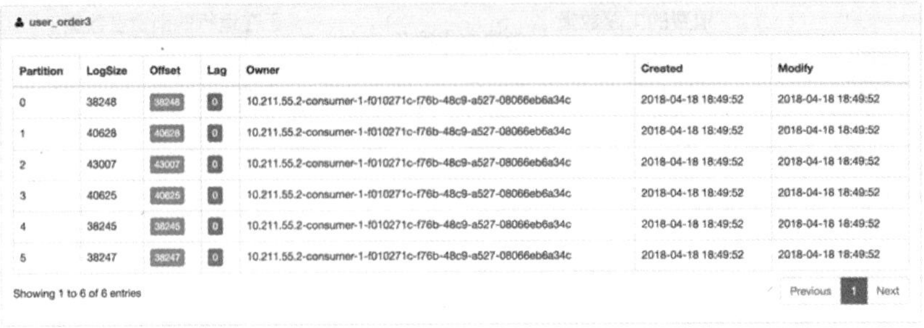

图 10-7　被消费主题的详细信息

图中展示了以下信息。

- Partition：分区索引值。
- LogSize：每个分区的总消息记录数，通过它可以获取当前“生产者”产生的数据总量。
- Offset：已被“消费”的消息记录数。通过它可以得出当前“消费”程序的进度。
- Lag：未被“消费”的消息记录数，通过它可以判断当前“消费”程序是否有阻塞情况。
- Owner：“消费”线程名称。通过该线程名称可以定位出“消费”每个分区数据的客户端 IP 地址。
- Created：“消费”记录创建时间。通过它可以观察应用程序更新状态的情况。
- Modify：“消费”记录修改时间。通过它可以观察应用程序更新状态的情况。

（3）单击图 10-7 中主题名上的超链接，进入如图 10-8 所示的界面。图中展示了最近一个小时主题“生产”速率和“消费”速率的历史曲线图。在曲线图的上方有两个面板，分别代表“生产者”和“消费者”平均每秒钟的消息速率。

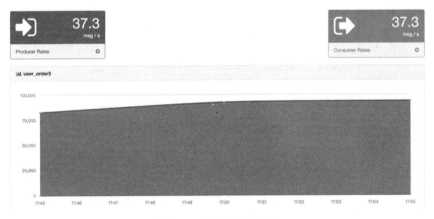

图 10-8　主题历史曲线图

10.2.3　实例 55：查看 Kafka 与 Zookeeper 集群的状态和性能

Kafka Eagle 监控系统还提供了查看 Kafka 集群和 Zookeeper 集群性能的功能。通过浏览“Metrics”模块中的历史曲线图，可以分析集群的性能。

实例描述

打开 Kafka Eagle 监控系统，查看三个重要模块数据：（1）Kafka 代理节点实时指标数据；（2）Kafka 性能指标历史曲线图；（3）Zookeeper 性能指标历史曲线图。

---

1. 查看 Kafka 代理节点实时指标数据

通过对接 Kafka 系统的底层应用接口，可以获取各个性能指标数据。例如，主题消息数据进出流量、吞吐量、拉取失败的请求等，如图 10-9 所示。

Kafka Brokers MBean

Rate	Mean	1 Minute	5 Minute	15 Minute
Messages in /sec	4	6	6	6
Bytes in /sec	414B	510B	509B	509B
Bytes out /sec	65B	510B	509B	508B
Bytes rejected	0B	0B	0B	0B
Failed fetch request /sec	0	0	0	0
Failed produce request /sec	0	0	0	0

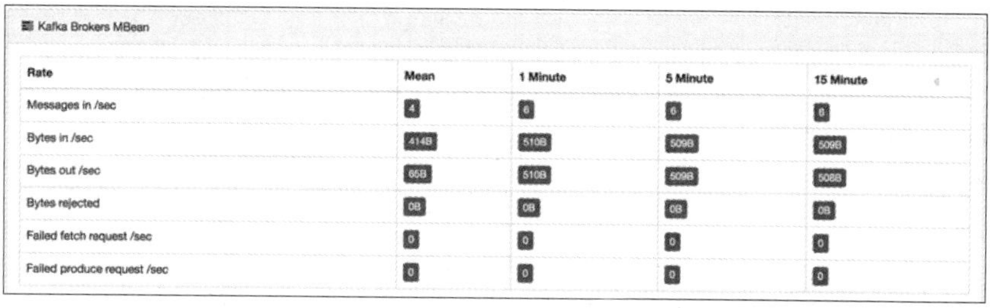

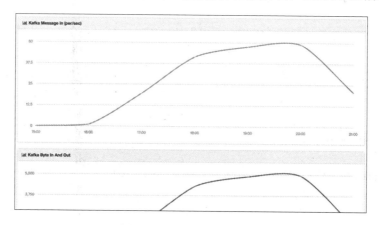

图 10-9　Kafka 代理节点实时指标数据

2. 查看 Kafka 性能指标历史曲线图

如要查看性能指标历史曲线图，则可以浏览历史曲线图界面，如图 10-10 所示。

图 10-10　性能指标历史曲线图

3. 查看 Zookeeper 性能指标历史曲线图

由于 Kafka 系统元数据信息会存储在 Zookeeper 系统中，Kafka 集群的性能很大程度上依赖于 Zookeeper 集群的性能，所以监控 Zookeeper 集群的性能指标也是很有必要的。

在 Kafka Eagle 系统"Metrics"模块中，单击"Zookeeper"超链接地址，结果如图 10-11 所示。

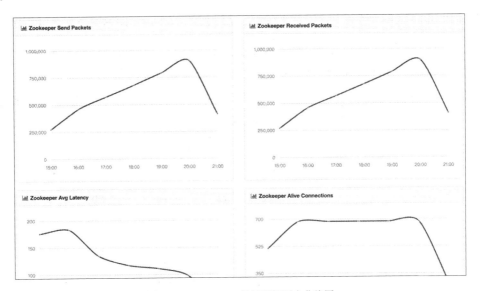

图 10-11　Zookeeper 性能指标历史曲线图

10.3　测试生产者性能

在分布式实时数据流场景下，数据量是很大的，所以，对 Kafka 集群的性能和稳定性的要求也很高。

可以针对具体的业务和数据量，对 Kafka 系统不同的参数进行性能测试，进而调优 Kafka 集群的性能。

10.3.1　了解测试环境

在测试 Kafka 集群性能之前，需要了解一些基础的测试环境信息，例如软件版本、硬件信息、服务器等。具体信息见表 10-1。

表 10-1 测试环境

主机名	Kafka 版本	CPU	内存	磁盘	网卡
dn1	0.10.2.0	32 核	64GB	12*4T	千兆
dn2	0.10.2.0	32 核	64GB	12*4T	千兆
dn3	0.10.2.0	32 核	64GB	12*4T	千兆

10.3.2 认识测试工具

Kafka 系统提供了测试工具 kafka-producer-perf-test.sh。通过该工具可以对生产者性能进行测试，获取一组最佳的参数值，进而提升生产者的发送效率。

可以设置主题名、总记录数、最大消息吞吐量等属性值，具体参数见表 10-2。

表 10-2 性能指标

参数	说明
--topic	指定生产者发送消息的主题
--num-records	测试时发送消息的总记录数
--throughput	最大消息吞吐量
--producer-props	通过键值对的方式指定配置属性，多组配置属性用空格分隔
--producer.config	加载生产者配置文件
--record-size	每条消息字节大小

在 Kafka 0.10.0.x 以后的版本中，生产者性能测试工具并没有提供线程数的设置的属性。Kafka 0.10.0.x 版本生产者性能测试工具内容见代码 10-2。

代码 10-2　Kafka 0.10.x 版本生产者性能测试工具代码实现

```
# 调用 ProducerPerformance 工具类
exec $(dirname $0)/kafka-run-class.sh
 org.apache.kafka.tools.ProducerPerformance "$@"
```

如果要实现带有线程参数功能的工具，可以修改工具的源代码。新建一个扩展名为 sh 的文件（命名为 kafka-producer-perf-test-0.8.sh），并在该文件中编写代码，具体内容见代码 10-3。

代码 10-3　修改带有线程参数的生产者性能测试工具

```
# 使用老版本的 ProducerPerformance 工具类
exec $(dirname $0)/kafka-run-class.sh kafka.tools.ProducerPerformance "$@"
```

10.3.3 实例56：利用工具测试生产者性能

下面通过实例来讲解如何测试生产者性能并分析测试结果。

实例描述

执行 kafka-producer-perf-test-0.8.sh 工具，同时进行如下测试：

（1）测试线程数；（2）测试分区数；（3）测试副本数；（4）测试节点数；（5）测试同步模式和异步模式；（6）测试批处理大小；（7）测试消息长度大小；（8）测试数据压缩方式。

1. 测试线程数

（1）创建一个拥有6个分区、1个副本的主题；

（2）设置不同的线程数并发送相同的数据量，查看性能变化。

具体命令如下。

```
# 创建主题
[hadoop@dn1 ~]$ kafka-topics.sh --create --zookeeper dn1:2181, dn2:2181,
 dn3:2181 --topic test_producer_perf --partitions 6 --replication-factor 1

# 设置1个线程数
[hadoop@dn1 ~]$ kafka-producer-perf-test-0.8.sh --messages 5000000
 --topics test_producer_perf --threads 1 --broker-list dn1:9092, dn2:9092,
 dn3:9092

# 设置10个线程数
[hadoop@dn1 ~]$ kafka-producer-perf-test-0.8.sh --messages 5000000
 --topics test_producer_perf --threads 10 --broker-list dn1:9092,
 dn2:9092, dn3:9092

# 设置20个线程数
[hadoop@dn1 ~]$ kafka-producer-perf-test-0.8.sh --messages 5000000
 --topics test_producer_perf --threads 20 --broker-list dn1:9092,
 dn2:9092, dn3:9092

# 设置25个线程数
[hadoop@dn1 ~]$ kafka-producer-perf-test-0.8.sh --messages 5000000
 --topics test_producer_perf --threads 25 --broker-list dn1:9092,
 dn2:9092, dn3:9092

# 设置30个线程数
[hadoop@dn1 ~]$ kafka-producer-perf-test-0.8.sh --messages 5000000
 --topics test_producer_perf --threads 30 --broker-list dn1:9092,
```

dn2:9092, dn3:9092

执行上述性能测试命令后,输出结果见表 10-3。

表 10-3 测试不同线程数

Kafka 节点数	线程数	分区数	副本数	每秒发送消息	消息大小(MB/s)
3	1	6	1	44287.7642	4.2236
3	10	6	1	349113.2523	33.2940
3	20	6	1	523889.3546	49.9620
3	25	6	1	526094.2761	50.1723
3	30	6	1	493435.3104	47.0577

将输出结果绘制成曲线图进行查看,如图 10-12 所示。

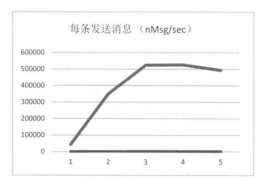

图 10-12 不同线程数曲线图

结论:向一个拥有 6 个分区、1 个副本的主题,发送 500 万条消息记录时,随着线程数的增加,每秒发送的消息记录会逐渐增加。在线程数为 25 时,每秒发送的消息记录达到最佳值。随后再增加线程数,每秒发送的消息记录数反而会减少。

2. 测试分区数

(1)新建一个拥有 12 个分区、1 个副本的主题;
(2)新建一个拥有 24 个分区、1 个副本的主题;
(3)向拥有 12 个分区、1 个副本的主题中发送相同数量的消息记录,查看性能变化;
(4)向拥有 24 个分区、1 个副本的主题中发送相同数量的消息记录,查看性能变化。
具体操作命令如下。

```
# 创建一个拥有 12 个分区的主题
[hadoop@dn1 ~]$ kafka-topics.sh --create --zookeeper dn1:2181, dn2:2181,
 dn3:2181 --topic test_producer_perf_p12 --partitions 12
```

```
--replication-factor 1
# 创建一个拥有 24 个分区的主题
[hadoop@dn1 ~]$ kafka-topics.sh --create --zookeeper dn1:2181, dn2:2181,
 dn3:2181 --topic test_producer_perf_p24 --partitions 24
--replication-factor 1

# 用一个线程发送数据到拥有 12 个分区的主题中
[hadoop@dn1 ~]$ kafka-producer-perf-test-0.8.sh --messages 5000000
 --topics test_producer_perf_p12 --threads 1 --broker-list dn1:9092,
dn2:9092, dn3:9092

# 用一个线程发送数据到拥有 24 个分区的主题中
[hadoop@dn1 ~]$ kafka-producer-perf-test-0.8.sh --messages 5000000
 --topics test_producer_perf_p24 --threads 1 --broker-list dn1:9092,
dn2:9092, dn3:9092
```

执行上述性能测试命令后，输出结果见表 10-4。

表 10-4 测试不同分区数

Kafka 节点数	线程数	分区数	副本数	每秒发送消息	消息大小（MB/s）
3	1	6	1	44287.7642	4.2236
3	1	12	1	43373.7866	4.1364
3	1	24	1	33497.0900	3.1946

将输出结果绘制成曲线图进行查看，如图 10-13 所示。

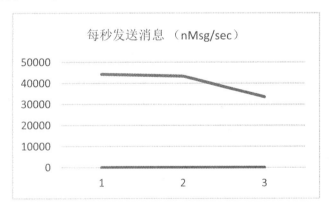

图 10-13 不同分区数曲线图

结论：从测试结果以及绘制的曲线图可看出，分区数越多，单线程生产者的吞吐量越小。

3. 测试副本数

（1）创建一个拥有两个副本、6 个分区的主题；
（2）创建一个拥有 3 个副本、6 个分区的主题；
（3）向拥有两个副本、6 个分区的主题中发送相同数量的消息记录，查看性能变化；
（4）向拥有 3 个副本、6 个分区的主题中发送相同数量的消息记录，查看性能变化；
具体操作命令如下。

```
# 创建一个拥有两个副本、6 个分区的主题
[hadoop@dn1 ~]$ kafka-topics.sh --create --zookeeper dn1:2181, dn2:2181,
  dn3:2181 --topic test_producer_perf_r2 --partitions 6
  --replication-factor 2

# 创建一个拥有 3 个副本、6 个分区的主题
[hadoop@dn1 ~]$ kafka-topics.sh --create --zookeeper dn1:2181, dn2:2181,
  dn3:2181 --topic test_producer_perf_r3 --partitions 6
  --replication-factor 3

# 用 3 个线程发送数据到拥有两个副本的主题中
[hadoop@dn1 ~]$ kafka-producer-perf-test-0.8.sh --messages 5000000
  --topics test_producer_perf_r2 --threads 3 --broker-list dn1:9092,
  dn2:9092, dn3:9092

# 用 3 个线程发送数据到拥有 3 个副本的主题中
[hadoop@dn1 ~]$ kafka-producer-perf-test-0.8.sh --messages 5000000
  --topics test_producer_perf_r3 --threads 3 --broker-list dn1:9092,
  dn2:9092, dn3:9092
```

执行上述性能测试命令后，输出结果见表 10-5。

表 10-5 测试不同副本数

Kafka 节点数	线程数	分区数	副本数	每秒发送消息	消息大小（MB/s）
3	3	6	1	131 309.365 0	12.522 6
3	3	6	2	83 944.697 2	8.005 6
3	3	6	3	54 205.808 7	5.169 6

将输出结果绘制成曲线图进行查看，结果如图 10-14 所示。

结论：从测试结果以及绘制的曲线图可看出，副本数越多，吞吐量越小。

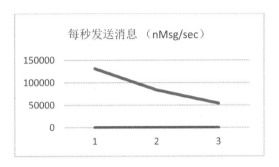

图 10-14　不同副本数曲线图

4. 测试节点数

通过增加 Kafka 代理节点数量来查看性能变化。具体操作命令如下。

```
# Kafka 节点数为 4 个时，异步发送消息记录
[hadoop@dn1 ~]$ kafka-producer-perf-test-0.8.sh --messages 5000000
 --topics test_producer_perf_b3 --threads 3 --broker-list dn1:9092,
 dn2:9092, dn3:9092, dn4:9092 --batch-size 3000 --request-timeout-ms 100000
```

执行上述性能测试命令后，输出结果见表 10-6。

表 10-6　测试增加节点数

Kafka 节点数	线程数	分区数	副本数	每秒发送消息	消息大小（MB/s）
3	3	6	3	133 865.170 9	12.766 4
4	3	6	3	157 878.054 9	15.056 4

将输出结果绘制成曲线图进行查看，如图 10-15 所示。

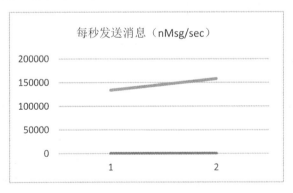

图 10-15　增加节点数曲线图

结论：从测试结果以及绘制的曲线图可看出，增加 Kafka 代理节点（Broker）数，吞吐量

会增加。

5. 测试同步模式和异步模式

分别用同步和异步的方式发送相同数量的消息记录，查看性能变化。

具体操作命令如下。

```
# 创建一个有用 3 个副本、6 个分区的主题
[hadoop@dn1 ~]$ kafka-topics.sh --create --zookeeper dn1:2181, dn2:2181,
 dn3:2181 --topic test_producer_perf_s2 --partitions 6
 --replication-factor 3

# 使用同步模式发送消息数据
[hadoop@dn1 ~]$ kafka-producer-perf-test-0.8.sh --messages 5000000
 --topics test_producer_perf_s2 --threads 3 --broker-list  dn1:9092,
 dn2:9092, dn3:9092 --sync

# 使用异步模式发送消息记录
[hadoop@dn1 ~]$ kafka-producer-perf-test-0.8.sh --messages 5000000
 --topics test_producer_perf_s2 --threads 3 --broker-list  dn1:9092,
 dn2:9092, dn3:9092
```

执行上述性能测试命令后，输出结果见表 10-7。

表 10-7　测试使用同步和异步方式发送消息数据

发送方式	Kafka 节点数	线程数	分区数	副本数	每秒发送消息	消息大小（MB/s）
同步	3	3	6	3	17 870.883 8	1.680 1
异步	3	3	6	3	51 782.327 7	4.838 3

将输出结果绘制成曲线图进行查看，如图 10-16 所示。

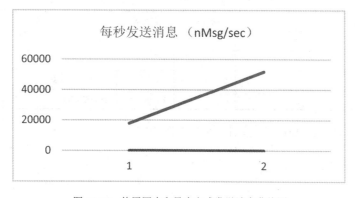

图 10-16　使用同步和异步方式发送消息曲线图

结论：从测试结果以及绘制的曲线图可看出，使用异步模式发送消息数据时，其吞吐量是同步模式的 3 倍左右。

6. 测试批处理大小

使用异步方式发送相同数量的消息数据，改变批处理量的大小，查看性能变化。

具体操作命令如下。

```
# 以批处理模式发送，共 1000 条
[hadoop@dn1 ~]$ kafka-producer-perf-test-0.8.sh --messages 5000000
 --topics test_producer_perf_s2 --threads 3 --broker-list dn1:9092,
 dn2:9092, dn3:9092 --batch-size 1000 --request-timeout-ms 100000

# 以批处理模式发送，共 3000 条
[hadoop@dn1 ~]$ kafka-producer-perf-test-0.8.sh --messages 5000000
 --topics test_producer_perf_s2 --threads 3 --broker-list dn1:9092,
 dn2:9092, dn3:9092 --batch-size 3000 --request-timeout-ms 100000

# 以批处理模式发送，共 5000 条
[hadoop@dn1 ~]$ kafka-producer-perf-test-0.8.sh --messages 5000000
 --topics test_producer_perf_s2 --threads 3 --broker-list dn1:9092,
 dn2:9092, dn3:9092 --batch-size 5000 --request-timeout-ms 100000

# 以批处理模式发送，共 7000 条
[hadoop@dn1 ~]$ kafka-producer-perf-test-0.8.sh --messages 5000000
 --topics test_producer_perf_s2 --threads 3 --broker-list dn1:9092,
 dn2:9092, dn3:9092 --batch-size 7000 --request-timeout-ms 100000
```

执行上述性能测试命令后，输出结果见表 10-8。

表 10-8 测试发送不同批处理大小的数据

批处理大小	Kafka 节点数	线程数	分区数	副本数	每秒发送消息	消息大小（MB/s）
1000	3	3	6	1	191 204.512 4	18.234 7
3000	3	3	6	1	234 796.806 8	22.392 0
5000	3	3	6	1	238 015.804 3	22.699 0
7000	3	3	6	1	219 076.560 5	20.891 9

将输出结果绘制成曲线图进行查看，结果如图 10-17 所示。

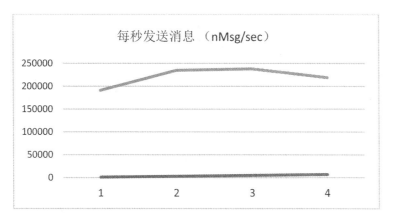

图 10-17 发送不同批处理大小的数据曲线图

结论：从测试结果以及绘制的曲线图可看出，发送的消息随着批处理大小增加而增加。当批处理大小增加到 3000~5000 时，吞吐量达到最佳值。而后再增加批处理大小，吞吐量的性能会下降。

7. 测试消息长度的大小

改变消息的长度，查看性能变化，具体操作命令如下。

```
# 发送消息，长度为 100 字节
[hadoop@dn1 ~]$ kafka-producer-perf-test-0.8.sh --messages 5000000
 --topics test_producer_perf_s2 --threads 3 --broker-list dn1:9092,
 dn2:9092, dn3:9092 --batch-size 3000 --request-timeout-ms 100000
--message-size 100

# 发送消息，长度为 200 字节
[hadoop@dn1 ~]$ kafka-producer-perf-test-0.8.sh --messages 5000000
 --topics test_producer_perf_s2 --threads 3 --broker-list dn1:9092,
 dn2:9092, dn3:9092 --batch-size 3000 --request-timeout-ms 100000
--message-size 200

# 发送消息，长度为 500 字节
[hadoop@dn1 ~]$ kafka-producer-perf-test-0.8.sh --messages 5000000
 --topics test_producer_perf_s2 --threads 3 --broker-list dn1:9092,
 dn2:9092, dn3:9092 --batch-size 3000 --request-timeout-ms 100000
--message-size 500
```

执行上述性能测试命令后，输出结果见表 10-9。

表 10-9 测试消息长度大小

消息长度	Kafka 节点数	线程数	分区数	副本数	每秒发送消息	消息大小（MB/s）
100	3	3	6	1	234 796.808 6	22.392 0
200	3	3	6	1	202 765.643 4	38.674 5
500	3	3	6	1	117 602.737 8	56.077 4

将输出结果绘制成曲线图进行查看，如图 10-18 所示。

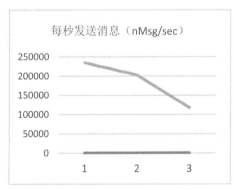
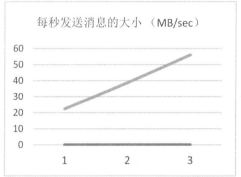

图 10-18 不同消息长度曲线图

结论：从测试结果以及绘制的曲线图可看出，随着消息长度的增加，每秒所能发送的消息数量逐渐减少（nMsg/sec）。但是，每秒发送的消息的总大小（MB/sec），会随着消息长度的增加而增加。

8. 测试数据压缩方式

分别使用不同的压缩方式发送相同数量的消息记录，查看性能变化。具体操作命令如下。

```
# 不压缩发送
[hadoop@dn1 ~]$ kafka-producer-perf-test-0.8.sh --messages 5000000
 --topics test_producer_perf_s2 --threads 3 --broker-list dn1:9092,
 dn2:9092, dn3:9092 --batch-size 3000 --request-timeout-ms 100000

# GZIP 方式压缩发送
[hadoop@dn1 ~]$ kafka-producer-perf-test-0.8.sh --messages 5000000
 --topics test_producer_perf_s2 --threads 3 --broker-list dn1:9092,
 dn2:9092, dn3:9092 --batch-size 3000 --request-timeout-ms 100000
 --compression-codec 1

# Snappy 方式压缩发送
[hadoop@dn1 ~]$ kafka-producer-perf-test-0.8.sh --messages 5000000
 --topics test_producer_perf_s2 --threads 3 --broker-list dn1:9092,
```

```
dn2:9092, dn3:9092 --batch-size 3000 --request-timeout-ms 100000
--compression-codec 2
```

执行上述性能测试命令后，输出结果见表 10-10。

表 10-10 测试使用不同的压缩方式

压缩方式	Kafka 节点数	线程数	分区数	副本数	每秒发送消息	消息大小（MB/s）
不压缩	3	3	6	1	234 796.808 6	222.392 0
GZIP 压缩	3	3	6	1	146 825.571 2	14.002 4
Snappy 压缩	3	3	6	1	258 772.280 3	24.678 4

将输出结果绘制成曲线图进行查看，如图 10-19 所示。

结论：从测试结果以及绘制的曲线图可看出，Snappy 类型的压缩方式性能最好，其次是不压缩，最后是 GZIP 压缩方式。

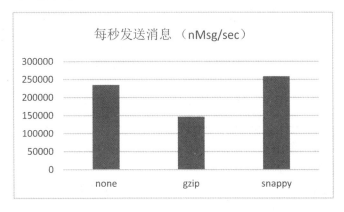

图 10-19 不同压缩方式趋势图

10.4 测试消费者性能

可针对具体的业务和数据量，对消费者属性参数进行性能测试，从而达到对 Kafka 集群的性能调优。

10.4.1 了解测试环境

测试 Kafka 集群性能之前，需要准备的基础测试环境信息，见表 10-11。

表 10-11 测试环境

主机名	Kafka 版本	CPU	内存	磁盘	网卡
dn1	0.10.2.0	32 核	64GB	12*4T	千兆
dn2	0.10.2.0	32 核	64GB	12*4T	千兆
dn3	0.10.2.0	32 核	64GB	12*4T	千兆

10.4.2 认识测试工具

Kafka 系统提供了一个测试工具——kafka-consumer-perf-test.sh，该工具可测试一系列性能指标，具体内容见表 10-12。

表 10-12 性能指标

参　　数	说　　明
--topic	指定消费者读取消息的主题
--zookeeper	指定字符串连接 Zookeeper 集群来获取 Kafka 集群元数据信息
--threads	指定线程数
--messages	读取消息记录数
--group	指定消费者组
--batch-size	执行批处理大小

消费者性能测试脚本使用的是 kafka.tools.ConsumerPerformance 工具类，在 Kafka 0.10.x 及之后版本消费者性能测试工具中删除了多线程测试功能。

在 Kafka 0.10.x 及之后版本消费者性能测试工具中，如果需要使用多线程测试功能，可以按代码 10-4 进行修改。

代码 10-4　消费者性能测试工具代码实现

```
# 修改新版本消费者性能测试工具类
exec $(dirname $0)/kafka-run-class.sh kafka.tools.ConsumerPerformance "$@"
```

10.4.3 实例 57：利用脚本测试消费者的性能

实例描述

执行 kafka-consumer-perf-test.sh 脚本，同时进行如下实验测试：（1）测试线程数；（2）测试分区数；（3）测试副本数。

1. 测试线程数

创建一个拥有 6 个分区、一个备份的主题，用不同的线程数读取相同的数据量，查看性能变化。

执行命令如下。

```
# 创建主题
[hadoop@dn1 ~]$ kafka-topics.sh --create --zookeeper dn1:2181, dn2:2181, dn3:2181 --topic test_consumer_perf --partitions 6 --replication-factor 1

# 设置 1 个线程数
[hadoop@dn1 ~]$ kafka-consumer-perf-test.sh -zookeeper dn1:2181,dn2:2181,dn3:2181 --messages 5000000 --topic test_consumer_perf --group g1 --threads 1

# 设置 3 个线程数
[hadoop@dn1 ~]$ kafka-consumer-perf-test.sh -zookeeper dn1:2181,dn2:2181,dn3:2181 --messages 5000000 --topic test_consumer_perf --group g2 --threads 3

# 设置 6 个线程数
[hadoop@dn1 ~]$ kafka-consumer-perf-test.sh -zookeeper dn1:2181,dn2:2181,dn3:2181 --messages 5000000 --topic test_consumer_perf --group g3 --threads 6
```

执行上述性能测试命令后，输出结果见表 10-13。

表 10-13　测试不同线程数

Kafka 节点数	线程数	分区数	副本数	每秒读取消息	消息大小（MB/s）
3	1	6	1	934 404.410 4	89.111 7
3	3	6	1	974 229.820 6	93.095 1
3	6	6	1	1 043 623.043	99.527 6

将输出结果绘制成曲线图进行查看，如图 10-20 所示。

结论：随着线程数的增加，每秒读取的消息记录会逐渐增加。在线程数与消费主题的分区相等时，吞吐量达到最佳值。随后，再增加线程数，新增的线程数将处于空闲状态，对提升消费者程序的吞吐量没有帮助。

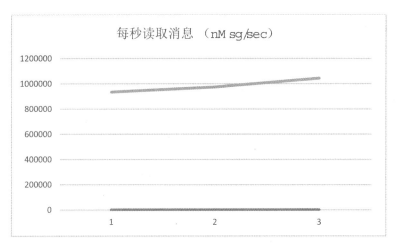

图 10-20 不同线程曲线图

2. 测试分区数

新建一个主题，改变它的分区数，读取相同数量的消息记录，查看性能变化。
具体操作命令如下。

```
# 创建一个拥有 12 个分区的主题
[hadoop@dn1 ~]$ kafka-topics.sh --create --zookeeper dn1:2181, dn2:2181,
 dn3:2181 --topic test_consumer_perf_p12 --partitions 12
 --replication-factor 1
# 创建一个拥有 24 个分区的主题
[hadoop@dn1 ~]$ kafka-topics.sh --create --zookeeper dn1:2181, dn2:2181,
 dn3:2181 --topic test_consumer_perf_p24 --partitions 24
 --replication-factor 1

# 用一个线程读取数据到拥有 12 个分区的主题中
[hadoop@dn1 ~]$ kafka-consumer-perf-test.sh -zookeeper
 dn1:2181,dn2:2181,dn3:2181 --messages 5000000 -topic
 test_consumer_perf_p12 --group g2 --threads 1

# 用一个线程读取数据到拥有 12 个分区的主题中
[hadoop@dn1 ~]$ kafka-consumer-perf-test.sh -zookeeper
 dn1:2181,dn2:2181,dn3:2181 --messages 5000000 -topic
 test_consumer_perf_p24 --group g3 --threads 1
```

执行上述性能测试命令后，输出结果见表 10-14。

表 10-14　测试不同分区数

Kafka 节点数	线程数	分区数	副本数	每秒读取消息	消息大小（MB/s）
3	1	6	1	934 404.410 4	89.111 7
3	1	12	1	905 354.572 5	85.711 9
3	1	24	1	887 605.347 2	82.139 1

将输出结果绘制成曲线图进行查看，结果如图 10-21 所示。

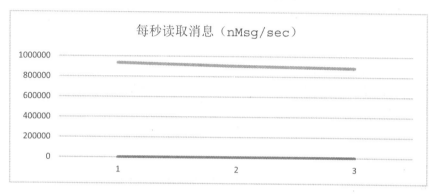

图 10-21　不同分区数曲线图

结论：当分区数增加时，如果线程数保持不变，则消费者程序的吞吐量性能会下降。

3. 测试副本数

新建主题，改变主题的副本数，读取相同数量的消息记录，查看性能变化。具体命令如下。

```
# 创建一个有两个副本、6个分区的主题
[hadoop@dn1 ~]$ kafka-topics.sh --create --zookeeper dn1:2181, dn2:2181,
 dn3:2181 -topic test_consumer_perf_r2 --partitions 6
 --replication-factor 2

# 创建一个有 3 个副本、6个分区的主题
[hadoop@dn1 ~]$ kafka-topics.sh --create --zookeeper dn1:2181, dn2:2181,
 dn3:2181 -topic test_consumer_perf_r3 --partitions 6
 --replication-factor 3

# 用 3 个线程读取数据到拥有两个副本的主题中
[hadoop@dn1 ~]$ kafka-consumer-perf-test.sh -zookeeper dn1:2181
,dn2:2181,dn3:2181 --messages 5000000 -topic
 test_consumer_perf_r2 --group g2 --threads 3

# 用 3 个线程读取数据到拥有 3 个副本的主题中
[hadoop@dn1 ~]$ kafka-consumer-perf-test.sh --zookeeper dn1:2181
```

```
,dn2:2181,dn3:2181 --messages 5000000 -topic
test_consumer_perf_r3 --group g3 --threads 3
```

执行上述性能测试命令后，输出结果见表 10-15。

表 10-15　测试不同副本数

Kafka 节点数	线程数	分区数	副本数	每秒读取消息	消息大小（MB/s）
3	3	6	1	963 390.751 4	91.876 1
3	3	6	2	963 481.652 3	91.976 1
3	3	6	3	963 241.840 4	91.772 7

将输出结果绘制成曲线图进行查看，结果如图 10-22 所示。

结论：副本数对消费者程序的吞吐量影响较小，消费者程序是从主题的每个分区的 Leader 上读取数据，而与副本数无关。

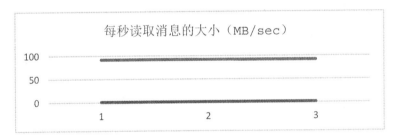

图 10-22　不同副本数曲线图

10.4　小结

本章介绍了 Kafka 监控工具，可帮助读者提供工作效率；还介绍了生产者和消费者的性能测试步骤，可帮助读者得到最佳的参数值。

第 4 篇　商业实战

为了将前面章所学习的知识运用到实际项目中，本篇将用三个项目案例来进行实战。
- 第 11 章　Kafka 与 ELK 套件的整合
- 第 12 章　Kafka 与 Spark 实时计算引擎的整合
- 第 13 章　实例 68：从零开始设计一个 Kafka 监控系统——Kafka Eagle

第 11 章 Kafka与ELK套件的整合

在掌握了 Kafka 基础知识、核心概念、底层实现等内容后，接下来将所学的 Kafka 知识运用实际项目中。本章将 kafka 与第三方套件 ELK 进行整合来完成一个案例。

> 提示：
> ELK 是 ElasticSearch、LogStash、Kibana 三个套件的首字母缩写，它们的作用分别是：数据存储、数据采集、数据展示。

11.1 本章教学视频说明

视频内容：ELK 的安装与配置、Kafka 与 ELK 的整合细节，以及实现一个案例来分析游戏日志。

视频时长：12 分钟。

视频截图见图 11-1。

图 11-1　本章教学视频截图

11.2 安装与配置 ELK

通常情况下，大型系统均采用分布式部署，比如 Hadoop、HBase、Kafka 等。不同的服务模块安装在不同的服务器上。如何将这些进程分布在不同的服务上，显得尤为重要。

ELK 提供了一整套解决方案，并且都是开源软件，它们之间可以互相配合，无缝衔接，满足很多应用场景。

ELK 软件包下载地址见表 11-1。

表 11-1 ELK 软件包下载地址

软件名	下载地址	版本号
LogStash	https://www.elastic.co/downloads/logstash	6.1.1
ElasticSearch	https://www.elastic.co/downloads/elasticsearch	6.1.1
Kibana	https://www.elastic.co/downloads/kibana	6.1.1

在实际的 ELK 应用场景中，ElasticSearch、LogStash、Kibana 分别承担着不同的任务：

- ElasticSearch：数据的存储介质；
- LogStash：承担数据搬运的角色，它提供了多种功能，例如导入、过滤和导出等；
- Kibana：可视化 ElasticSearch 中的数据。

11.2.1 安装与配置 LogStash

LogStash 是一个收集实时流式数据的收集引擎，也是一个接收、处理、转发日志数据的工具。它支持系统日志、Web 日志、应用程序日志等类型的日志。

1. 了解 LogStash 的基础环境

LogStash 的安装并不复杂，应先准备好 LogStash 依赖的环境以及软件安装包。

LogStash 软件安装需要依赖 Java 运行环境，因此，在安装 LogStash 之前应先准备好 Java 运行环境。

 提示：

LogStash 软件安装需要 Java 8 运行环境，暂时不支持 Java 9 运行环境。

2. 安装 JDK

如果服务器上没有 Java 8 的运行环境，可以到 Oracle 官方网站下载软件安装包。如果已存在 Java 8 的运行环境，可以跳过该安装步骤。

（1）下载：在服务器使用 wget 命令下载 Java 8 的软件安装包。具体操作命令如下：

```
# 使用wget命令下载
[hadoop@nna ~]$ http://download.oracle.com/otn-pub/java/jdk/8u144-b01/
090f390dda5b47b9b721c7dfaa008135/jdk-8u144-linux-x64.tar.gz
```

（2）解压缩并重命名：解压缩Java 8的软件安装包，并重新命名。具体操作命令如下。

```
# 解压缩
[hadoop@nna ~]$ tar -zxvf jdk-8u144-linux-x64.tar.gz
# 重命名
[hadoop@nna ~]$ mv jdk-8u144-linux-x64 jdk
```

（3）配置环境变量：在/etc/profile文件中配置Java 8的环境变量。具体操作命令如下。

```
# 打开/etc/profile文件
[hadoop@nna ~]$ sudo vi /etc/profile

# 添加如下内容
export JAVA_HOME=/data/soft/new/jdk
export PATH=$PATH:$JAVA_HOME/bin
# 保存并退出编辑
```

（4）使环境变量生效：使用source命令使配置的环境变量立即生效。操作命令如下。

```
# 使用source命令
[hadoop@nna ~]$ source /etc/profile
```

（5）验证：使用Java命令验证是否安装成功。具体命令如下。

```
# 打印版本信息
[hadoop@nna ~]$ java -version
```

如果Linux控制台能够打印Java的版本号（如图11-2所示），则表示Java 8的运行环境安装成功。

图11-2　Java 8版本信息

3. 安装LogStash

（1）下载：在服务器上使用wget命令下载LogStash软件包。具体操作如下。

```
# 使用wget命令下载
[hadoop@nna ~]$ wget https://artifacts.elastic.co/downloads/\
logstash/logstash-6.1.1.tar.gz
```

(2)解压缩并重命名:将软件安装包解压缩到指定目录,并重新命名。具体操作命令如下。

```
# 解压缩软件安装包
[hadoop@nna ~]$ tar -zxvf logstash-6.1.1.tar.gz
# 重命名
[hadoop@nna ~]$ mv logstash-6.1.1 logstash
```

(3)配置环境变量:在/etc/profile 文件中配置 LogStash 工具环境变量。具体操作命令如下。

```
# 打开/etc/profile 文件
[hadoop@nna ~]$ sudo vi /etc/profile

# 添加如下内容
export LOGSTASH_HOME=/data/soft/new/logstash
export PATH=$PATH:$ LOGSTASH_HOME/bin
# 保存并退出编辑
```

(4)使环境变量生效:使用 source 命令使配置的环境变量立即生效。具体操作命令如下。

```
# 使用 source 命令
[hadoop@nna ~]$ source /etc/profile
```

(5)验证:输入 LogStash 命令来验证工具的依赖环境是否准备就绪。具体操作命令如下。

```
# 打印 LogStash 版本信息
[hadoop@nna ~]$ logstash -V
```

然后,Linux 控制台会打印出对应的版本信息,如图 11-3 所示。

图 11-3　LogStash 版本信息

11.2.2　实例 58:LogStash 的标准输入与输出

为了测试 LogStash 是否安装成功,可以执行 LogStash 命令来验证。例如,运行一个最基本的 LogStash 管道(Pipeline)。

下面通过实例来演示 LogStash 的标准输入与输出,以及使用时的注意事项。

实例描述

进行如下实验:

(1)编写 logstash 脚本内容,实现标准输入与输出;(2)执行 logstash 命令,并观察操作结果；（3）安全退出。

1. 编写 logstash 脚本，实现标准输入与输出

```
# 输入和输出
[hadoop@nna ~]$ logstash -e 'input { stdin { } } output { stdout {} }'
```

命令中，"-e"属性允许用户直接从命令行指定配置。在命令行中指定配置可以快速测试配置，而不需要在指定配置文件中进行编辑。示例中演示的内容是，在当前节点输入信息，并将输入的信息在当前节点进行标准输出。

2. 执行 logstash 命令，并观察操作结果

执行完上述命令后，等待 Linux 控制台出现"Pipeline started"提示信息，然后根据提示输入内容，如图 11-4 所示。

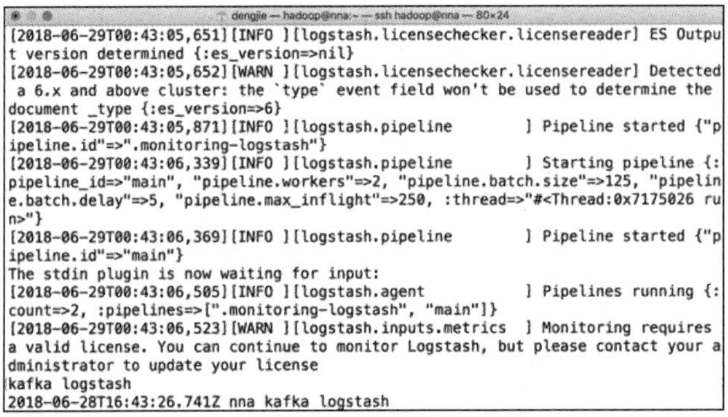

图 11-4　LogStash 输入输出示例

图 11-4 中输出了一条业务数据，如下：

```
2018-06-28T16:43:26.741Z nna kafka logstash
```

内容说明如下。

- kafka logstash：用户输入的内容；
- 2018-06-28T16:43:26.741Z：LogStash 增加的时间戳；
- nna：IP 地址或者主机名信息。

3. 安全退出

如要安全退出正在运行的 LogStash，可以在 Linux 控制台使用"Ctrl+D"快捷键来完成。

 提示：

如果是 Mac 键盘，请使用"Control+D"快捷键来完成。

11.2.3 安装与配置 ElasticSearch

ElasticSearch 是一个高度可扩展的开源全文检索和分析引擎,基于 Lucene 实现。它可以快速、实时地存储数据,还能够搜索和分析大量的数据集。

1. 基础环境

ElasticSearch 也需要依赖 Java 8 运行环境。请参考安装 LogStash 软件包时配置 Java 8 运行环境的步骤。

2. 下载 ElasticSearch

可以在 Linux 控制台使用 wget 命令在线下载 ElasticSearch 软件安装包,具体操作命令如下。

```
# 下载ElasticSearch软件安装包
[hadoop@nna ~]$ wget https://artifacts.elastic.co/downloads/elasticsearch\
/elasticsearch-6.1.1.tar.gz
```

3. 解压缩和重命名

将软件安装包解压缩到指定目录并重新命名,具体命令如下:

```
# 解压缩
[hadoop@nna ~]$ tar -zxvf elasticsearch-6.1.1.tar.gz
# 重命名
[hadoop@nna ~]$ mv elasticsearch-6.1.1 elasticsearch
```

4. 配置环境变量

在 /etc/profile 文件中配置环境变量,具体操作命令如下:

```
# 打开/etc/profile
[hadoop@nna ~]$ sudo vi /etc/profile

# 添加如下内容
export ES_HOME=/data/soft/new/elasticsearch
export PATH=$PATH:$ES_HOME/bin
# 保存并退出编辑
```

然后,使用 source 命令使刚刚配置的环境变量立即生效,具体操作命令如下:

```
# 使用source命令
[hadoop@nna ~]$ source /etc/profile
```

5. 配置系统文件

编辑 elasticsearch.yml 文件,进行属性配置。具体内容见代码 11-1。

代码 11-1　elasticsearch.yml 配置

```
# 集群唯一名称
cluster.name: elasticsearch
# 节点唯一名称
node.name: es1
# 数据存储路径
path.data: /data/soft/new/elasticsearch/data
# 日志存储路径
path.logs: /data/soft/new/elasticsearch/logs
# 设置为 false 是避免 CentOS 6 操作系统会出错
bootstrap.memory_lock: false
bootstrap.system_call_filter: false
# 内网和外网都可以访问
network.host: 0.0.0.0
# 外网浏览器访问端口
http.port: 9200
# 转发端口
transport.tcp.port: 9301
# 组建集群的 IP 地址
discovery.zen.ping.unicast.hosts: ["nna", "nns","dn1"]
# 设置集群最小 Master 节点，设置值为 1 方便即使只有一个 Master 也可以形成集群
discovery.zen.minimum_master_nodes: 1
# 设置当前节点是否选举为 Master
node.master: true
# 设置当前节点是否作为数据节点
node.data: true
```

6. 同步软件

将配置好的软件包同步到其他节点，具体操作命令如下：

```
# 使用 scp 进行同步
[hadoop@nna ~]$ hosts=(nns dn1);for i in ${hosts[@]};\
do scp -r elasticsearch $i:/data/soft/new/;done
```

7. 修改操作系统配置

如果使用 Linux 系统默认的配置启动 ElasticSearch，则会抛出错误，具体内容见下方代码。

```
    [2017-12-25T00:13:30,038][WARN ][o.e.b.JNANatives] unable to install syscall
filter:
    java.lang.UnsupportedOperationException: seccomp unavailable: requires kernel 3.5+
with CONFIG_SECCOMP and CONFIG_SECCOMP_FILTER compiled in

    ERROR: [4] bootstrap checks failed
```

```
[1]: max file descriptors [4096] for elasticsearch process is too low, increase to
at least [65536]
[2]: max number of threads [1024] for user [hadoop] is too low, increase to at least
[4096]
[3]: max virtual memory areas vm.max_map_count [65530] is too low, increase to at
least [262144]
[4]: system call filters failed to install; check the logs and fix your configuration
or disable system call filters at your own risk
```

警告是由于 Linux 操作系统版本太低，可以忽略，这个并不影响 ElasticSearch 的运行。四个异常错误的解决方案如下。

- 错误一：

可通过修改/etc/security/limits.conf 文件解决。具体操作内容如下所示：

```
# 配置属性
[hadoop@nna ~]$ sudo vi /etc/security/limits.conf

# 添加如下内容
*         hard    nofile   65536
*         soft    nofile   65536
# 保存并退出编辑（需要退出当前用户后再登录才能生效）
```

- 错误二：

可通过修改/etc/security/limits.d/90-nproc.conf 文件解决。具体操作内容如下所示：

```
# 配置属性
[hadoop@nna ~]$ sudo vi /etc/security/limits.d/90-nproc.conf

# 添加如下内容
*         soft    nproc    4096
# 保存并退出编辑（需要退出当前用户后再登录才能生效）
```

- 错误三：

可通过修改/etc/sysctl.conf 文件解决。具体操作内容如下所示：

```
# 配置属性
[hadoop@nna ~]$ sudo vi /etc/sysctl.conf

# 添加如下内容
vm.max_map_count=262144
# 保存并退出编辑
```

然后使用 sysctl 命令使配置属性立即生效，具体操作命令如下：

```
# 使用 sysctl 命令
```

```
[hadoop@nna ~]$ sudo sysctl -p
```

- 错误四：

由于 CentOS 6 不支持 SecComp，而 ElasticSearch 默认采用 bootstrap.system_call_filter 为 true 进行检测，所以导致检测失败，从而 ElasticSearch 无法启动。具体解决方法如下：

```
# 编辑 elasticsearch.yml 文件
[hadoop@nna ~]$ vi $ES_HOME/config/confelasticsearch.yml

# 编辑如下内容
bootstrap.memory_lock: false
bootstrap.system_call_filter: false
# 保存并退出编辑
```

8. 安装插件

ElasticSearch 推荐使用 X-Pack 插件来监控集群，可以和 ElasticSearch 进行无缝集成。X-Pack 插件包含强大的功能，其内容包含权限认证和管理、告警、监控、报表、图、机器学习等。具体安装命令如下：

```
# 安装 X-Pack 插件
# 在线安装
[hadoop@nna ~]$ elasticsearch-plugin install x-pack
# 离线安装
[hadoop@nna tmp]$ wget https://artifacts.elastic.co/downloads/packs/\
x-pack/x-pack-6.1.1.zip
[hadoop@nna ~]$ elasticsearch-plugin install file:///tmp/x-pack-6.1.1.zip
```

插件安装过程中需要输入确认信息，如图 11-5 所示。

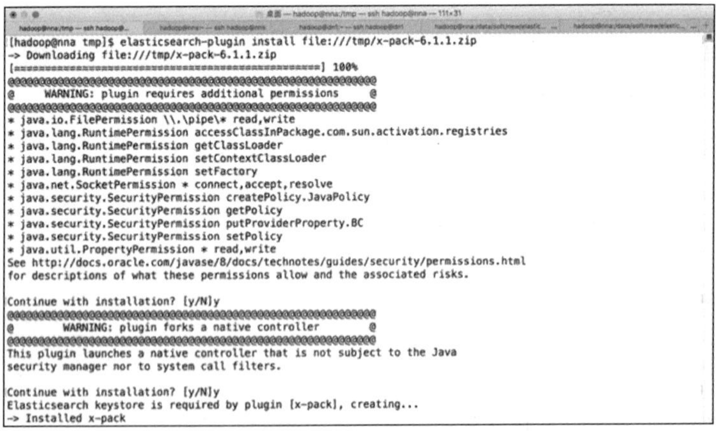

图 11-5　插件安装

安装完成 X-Pack 插件后，在$ES_HOME/bin 目录中有一个"x-pack"目录。进入该目录并执行命令来初始化用户的登录密码，具体操作命令如下所示：

```
# 初始化用户的登录密码
[hadoop@nna x-pack]$ ./setup-passwords interactive
```

在执行初始化操作时，根据 Linux 控制台输出的提示，分别设置 elastic 用户、kibana 用户、logstash_system 用户的登录密码。

X-Pack 插件集成到 ElasticSearch 的流程如图 11-6 所示。

图 11-6 安装 X-Pack 插件流程

如果在 Master 节点安装了 X-Pack 插件，那么 Master 节点存在权限认证。因此，其他数据节点也需要安装 X-Pack 插件，否则数据节点在连接 Master 节点时会抛出认证失败异常。异常内容见下方代码。

```
Caused by: org.elasticsearch.ElasticsearchSecurityException: missing authentication token for action [internal:transport/handshake]
```

只需要在所有数据节点安装 X-Pack 插件即可解决这个异常问题。

9. 启动集群

如果要封装一个批处理启动脚本 es-daemons.sh，则不用登录到各个 ElasticSearch 节点单独启动，具体实现见代码 11-2。

 提示：

代码 11-2 较长，所以没有在书中列出，请读者自行在"本书配套资源/代码/第 11 章/"中查看。

然后，使用 Linux 命令赋予可执行权限，启动 ElasticSearch 集群。具体操作命令如下：

```
# 赋予可执行权限
[hadoop@nna bin]$ chmod +x es-daemons.sh
# 执行脚本，启动集群
[hadoop@nna ~]$ es-daemons.sh start
# 查看集群状态
[hadoop@nna ~]$ es-daemons.sh status
```

在执行启动 ElasticSearch 集群脚本后，可以通过 status 命令来查看 ElasticSearch 集群运行状态。输出结果如图 11-7 所示。

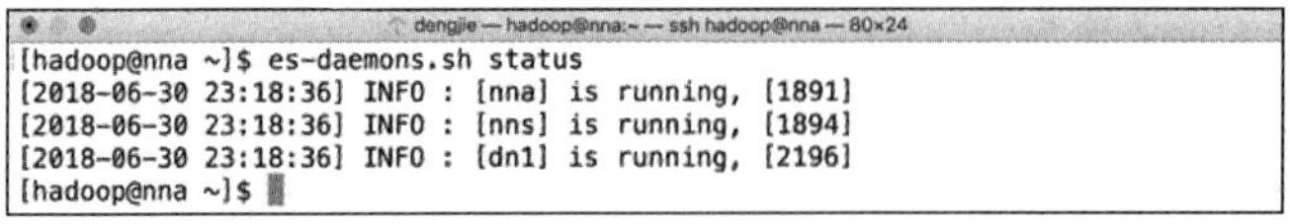

图 11-7　ElasticSearch 集群状态

10. 验证

使用 jps 命令查看是否有 Elasticsearch 服务进程，若有则说明 Elasticsearch 正常启动。也可以在浏览器中输入 http://nna:9200/地址进行查看，如图 11-8 所示。

图 11-8　验证 ElasticSearch 服务

图 11-8 中呈现了 ElasticSearch 集群的状态（"green"代表健康）、节点数量（3 个）、数据节点数量（3 个）等信息。

11.2.4　实例 59：使用 ElasticSearch 集群的 HTTP 接口创建索引

由于 ElasticSearch 支持客户端提交 HTTP 请求，所以，在创建索引时可以向 ElasticSearch 集群发送 PUT 请求。

> **实例描述**
> 使用 elastic 命令创建一个名叫 hadoop 的索引，观察操作结果。

1. 编写创建索引脚本内容

```
# 在集群中创建索引
[hadoop@nna ~]$ curl -u elastic -XPUT 'nna:9200/kafka_index?pretty=true'
```

2. 执行并观察操作结果

根据控制台的提示输入密码。密码验证通过后，集群会返回创建结果，如图 11-9 所示。

```
[hadoop@nna ~]$ curl -u elastic -XPUT 'nna:9200/kafka_index?pretty=true'
Enter host password for user 'elastic':
{
  "acknowledged" : true,
  "shards_acknowledged" : true,
  "index" : "kafka_index"
}
[hadoop@nna ~]$ 
```

图 11-9 创建索引

提示：

在任何命令后面添加 pretty 参数，都可以美化 ElasticSearch 集群的输出内容，以便用户更加容易阅读。

11.2.5 实例 60：使用 ElasticSearch 集群的 HTTP 接口查看索引

在 ElasticSearch 集群中，可以通过客户端发送 GET 请求来获取集群中的索引。

实例描述

使用 elastic 命令查看索引信息，观察操作结果。

1. 编写查看索引脚本内容

```
# 查看创建的索引
[hadoop@nna ~]$ curl -u elastic -XGET 'nna:9200/_cat/indices?pretty=true'
```

2. 执行并观察操作结果

根据控制台的提示输入密码。密码验证通过后，集群会返回查询结果，如图 11-10 所示。

```
[hadoop@nna ~]$ curl -u elastic -XGET 'nna:9200/_cat/indices?pretty=true'
Enter host password for user 'elastic':
green open .watcher-history-7-2018.05.31     U1DOr7YdQHu4hbNJjnNUew 1 1    16   0 356.5kb 189.1kb
green open hadoop                            U0RbdBuETKCiow5MVO0Wog 5 1     2   0  20.7kb  10.3kb
green open .monitoring-logstash-6-2018.06.28 hzS7yt1BRoqfejKqfgKf5w 1 1   252   0 489.5kb 244.7kb
green open .watcher-history-7-2017.12.25     Jp4ntmHWS6SbMkYB8-kiMg 1 1  1802   0   4.6mb   2.3mb
green open .monitoring-es-6-2017.12.27       TDcGp7xBRq2IcZs21TOPbg 1 1 26109  71  32.6mb  16.3mb
green open .monitoring-logstash-6-2017.12.27 P73lMQkhQ66703ewp3Ve3w 1 1  1663   0 577.4kb 288.7kb
green open .reporting-2017.12.24             5KOGFqaOSkeTyUoDlfOlkQ 5 1     2   0    37kb  18.3kb
green open .watcher-history-7-2018.06.30     vOhNFeGFSvS3mmQ1hAcRDA 1 1     4   0   136kb    68kb
green open .monitoring-alerts-6              eCZEF9GPR6qQ1gh0ikut5A 1 1     1   0  12.9kb   6.4kb
green open .monitoring-kibana-6-2017.12.26   835Hg1pETDGLdi131Sq8NQ 1 1  2751   0   1.6mb 838.9kb
green open error_es_apps-2017.12.27          rmM2-JhYQDWhiS2mHZcjxA 5 1     6   0  54.7kb  27.3kb
green open .monitoring-es-6-2017.12.26       VWLQbtANRFmRwiP8oQDpMA 1 1 55755 202  73.2mb  36.6mb
green open .watches                          h8MhwQ2ySAesKSzVUCEOlA 1 1     1   0  44.8kb  22.4kb
green open .monitoring-logstash-6-2018.05.31 23hfZd6xT7icEHs3wUt1zA 1 1  1227   0 661.5kb 330.7kb
green open .monitoring-es-6-2017.12.25       i6JHo1xYRLS9AJdUcuUcvA 1 1 24117   0  23.6mb  11.8mb
green open .watcher-history-7-2017.12.27     NY0gXdmdTwulRTY-85n52g 1 1  1004   0   2.9mb   1.4mb
green open .security-6                       hO9EUwzvT7CEAPi0dSWsEA 1 2     3   0    11kb   3.6kb
green open .monitoring-es-6-2018.06.30       4qTNUKBwQW-pNosP5Kuq2w 1 1   295 101 741.7kb 370.8kb
green open kafka_index                       R9Bbhq7iQ3C3-PJ2elthEA 5 1     0   0   2.2kb   1.1kb
```

图 11-10 查看索引

需要注意的是，如果执行上述命令后提示证书过期，可以访问 https://register.elastic.co/xpack_register 填写相关信息来注册证书。之后，证书下载地址会发送到注册邮箱中，访问下载地址获取注册证书，最后执行证书更新命令。

更新证书的命令如下。

```
# 更新证书
[hadoop@nna config]$ curl -XPUT -u elastic 'http://nna:9200/_xpack/license?
acknowledge=true' -H "Content-Type: application/json" -d
@jie-deng-eb6f56d8-92ec-4c96-a0fa-105ccbeb177c-v5.json
```

更新成功后，控制台会打印出状态信息，如图 11-11 所示。

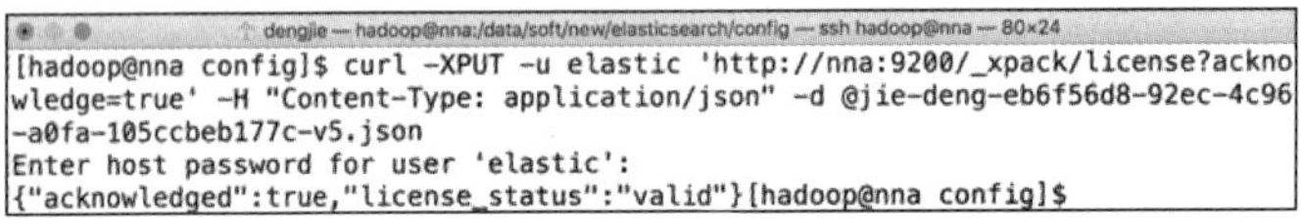
dengjie — hadoop@nna:/data/soft/new/elasticsearch/config — ssh hadoop@nna — 80×24

```
[hadoop@nna config]$ curl -XPUT -u elastic 'http://nna:9200/_xpack/license?ackno
wledge=true' -H "Content-Type: application/json" -d @jie-deng-eb6f56d8-92ec-4c96
-a0fa-105ccbeb177c-v5.json
Enter host password for user 'elastic':
{"acknowledged":true,"license_status":"valid"}[hadoop@nna config]$
```

图 11-11 更新证书

11.2.6 实例 61：使用 ElasticSearch 集群的 HTTP 接口添加数据

在 ElasticSearch 集群中，可以通过指定索引和类型来发送 PUT 请求，将数据写入对应的索引中。

实例描述

使用 elastic 命令添加数据，观察操作结果。

---

1. 编写添加数据脚本内容

```
# 向 hadoop 索引中的 hdfs 类型中添加一条数据
[hadoop@nna ~]$ curl -u elastic -XPUT -H\
'Content-Type: application/json;charset=UTF-8'
'nna:9200/kafka_index/t/1?pretty=true' -d '
{
  "plat": "101",
  "topic": "ip_login",
  "ip": "192.168.10.11"
}'
```

2. 执行并观察操作结果

执行上述命令后，根据控制台的提示输入密码。密码验证通过后，ElasticSearch 集群会返回一个 JSON 对象结果，其中包含索引、类型、ID、版本等信息，如图 11-12 所示。

```
[hadoop@nna ~]$ curl -u elastic -XPUT -H 'Content-Type: application/json;charset
=UTF-8' 'nna:9200/kafka_index/t/1?pretty=true' -d '
> {
>   "plat": "101",
>   "topic": "ip_login",
>   "ip": "192.168.10.11"
> }'
Enter host password for user 'elastic':
{
  "_index" : "kafka_index",
  "_type" : "t",
  "_id" : "1",
  "_version" : 1,
  "result" : "created",
  "_shards" : {
    "total" : 2,
    "successful" : 2,
    "failed" : 0
  },
  "_seq_no" : 0,
  "_primary_term" : 1
}
```

图 11-12　添加数据

> **提示：**
>
> 在 ElasticSearch-6.x 版本后，在提交插入命令时需要指定 -H 'Content-Type: application/json; charset=UTF-8'。如若不指定，则会抛出异常，内容如下：
>
> ```
> {
>   "error" : "Content-Type header [application/x-www-form-urlencoded] is not supported",
>   "status" : 406
> }
> ```

3. 用 POST 方式写入数据

如果在写入数据时不指定 ID，则需要将提交命令 PUT 改为 POST。具体操作命令如下：

```
# 使用随机ID进行添加数据
[hadoop@nna ~]$ curl -u elastic -XPOST -H 'Content-Type:
application/json;charset=UTF-8' 'nna:9200/kafka_index/t?pretty=true' -d '
{
  "plat": "101",
  "topic": "ip_login",
  "ip": "192.168.10.12"
}'
```

执行上述命令后，根据控制台的提示输入密码。密码验证通过后，ElasticSearch 集群会返回一个带有随机 ID 的 JSON 对象结果，其中包含索引、类型、ID、版本等信息，如图 11-13 所示。

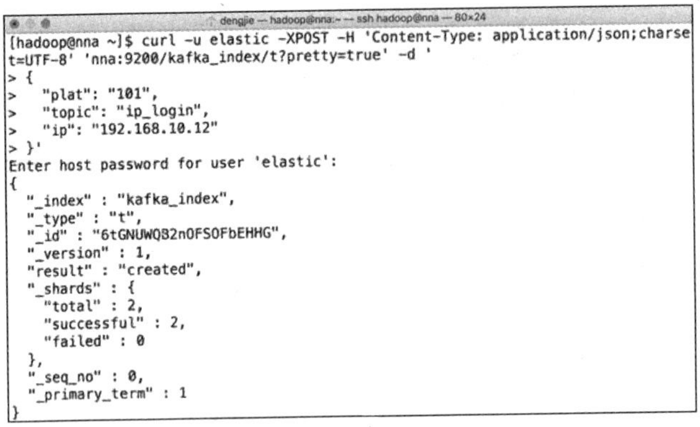

```
[hadoop@nna ~]$ curl -u elastic -XPOST -H 'Content-Type: application/json;charse
t=UTF-8' 'nna:9200/kafka_index/t?pretty=true' -d '
> {
>    "plat": "101",
>    "topic": "ip_login",
>    "ip": "192.168.10.12"
> }'
Enter host password for user 'elastic':
{
  "_index" : "kafka_index",
  "_type" : "t",
  "_id" : "6tGNUWQB2nOFSOFbEHHG",
  "_version" : 1,
  "result" : "created",
  "_shards" : {
    "total" : 2,
    "successful" : 2,
    "failed" : 0
  },
  "_seq_no" : 0,
  "_primary_term" : 1
```

图 11-13　用 POST 方式添加数据

11.2.7　安装与配置 Kibana

Kibana 是一个开源的分析和可视化平台，它设计的初衷就是和 ElasticSearch 一起使用。可以使用 Kibana 来搜索、查看和存储 ElasticSearch 索引中存储的数据。利用 Kibana 可以很轻松地实现高级数据分析功能，并在各种图表、表格、地图中对数据进行可视化。

Kibana 可以让用户非常直观地解读数据。通过在浏览器界面中快速创建面板，实时展示 ElasticSearch 查询的变化。

Kibana 从 6.0.0 版本后，只支持 64 位的操作系统。由于 Kibana 在 Node.js 上运行，因此需要为 Linux、Darwin 及 Windows 这些平台提供必要的 Node.js 二进制文件。而单独维护的 Node.js 版本，Kibana 是不支持的。

官方推荐 Kibana 版本和 ElasticSearch 版本保持一致，对于运行不同版本的 Kibana（例如 Kibana 5.x 版本）和 ElasticSearch（ElasticSearch 2.x 版本）是不支持的。

1. 下载

从官方网站获取下载链接地址，然后使用 Linux 的下载命令 wget 来执行。具体操作命令如下：

```
# 下载 Kibana 软件包
[hadoop@nna ~]$ wget https://artifacts.elastic.co/downloads/kibana\
/kibana-6.1.1-linux-x86_64.tar.gz
```

2. 解压并重命名

将下载好的 Kibana 软件安装包进行解压缩并重命名，具体命令如下：

```
# 解压缩
[hadoop@nna ~]$ tar -zxvf kibana-6.1.1-linux-x86_64.tar.gz
# 重命名
[hadoop@nna ~]$ mv kibana-6.1.1-linux-x86_64 kibana
```

3. 配置环境变量

在/etc/profile 文件中配置 Kibana 的环境变量，具体操作命令如下：

```
# 打开/etc/profile
[hadoop@nna ~]$ sudo vi /etc/profile

# 添加如下内容
export KIBANA_HOME=/data/soft/new/kibana
export PATH=$PATH:$KIBANA_HOME/bin
# 保存并退出编辑
```

然后，使用 source 命令使刚刚配置的环境变量立即生效，具体操作命令如下：

```
# 使用source命令
[hadoop@nna ~]$ source /etc/profile
```

4. 插件安装

在安装 ElasticSearch 集群时用到过 X-Pack 插件，这个插件也可以在 Kibana 中复用。具体操作安装如下：

```
# 在线安装
[hadoop@nna ~]$ kibana-plugin install x-pack
# 离线安装
[hadoop@nna ~]$ kibana-plugin install file:///tmp/x-pack-6.1.1.zip
```

安装完成后，在 Linux 控制台会打印出成功的信息，如图 11-14 所示。

图 11-14　Kibana 安装 X-Pack

5. 系统配置

在$KIBANA_HOME/config 目录中编辑 kibana.yml 配置文件的属性，具体内容见代码 11-3。

代码 11-3　Kibana 配置文件 kibana.yml

```
# 浏览器访问Web服务端口
server.port: 5601
# 浏览器访问Web服务主机名或者IP
server.host: "nna"
```

```
# 用于所有查询的 Elasticsearch 实例的 URL
elasticsearch.url: "http://nna:9200"
# 用于访问 ElasticSearch 的用户名
elasticsearch.username: "elastic"
# 用于访问 ElasticSearch 的密码
elasticsearch.password: "123456"
```

11.2.8 实例 62：启动并验证 Kibana 系统

下面通过实例来演示 Kibana 系统的启动与验证。

实例描述

执行 kibana 命令来启动 Kibana 系统，通过访问 HTTP 地址来校验。按照下面两种情况来进行实验：（1）启动 Kibana 系统，观察操作结果；（2）验证 Kibana 系统，观察操作结果。

1. 启动 Kibana 系统

在 Linux 系统中，执行 Kibana 启动脚本来启动可视化管理系统。具体命令如下：

```
# 启动 Kibana 系统
[hadoop@nna ~]$ kibana &
```

如果系统启动成功，则 Linux 控制台会打印出日志信息，如图 11-15 所示。

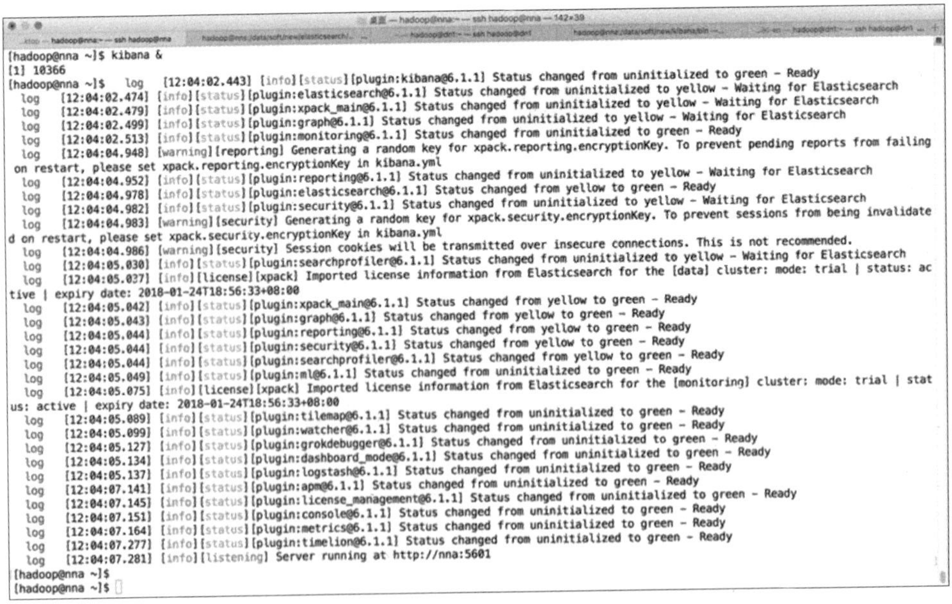

图 11-15　启动 Kibana

2. 验证 Kibana 系统

安照图 11-15 中启动成功的提示，在浏览器中输入 http://nna:5601 会跳转到 Kibana 的登录界面，如图 11-16 所示。

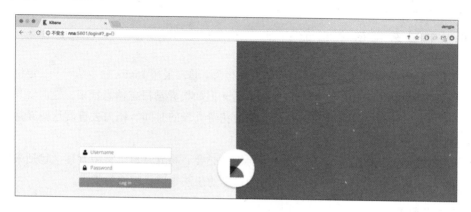

图 11-16　Kibana 登录界面

在部署 ElasticSearch 集群时，安装 X-Pack 后重置过一次密码，用户包含 elastic、kibana 和 logstash_system，重置后的密码值都是 123456。这里使用 elastic 用户来登录，因为该用户的权限最大（SuperUser），可以操作 Kibana 系统的所有模块，如图 11-17 所示。

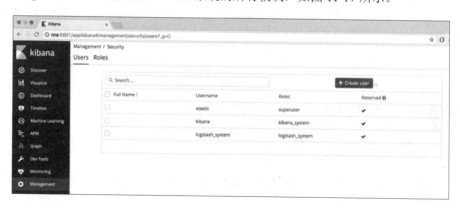

图 11-17　Kibana 用户列表

11.3　实例 63：实现一个游戏日志实时分析系统

客户端应用程序在运行过程中可能会产生错误，例如，调用服务端接口超时、客户端处理业务逻辑发生异常、应用程序突然闪退等。这些异常信息都会产生日志记录，并上报到指定的日志服务器进行存储。

实例描述

使用 Flume 工具将游戏日志数据采集到 ElasticSearch 中进行存储，并使用 Kibana 系统来分析游戏日志。

11.3.1 了解系统要实现的功能

在传统的应用场景中，对上报的异常日志信息，通常采用 Linux 命令去分析、定位问题。如果日志数据量较小，这样不会觉得有什么不适。但如果异常日志信息很多，这时还用 Linux 命令去逐一查看、定位，这将是灾难性的。需要花费大量的时间、精力去查阅这些异常日志，且效率也不高。

因此，构建一个实时日志分析平台就显得很有必要。将异常日志集中管理（包括采集、存储、展示），这样用户可以在这个平台上按照自己的想法来满足相应的需求。

1. 自定义需求

可以通过浏览器界面访问 Kibana，并按照不同的筛选规则来查询 ElasticSearch 集群中的异常日志数据。返回的结果将在浏览器界面中以表格或 JSON 对象的形式进行展示，一目了然。

2. 清理无效数据

对于存在时间较长的历史数据，如果不需要，可以将其删除。Kibana 提供了操作 ElasticSearch 的接口，可通过执行删除命令来清理 ElasticSearch 中的无效数据。

3. 将结果导出与共享

在 Kibana 系统中，分析完异常日志后可以将这些结果直接导出或者共享。Kibana 的浏览器界面支持一键式结果导出与数据分享，不需要额外编写代码。

11.3.2 了解平台体系架构

搭建实时日志分析平台涉及的组件有 ElasticSearch、LogStash、Kibana 和 Kafka，它们各自的功能如下。

- ElasticSearch：负责分布式存储日志数据，为 Kibana 提供进行可视化的数据源；
- LogStash：负责消费 Kafka 消息队列中的原始数据，并将消费的数据上报到 ElasticSearch 进行存储；
- Kibana：负责对 ElasticSearch 中存储的数据进行可视化，并提供查询、聚合、图表和导出等功能；
- Kafka：负责集中管理日志信息，并做数据分流。

1. 平台体系架构

平台体系架构如图 11-18 所示。先将日志服务器托管的压缩日志收集到 Kafka 消息队列，由 Kafka 实现数据分流。然后通过 LogStash 工具消费 Kafka 中存储的消息数据，并将消费后的数据存储到 ElasticSearch。最后，通过 Kibana 工具来查询、分析 ElasticSearch 中存储的数据。

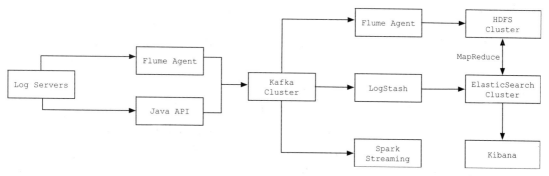

图 11-18 体系架构

数据源的收集可以采用不同的方式：
- 使用 Flume Agent 采集数据，则省略了额外的编码工作；
- 使用 Java API 读取日志信息，则需要额外编写代码。

这两种方式均将采集的数据输送到 Kafka 集群中进行存储。这里使用 Kafka 主要是因为便于业务拓展。如果直接对接 LogStash，那后续如果需要使用 Spark Streaming 来消费日志数据，就能很方便地从 Kafka 集群消费主题中获取数据。这里 Kafka 起到了很好的数据分流作用。

2. 模块剖析

实时日志分析平台有几个核心模块，它们分别是数据源准备、数据采集、数据分流、数据存储、数据可视化，它们有固定的执行顺序，如图 11-19 所示。

图 11-19 平台模块流程

（1）数据源准备。

数据源是由异常压缩日志构成的。这些日志由客户端执行业务逻辑、调用服务端接口这类操作产生，然后被压缩存储到日志服务器。

（2）数据采集。

采集数据的方式有很多。一种方式是采用开源的日志采集工具（如 Apache Flume、LogStash、

Beats）。使用这些现有的采集工具的好处是，省略了编码工作，通过编辑工具的配置文件即可快速使用；缺点是，在一些特定的业务场景中可能无法满足。

另外一种方式是使用应用编程接口（API）来采集。例如，使用 Java API 读取待采集的数据源，然后调用 Kafka 接口将数据写入 Kafka 消息队列进行存储。这种方式的好处是，对于需要的实现是可控的；缺点是，在编码实现时需要考虑很多因素，比如程序的性能、稳定性、可扩展性等。

（3）数据分流。

在一个海量数据应用场景中，数据采集的 Agent 是有很多个的，如果直接将采集的数据写入 ElasticSearch 进行存储，则 ElasticSearch 需要同时处理所有 Agent 上报的数据，这会给 ElasticSearch 集群服务端造成很大的压力。

因此，需要有一个缓冲区来缓解 ElasticSearch 集群服务端的压力。这里使用 Kafka 来做数据分流：将 Agent 上报的数据存储到消息队列，然后通过消费 Kafka 中的主题消息数据，并将消费后的消息数据存储到 ElasticSearch 集群中。这样不仅能缓解 ElasticSearch 集群服务端的压力，还能提高整个系统的性能、稳定性、扩展性。

（4）数据存储。

这里使用 ElasticSearch 集群来作为日志的最终存储介质。通过消费 Kafka 集群中的主题（Topic）数据，并按照不同的索引（Index）和类型（Type）存储到 ElasticSearch 集群中。

（5）数据可视化。

异常日志数据落地在 ElasticSearch 集群中，可以通过 Kibana 来实现可视化。用户可以自定义规则来查询 ElasticSearch 集群中的数据，并将查询的结果以表格或 JSON 对象形式输出。另外，Kibana 还提供了一键导出功能，可以将查询结果从 Kibana 浏览器界面导出到本地。

10.3.3~10.3.5 小节将介绍整个实时日志分析平台的实现细节，包括各个模块之间的衔接及每个模块的实现过程。

11.3.3 采集数据

这里通过 Apache Flume 工具将上报的异常日志数据采集到 Kafka 集群进行存储。

（1）在日志服务器部署一个 Flume Agent 进行数据采集，Flume 配置文件所包含的内容见代码 11-4。

代码 11-4　Flume Agent 采集数据到 Kafka

```
# 设置代理别名
agent.sources = s1
agent.channels = c1
agent.sinks = k1
```

```
# 设置收集方式
agent.sources.s1.type=exec
agent.sources.s1.command=tail -F /data/soft/new/error/logs/apps.log
agent.sources.s1.channels=c1
agent.channels.c1.type=memory
agent.channels.c1.capacity=10000
agent.channels.c1.transactionCapacity=100

# 设置 Kafka 接收器
agent.sinks.k1.type= org.apache.flume.sink.kafka.KafkaSink
# 设置 Kafka 的 broker 地址和端口号
agent.sinks.k1.brokerList=dn1:9092,dn2:9092,dn3:9092
# 设置 Kafka 的 Topic
agent.sinks.k1.topic=error_es_apps
# 设置序列化方式
agent.sinks.k1.serializer.class=kafka.serializer.StringEncoder
# 指定管道别名
agent.sinks.k1.channel=c1
```

（2）在 Kafka 集群上创建一个名为 "error_es_apps" 的主题。创建命令如下：

```
# 创建主题，3 个副本，6 个分区
[hadoop@dn1 ~]$kafka-topics.sh --create -zookeeper\
 dn1:2181,dn2:2181,dn3:2181 --replication-factor 3\
 --partitions 6 --topic error_es_apps
```

（3）启动 Flume Agent 代理服务。具体命令如下：

```
# 在日志服务器上启动 Agent 服务
[hadoop@dn1 ~]$ flume-ng agent -n agent -c conf -f
$FLUME_HOME/conf/flume-kafka.properties -Dflume.root.logger=DEBUG,CONSOLE
```

（4）通过 Kafka 监控工具 Kafka Eagle 查看主题（Topic）中的信息，如图 11-20 所示。

从图 11-20 中可知，查询主题（Topic）的 SQL 语句见代码 11-5。

代码 11-5　查询 Topic 的 SQL 语句

```
# 指定 Topic 名称和分区列表
select * from "error_es_apps" where "partition" in (0,1,2,3,4,5)
```

单击 "Query" 按钮后，会在 "Result" 子模块中展示查询到的 "error_es_apps" 中的数据。

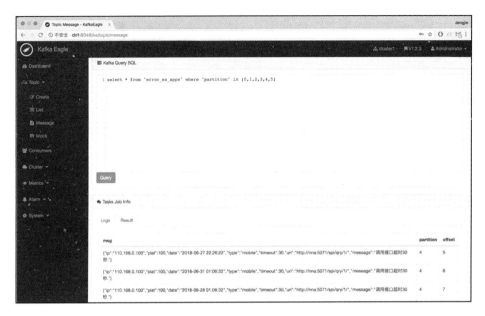

图 11-20　查看 Topic

11.3.4　分流数据

将采集的数据存储到 Kafka 消息队列后，可以利用其他工具或应用程序消费来进行数据分流。例如，使用 LogStash 来消费业务数据，并将消费后的数据存储到 ElasticSearch 集群中。

（1）如果 LogStash 没有安装 X-Pack 插件，这里可以提前安装该插件。具体命令如下：

```
# 在线安装
[hadoop@nna bin]$ ./logstash-plugin install x-pack
# 离线安装
[hadoop@nna bin]$ ./logstash-plugin install file:///tmp/x-pack-6.1.1.zip
```

（2）安装成功后，在 Linux 控制台会打印出日志信息，如图 11-21 所示。

图 11-21　LogStash 安装 X-Pack 插件

（3）在 logstash.yml 文件中配置 LogStash 的用户名和密码，具体配置内容见代码 11-6。

代码 11-6　配置 LogStash 的用户名和密码

```
# 用户名
xpack.monitoring.elasticsearch.username: "elastic"
# 密码
xpack.monitoring.elasticsearch.password: "123456"
```

（4）配置 LogStash 的属性，连接到 Kafka 集群进行消费。具体实现见代码 11-7。

代码 11-7　消费配置文件 kafka2es.conf

```
# 配置输入源信息
input{
     kafka{
     bootstrap_servers => "dn1:9092,dn2:9092,dn3:9092"
     group_id => "es_apps"
     topics => ["error_es_apps"]
     }
}

# 配置输出信息
output{
     elasticsearch{
     hosts => ["nna:9200","nns:9200","dn1:9200"]
     index => "error_es_apps-%{+YYYY.MM.dd}"
     user => "elastic"
     password => "123456"
  }
}
```

> ⚠ 注意：
> 在配置输出到 ElasticSearch 集群信息时，建议索引以"业务名称-时间戳"来命名。这样做的好处是，后续如需删除数据，则可以很方便地根据索引来删除。由于配置了权限认证，所以索引需要设置用户名和密码。

配置完成后，在 Linux 控制台执行 LogStash 命令来消费 Kafka 集群中的数据。具体操作命令如下：

```
# 启动 LogStash 消费命令
[hadoop@nna ~]$ logstash -f $LOGSTASH_HOME/config/kafka2es.conf
```

如果配置文件内容正确，则 LogStash Agent 将正常启动并消费 Kafka 集群中的消息数据，然后将消费后的数据存储到 ElasticSearch 集群中。

LogStash Agent 被启动后，会一直在 Linux 操作系统后台运行。如果 Kafka 集群的主题中有新的数据产生，LogStash Agent 会立刻开始消费主题里新增的数据，如图 11-22 所示。

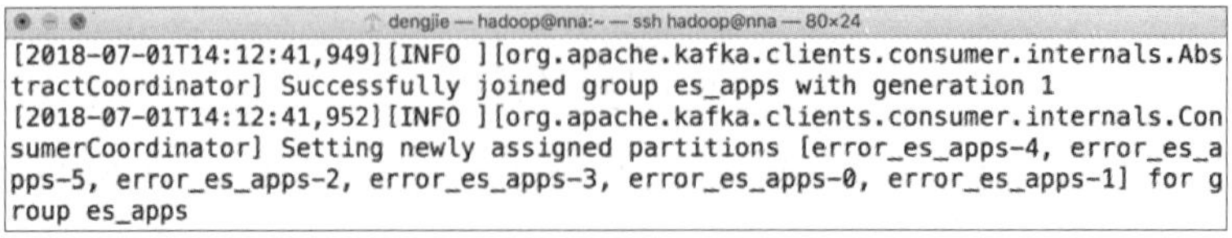

图 11-22　启动 LogStash 消费程序

另外，可以通过 Kafka Eagle 监控工具查看当前正在消费的应用程序的详细信息，如图 11-23 所示。

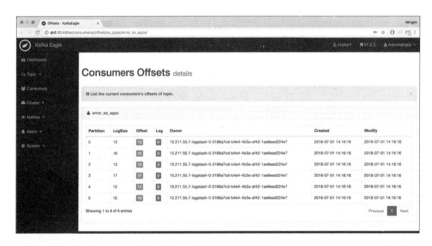

图 11-23　监控消费程序

图 11-23 中展示了 LogStash 消费程序的消费线程数（一个消费线程）、每个分区的消费总记录（LogSize）、每个分区的消费偏移量（Offsets）、每个分区阻塞的记录数（Lag）、消费时间戳等。

11.3.5　实现数据可视化

当数据存储到 ElasticSearch 集群后，可以通过 Kibana 来查询、分析数据。单击"Management"模块后，在跳转后的页面中找到"Kibana-Index Patterns"来添加新创建的索引（Index），如图 11-24 所示。

图 11-24　添加新创建的索引

创建完索引后，单击"Discover"模块，然后选择不同的索引来查询、分析 ElasticSearch 集群中的数据，如图 11-25 所示。

图 11-25　查询 ElasticSearch 集群中的数据

从图 11-25 中可以很直观地查看异常日志中的内容，同时内容上方的柱状图显示了日志上报的频率。

11.4 小结

本章围绕一个实时日志分析平台系统展开讲述，对于平台系统涉及的 ELK 套件进行了非常详细的介绍，分别讲解了这些套件的安装步骤和实战操作。

最后，通过一个案例介绍了 ELK 在实际项目中的使用。通过介绍案例的整体架构及分解每一个子模块的功能，让读者加深印象。同时，引出 Kafka Eagle 监控工具让读者提前熟悉，为学习后面的章做好准备。

第 12 章 Kafka与Spark实时计算引擎的整合

Kafka 系统的灵活多变，拥有较强的拓展性，可以与第三方套件很方便地对接（例如实时计算引擎 Spark）。接下来通过 Kafka 和 Spark 来完成一个完整的实例。

本章介绍了 Spark 的功能特点与使用细节，读者学完本章的内容可以构建一套 Spark 实时计算平台。

12.1 本章教学视频说明

视频内容：Spark 的安装与配置、操作 Spark 基本命令，以及实现一个分析游戏明细数据的案例。

视频时长：11 分钟。

视频截图见图 12-1。

图 12-1　本章教学视频截图

12.2 介绍 Spark 背景

在大数据应用场景中，Apache Spark 提供的计算引擎能很好地解决实时计算、处理流数据、降低计算耗时等问题。

Spark 是一种基于内存的分布式计算引擎，其核心为弹性分布式数据集（Resilient Distributed Datasets，RDD），它支持多种数据来源，拥有容错机制，支持并行操作。

Spark 是专门为海量数据处理而设计的快速且通用的计算引擎，支持多种编程语言（如 Java、Scala、Python 等）。

> **提示：**
> 据 Spark 官方数据统计，利用内存进行数据计算，Spark 的计算速度比 Hadoop 中的 MapReduce 的计算速度快 100 倍左右。

另外，Spark 提供了大量的库，包含 Spark SQL、Spark Streaming、MLlib 和 GraphX 等。在项目开发的过程中，可以在同一个应用程序中轻松地组合使用这些类库。Spark 的类库分布如图 12-2 所示。

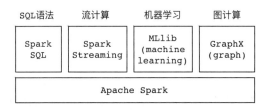

图 12-2 Spark 类库分布

12.2.1 Spark SQL——Spark 处理结构化数据的模块

Spark SQL 是 Spark 处理结构化数据的一个模块。与 Spark 的 RDD 应用接口不同，Spark SQL 提供的接口更加偏向于处理结构化的数据。在使用相同的执行引擎时，不同的应用接口或编程语言在做计算时都是相互独立的。这意味着，用户在使用时可以很方便地在不同的应用接口或编程语言之间进行切换。

Spark SQL 很重要的一个优势是——可以通过 SQL 语句来实现业务功能。Spark SQL 可以读取不同的存储介质，例如 Kafka、Hive、HDFS 等。

另外，在使用编程语言执行一个 Spark SQL 语句时，执行后的结果会返回一个数据集，用户可通过命令行、JDBC、ODBC 方式与 Spark SQL 进行数据交互。

> **提示:**
> JDBC 是一个面向对象的应用程序接口,通过它可以访问各类关系型数据库。
> ODBC 是微软公司开放服务结构中有关数据库的一个组成部分,它提供了一套访问数据库的应用接口。

12.2.2　Spark Streaming——Spark 核心应用接口的一种扩展

Spark Streaming 是 Spark 核心应用接口的一种扩展,它可以用于大规模数据处理、高吞吐量处理、容错处理等场景。同时,Spark Streaming 支持从不同的数据源中读取数据,并且能够使用聚合函数、窗口函数等来处理数据。

处理后的数据结果可以保存到本地文件系统(如文本)、分布式文件系统(如 HDFS)、关系型数据库(如 MySQL)、非关系型数据库(如 HBase)等存储介质中。

12.2.3　MLlib——Spark 的一个机器学习类库

MLlib 是 Spark 的机器学习(Machine Learning)类库,目的在于简化机器学习的可操作性和易扩展性。

MLlib 由一些通用的学习算法和工具组成,其内容包含分类、回归、聚类、协同过滤等。

12.2.4　GraphX——Spark 的一个图计算框架

GraphX 是构建在 Spark 之上的图计算框架,它使用 RDD 来存储图数据,并提供了实用的图操作方法。

GraphX 利用 RDD 的特性,高效地实现了图的分布式存储和计算,可以应用于社交网络这类大规模的图计算场景。

12.3　准备 Spark 环境

Spark 可以使用单机模式或集群模式进行安装,其资源管理器可以是 Hadoop YARN 或者 Apache Mesos。它访问的数据源可以是 Kafka 消息队列系统、分布式文件系统(HDFS)、Cassandra、HBase 数据库、数据仓库(Hive)等。

12.3.1　下载 Spark 基础安装包

Spark 项目托管在 Apache 软件基金会,可以访问 http://spark.apache.org/downloads.html 下载

对应的安装包。另外，需要准备 Scala 环境和 JDK 环境，下载地址见表 12-1。

表 12-1　Spark 相关安装包的下载地址

软件名	下载地址	版本号
JDK	http://www.oracle.com/technetwork/java/javase/downloads/index.html	Java 8
Scala	https://www.scala-lang.org/download/	Scala 2.12
Spark	http://spark.apache.org/downloads.html	Spark 2.2

> **提示：**
> 在官网上选择 Spark 软件安装包时，需要注意 Spark 和 Hadoop 的版本匹配。本书选择的 Hadoop 版本是 2.7，所以在选择下载 Spark 版本时，在下拉框中需要选择对应的 Hadoop 版本，如图 12-3 所示。

图 12-3　Spark 安装包选择

这里使用 3 台主机来部署 Spark 集群，其中一个节点作为 Master，另外两个节点作为 Worker。Spark 集群角色分布见表 12-2。

表 12-2　Spark 角色分布

节　点	IP	角　色
dn1	10.211.55.5	Master
dn2	10.211.55.6	Worker
dn3	10.211.55.8	Worker

12.3.2　安装与配置 Spark 集群

Spark 集群的安装步骤并不复杂，需要配置的信息较少。

1. 解压缩

将下载好的 Spark 安装包上传到 dn1（Spark 集群的 Master 节点）上，并进行解压缩和重命名，具体操作命令如下。

```
# 解压缩 Spark 安装包
[hadoop@dn1 ~]$ tar -zxvf spark-2.2.0-bin-hadoop2.7.tgz
# 重命名 Spark 文件夹
[hadoop@dn1 ~]$ mv spark-2.2.0-bin-hadoop2.7 spark
```

2. 配置 Spark 环境变量

（1）打开/etc/profile 文件，在其中配置 Spark 的环境变量信息。具体操作命令如下。

```
# 配置 Spark 的环境变量信息
[hadoop@dn1 ~]$ sudo vi /etc/profile

# 编辑环境信息
export SPARK_HOME=/data/soft/new/spark
export PATH=$PATH:$SPARK_HOME/bin
# 保存并退出
```

（2）用 source 命令使配置的变量立即生效。具体操作命令如下。

```
# 使配置的变量立即生效
[hadoop@dn1 ~]$ source /etc/profile
```

3. 配置 Spark 系统文件

（1）将 spark-env.sh.template 修改为 spark-env.sh，并在该文件中添加集群环境变量信息。具体操作命令如下。

```
# 修改文件名
[hadoop@dn1 ~]$ mv spark-env.sh.template spark-env.sh
# 打开 spark-env.sh 文件
[hadoop@dn1 ~]$ vi spark-env.sh

# 在 spark-env.sh 文件中添加集群环境变量信息
export JAVA_HOME=/data/soft/new/jdk                              # Java 的安装目录
export SCALA_HOME=/data/soft/new/scala                           # Scala 的安装目录
export HADOOP_HOME=/data/soft/new/hadoop                         # Hadoop 的安装目录
export HADOOP_CONF_DIR=/data/soft/new/hadoop/etc/hadoop          # Hadoop 集群配置文件的目录
export SPARK_MASTER_IP=dn1                  # Spark 集群 Master 节点的 IP 地址
export SPARK_WORKER_MEMORY=1g               # 每个 Worker 节点能够最大分配给 exectors 的内存大小
export SPARK_WORKER_CORES=1                 # 每个 Worker 节点所占有的 CPU 核数
export SPARK_WORKER_INSTANCES=1             # 每个节点上初始化的 Worker 的个数
```

（2）将 slaves.template 文件修改为 slaves，并在该文件中添加 Worker 节点的 IP 或域名。具体命令如下。

```
# 修改文件名
[hadoop@dn1 ~]$ mv slaves.template slaves
# 打开 slaves 文件
[hadoop@dn1 ~]$ vi slaves
# 添加 Worker 节点的 IP 或者域名
dn1
dn2
# 保存文件并退出
```

4. 同步 Spark 文件夹到其他节点

使用 Linux 命令将 dn1（Spark 集群的 Master）上配置好的 Spark 文件夹同步到其他 Spark 节点。具体操作命令如下。

```
# 在/tmp 目录中添加需要同步的节点信息
[hadoop@dn1 ~]$ vi /tmp/spark_nodes.list

# 添加如下信息 (这条注释不要写入到 spark_nodes.list 文件中)
dn2
dn3
# 保存并退出 (这条注释不要写入到 spark_nodes.list 文件中)

# 将 Spark 文件夹同步到其他节点
[hadoop@dn1 ~]$ for i in `cat /tmp/spark_nodes.list`;do scp -r spark hadoop@$i:/data/soft/new/;done
```

5. 启动 Spark 集群

在 $SPARK_HOME/sbin 目录下，使用 start-all.sh 脚本启动 Spark 集群。具体操作命令如下。

```
# 启动 Spark 集群
[hadoop@dn1 ~]$ ./$SPARK_HOME/sbin/start-all.sh
```

待 Spark 集群启动成功后，使用 jps 命令可以在 dn1 节点上看到 Master 服务进程，在 dn2 和 dn3 节点上分别看到 Worker 进程，如图 12-4 所示。

```
hadoop@nna:/data/soft/new — ssh    [hadoop@dn2 conf]$ jps       [hadoop@dn3 conf]$ jps
2274 NodeManager                    5248 Worker                  1632 QuorumPeerMain
1972 QuorumPeerMain                 1588 QuorumPeerMain          1733 JournalNode
8470 Master                         4421 HRegionServer           1818 DataNode
7449 HRegionServer                  1658 JournalNode             8955 Jps
2041 JournalNode                    5293 Jps                     8909 Worker
8539 Jps                            1743 DataNode                7662 HRegionServer
2126 DataNode                       [hadoop@dn2 conf]$           [hadoop@dn3 conf]$
```

图 12-4　Spark 集群服务器进程

6. 访问 Web UI 界面

如果上述步骤都能顺利进行，接着在浏览器中输入 http://dn1:8080 来访问 Spark 集群的 Web

UI 界面，结果如图 12-5 所示。

图 12-5　Spark WebUI 界面

12.4　操作 Spark

在 $SPARK_HOME/bin 目录中提供了一系列的脚本，例如 spark-shell、spark-submit 等。本节以实例的形式来介绍这些脚本的使用。

12.4.1　实例 64：使用 Spark Shell 统计单词出现的频率

实例描述

读取 Hadoop 分布式文件系统（HDFS）上的数据，然后统计单词出现的频率。

1. 准备数据源

（1）在本地创建一个文本文件，具体操作命令如下。

```
# 新建文本文件
[hadoop@dn1 tmp]$ vi wordcount.txt
```

（2）在 wordcount.txt 文件中添加待统计的单词，见代码 12-1。

代码 12-1　添加待统计单词

```
kafka spark
hadoop spark
kafka hadoop
kafka hbase
```

2. 上传数据源到 HDFS

（1）将本地准备好的 wordcount.txt 文件上传到 HDFS 中，具体操作命令如下。

```
# 在 HDFS 上创建一个目录
[hadoop@dn1 tmp]$ hdfs dfs -mkdir -p /data/spark
# 上传 wordcount.txt 到 HDFS 指定目录
[hadoop@dn1 tmp]$ hdfs dfs -put wordcount.txt /data/spark
```

(2) 执行 HDFS 查看命令，验证本地文件是否上传成功，具体操作命令如下。

```
# 查看上传的文件是否成功
[hadoop@dn1 tmp]$ hdfs dfs -cat /data/spark/wordcount.txt
```

若查看命令执行成功，则输出结果如图 12-6 所示。

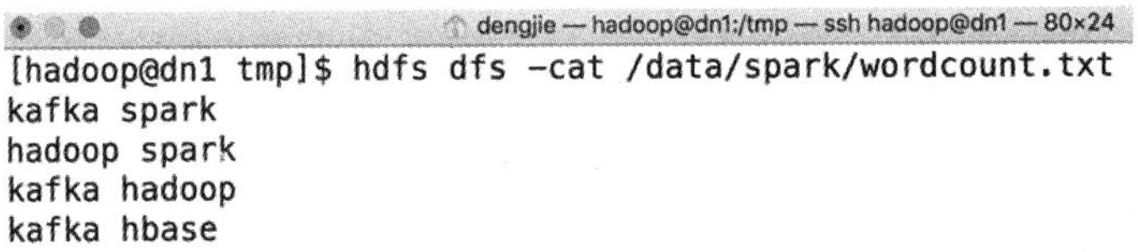

图 12-6 验证本地文件是否上传成功

3. 执行统计任务

（1）进入 $SPARK_HOME/bin 目录，然后运行 ./spark-shell 脚本进入 Spark Shell 控制台。

> **提示：**
> 如果直接执行该脚本，则表示以本地模式单线程方式启动。
> 如果执行 ./spark-shell local[n] 命令，则表示以多线程方式启动，其中变量 n 代表线程数。

（2）通过本地模式运行，执行 ./spark-shell 脚本后会进入 Spark Shell 控制台，如图 12-7 所示。

图 12-7 进入 Spark Shell 控制台

（3）统计单词出现的频率，具体实现见代码 12-2。

代码 12-2　统计单词出现频率

```
val wc = sc.textFile("hdfs://nna:9000/data/spark/wordcount.txt")
val stats=wc.flatMap(line => line.split(" ")).map(word => (word,1)).reduceByKey(_+_)
stats.collect()
```

> **提示：**
> 第 1 行代码表示，读取 HDFS 上待统计单词的原始数据；
> 第 2 行代码表示，统计单词出现的频率；
> 第 3 行代码表示，从弹性分布式数据集（RDD）中获取数据，并以数组的形式展示统计结果。

（4）执行上述代码后，Spark Shell 控制台输出的结果如图 12-8 所示。

```
scala> val wc = sc.textFile("hdfs://nna:9000/data/spark/wordcount.txt")
wc: org.apache.spark.rdd.RDD[String] = hdfs://nna:9000/data/spark/wordcount.txt MapPartitionsRDD[1] at textFile at <console>:24

scala> val stats=wc.flatMap(line => line.split(" ")).map(word => (word,1)).reduceByKey(_+_)
stats: org.apache.spark.rdd.RDD[(String, Int)] = ShuffledRDD[4] at reduceByKey at <console>:26

scala> stats.collect()
res1: Array[(String, Int)] = Array((spark,2), (hadoop,2), (kafka,3), (hbase,1))
```

图 12-8　输出统计结果

对比 wordcount.txt 文本文件中的原始数据，统计的结果符合预期。

12.4.2　实例 65：使用 Spark SQL 对单词权重进行降序输出

实例描述
读取 Hadoop 分布式文件系统（HDFS）上的数据，然后按照单词权重值大小进行降序输出。

1. 准备数据源

（1）在本地创建一个文本文件，具体操作命令如下。

```
# 新建文本文件
[hadoop@dn1 tmp]$ vi wordweight.txt
```

（2）在 wordweight.txt 文件中添加待排序的单词权重值，见代码 12-3。

代码 12-3　添加待统计单词

```
hive 3
hadoop 2
spark 2
hbase 1
kafka 4
```

2. 上传数据源到 HDFS

（1）将本地准备好的 wordweight.txt 文件上传到 HDFS 中。具体操作命令如下。

```
# 在HDFS上创建一个目录
[hadoop@dn1 tmp]$ hdfs dfs -mkdir -p /data/spark
# 上传wordweight.txt 到HDFS 指定目录
[hadoop@dn1 tmp]$ hdfs dfs -put wordweight.txt /data/spark
```

（2）执行 HDFS 的查看命令，验证本地文件是否上传成功。具体操作命令如下。

```
# 查看上传的文件是否成功
[hadoop@dn1 tmp]$ hdfs dfs -cat /data/spark/wordweight.txt
```

（3）若查看命令执行成功，则输出结果如图 12-9 所示。

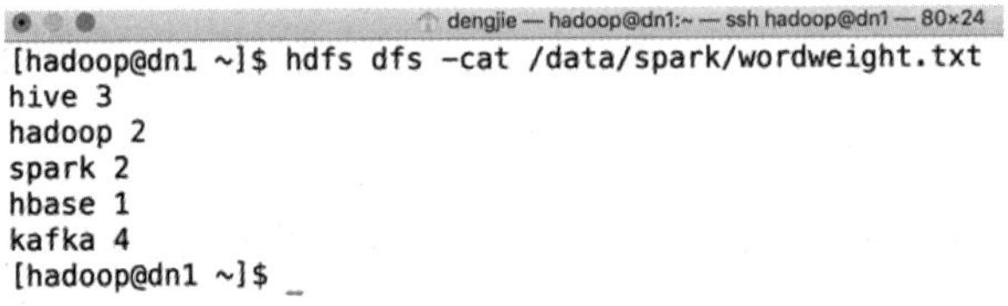

图 12-9　验证本地文件是否成功上传到 HDFS

3. 执行降序任务

（1）进入 $SPARK_HOME/bin 目录，然后运行 ./spark-shell 脚本进入 Spark Shell 控制台，编写单词权重值降序输出的业务逻辑。具体内容见代码 12-4。

代码 12-4　单词权重值降序输出

```
val sqlContext = new org.apache.spark.sql.SQLContext(sc)       // 实例化一个SQL对象
import spark.implicits._                                       // 导入依赖包
case class WordWeight(name:String,weihgt:Int)                  // 创建一个对象结构
val wc = sc.textFile("hdfs://nna:9000/data/spark/wordweight.txt").map(_.split("
 ")).map(w=>WordWeight(w(0),w(1).trim.toInt)).toDF()            // 读取数据源
wc.createOrReplaceTempView("wc")
val stats = sqlContext.sql("select * from wc order by weihgt desc")// 执行降序逻辑代码
stats.show()                                                   // 打印输出结果
```

（2）执行上述代码后，Spark Shell 控制台的输出结果如图 12-10 所示。

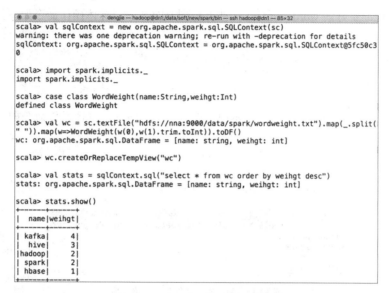

图 12-10　单词权重值降序输出结果

对比 wordweight.txt 文本文件中的原始数据，降序的结果符合预期。

12.4.3　实例 66：使用 Spark Submit 统计单词出现的频率

实例描述

读取 Hadoop 分布式文件系统（HDFS）上的数据，然后统计单词出现的频率。

1. 准备数据源

（1）在本地创建一个文本文件，具体操作命令如下。

```
# 新建文本文件
[hadoop@dn1 tmp]$ vi wordcount.txt
```

（2）在 wordcount.txt 文件中添加待统计的单词，见代码 12-5。

代码 12-5　添加待统计单词

```
kafka spark
hadoop spark
kafka hadoop
kafka hbase
```

2. 上传数据源到 HDFS

（1）将本地准备好的 wordcount.txt 文件上传到 HDFS 中。具体操作命令如下。

```
# 在 HDFS 上创建一个目录
[hadoop@dn1 tmp]$ hdfs dfs -mkdir -p /data/spark
# 上传 wordcount.txt 到 HDFS 指定目录
[hadoop@dn1 tmp]$ hdfs dfs -put wordcount.txt /data/spark
```

（2）执行 HDFS 的查看命令，验证本地文件是否上传成功。具体操作命令如下。

```
# 查看上传的文件是否成功
[hadoop@dn1 tmp]$ hdfs dfs -cat /data/spark/wordcount.txt
```

（3）若查看命令执行成功，则输出结果如图 12-11 所示。

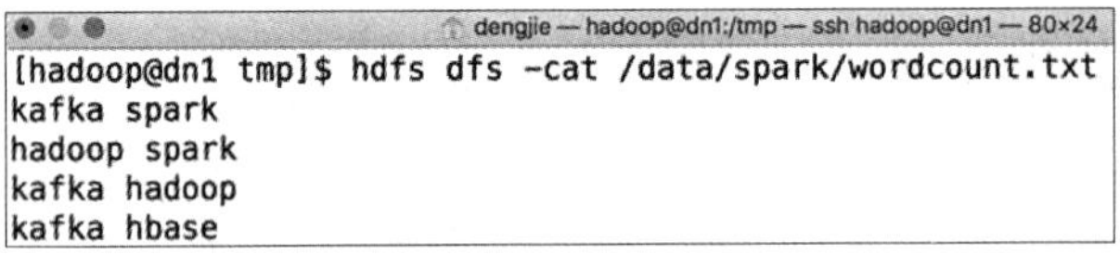

```
[hadoop@dn1 tmp]$ hdfs dfs -cat /data/spark/wordcount.txt
kafka spark
hadoop spark
kafka hadoop
kafka hbase
```

图 12-11 验证本地文件是否上传成功

3. 编写 Java 代码实现 WordCount 的功能

实现一个 Java 版的 WordCount 实例。具体内容见代码 12-6。

代码 12-6　Java 版 WordCount 实例

```java
/**
 * 统计单词出现频率
 *
 * @author smartloli
 *
 *         Created by Jul 11, 2018
 */
public class JavaWordCount {
    private static final Pattern SPACE = Pattern.compile(" ");  // 声明一个分割对象

    public static void main(String[] args) throws Exception {

        if (args.length < 1) {                          // 设置数据源输入参数
            System.err.println("Usage: JavaWordCount <file>");
            System.exit(1);
        }
        // 实例化一个 Spark 会话对象
```

```
        SparkSession spark = 
SparkSession.builder().appName("JavaWordCount").getOrCreate();        // 读取数据源
        JavaRDD<String> lines = spark.read().textFile(args[0]).javaRDD();
        // 根据空格分割单词
        JavaRDD<String> words = lines.flatMap(s -> 
Arrays.asList(SPACE.split(s)).iterator());       // 将分割后的单词逐一输出
        JavaPairRDD<String, Integer> ones = words.mapToPair(s -> new Tuple2<>(s, 1));
            // 按照相同单词进行合并累加
        JavaPairRDD<String, Integer> counts = ones.reduceByKey((i1, i2) -> i1 + i2);

        List<Tuple2<String, Integer>> output = counts.collect(); // 输出结果集
        for (Tuple2<?, ?> tuple : output) {
            System.out.println(tuple._1() + ": " + tuple._2());  // 循环打印统计的单词频率结果
        }
        spark.stop();                                            // 关闭 Spark 会话对象
    }
}
```

4. 编译并打包

（1）在 Eclipse 代码编辑器中，将编写好的 JavaWordCount 编译并打包成 JavaWordCount.jar。用鼠标右键单击该类，在弹出的菜单中选择"Export"命令，如图 12-12 所示。

（2）在弹出的对话框中找到"Java"模块，并选中"JAR file"，然后单击"Next"按钮，如图 12-13 所示。

图 12-12　选择"Export"　　　　　　图 12-13　选择打包类型

（3）在出现的对话框中重命名 JAR 包，然后单击"Finish"按钮完成打包。

5. 执行统计任务

在 $SPARK_HOME/bin 目录中有一个 spark-submit 脚本，它用于将应用程序快速部署到集群。

（1）开发一个 Java 版的 WordCount 程序，然后执行 spark-submit 脚本以 yarn-client 的模式

提交到集群进行计算。

 提示：

如果将 Spark 应用提交到 Hadoop YARN 中，可以指定的模式包含两种——yarn-client 和 yarn-cluster。其中，yarn-client 模式适合交互和调试，能够快速看到输出结果；而 yarn-cluster 模式适合生产环境。

（2）将打包好的 JavaWordCount.jar 包上传到 Spark 节点，并执行提交命令。具体操作命令如下。

```
# 使用 spark-submit 提交
[hadoop@dn1 bin]$ ./spark-submit --master yarn-client --class
org.smartloli.kafka.game.x.book_11.JavaWordCount --executor-memory 512MB
--total-executor-cores 2 /data/soft/new/spark/examples/jars/JavaWordCount.jar
hdfs://nna:9000/data/spark/wordcount.txt
```

（3）上述命令成功执行后，在 Linux 控制台会输出统计后的结果，如图 12-14 所示。

```
18/07/11 03:45:47 INFO spark.MapOutputTrackerMasterEndpoint: Asked to send map o
utput locations for shuffle 0 to 10.211.55.8:48687
18/07/11 03:45:47 INFO spark.MapOutputTrackerMaster: Size of output statuses for
 shuffle 0 is 133 bytes
18/07/11 03:45:47 INFO scheduler.TaskSetManager: Finished task 0.0 in stage 1.0
(TID 1) in 222 ms on dn3 (executor 1) (1/1)
18/07/11 03:45:47 INFO scheduler.DAGScheduler: ResultStage 1 (collect at JavaWor
dCount.java:57) finished in 0.215 s
18/07/11 03:45:47 INFO cluster.YarnScheduler: Removed TaskSet 1.0, whose tasks h
ave all completed, from pool
18/07/11 03:45:47 INFO scheduler.DAGScheduler: Job 0 finished: collect at JavaWo
rdCount.java:57, took 3.801171 s
spark: 2
hadoop: 2
kafka: 3
hbase: 1
```

图 12-14　Spark Submit 统计结果

对比 wordcount.txt 文本文件中的原始数据，统计的结果符合预期。

12.5　实例 67：对游戏明细数据做实时统计

本案例以 Kafka 作为核心中间件，以 Spark 作为实时计算引擎，来完成对游戏明细数据的实时统计。

实例描述

本项目的目标是，实时描绘当天游戏用户的行为轨迹，例如用户订单、用户分布、新增用户等指标数据。

针对这个目标，可以将游戏用户实时产生的业务数据上报到 Kafka 消息队列系统中进行存储，然后通过 Spark 流计算的方式来统计应用指标，最后将统计后的业务结果形成报表或者趋势图进行展示，以便在领导制定决策时提供数据支持。

12.5.1 了解项目背景和价值

在实现本项目的各个功能之前，需要先了解一个项目产生的背景，以及该项目潜在的价值。本小节从全局的角度来剖析整个项目，让读者能够更好地把握项目各个模块的需求。

1. 背景

在实时应用场景中，实时统计与离线统计任务有所不同。实时统计对时延的要求比较高，需要缩短业务数据计算的时间。对于离线任务来说，通常是计算前一天或者更早的业务数据。

现实业务场景中，很多业务场景需要实时查看统计结果。流计算能够很好地实现实时处理。对于当天变化的流数据，可以通过流计算（比如 Flink、Spark Streaming、Storm 等）及时呈现报表数据或走势图。

2. 价值

本实时计算项目能够实时掌握游戏用户的行为轨迹、活跃度。具体涉及的内容如下：

（1）通过对游戏用户实时产生的业务数据进行实时统计，可以分析出游戏用户在各个业务模块下的活跃度、停留时间等。

将这些结果形成报表或者走势图，以便领导实地、准确地掌握游戏用户的行为轨迹。

（2）将当天的实时业务数据按小时维度进行统计，这样可以知道游戏用户在哪个时间段具有最高的访问量。

利用这些数据可以针对这个时间段做一些推广活动，例如道具"秒杀"活动、打折优惠等，从而刺激游戏用户去充值消费。

（3）让实时计算产生的结果发挥它应有的价值。

在高峰时间段推广一些优惠活动后，通过实时统计的数据结果分析活动的效果，例如促销的"秒杀"活动、道具打折等活动是否受到游戏用户的喜爱。针对这些反馈效果，可以做出快速合理的反应。

12.5.2 设计项目实现架构

整个项目的架构体系分为数据源、数据采集、数据存储、流计算、结果持久化、服务接口、数据可视化等，实现流程如图 12-15 所示。

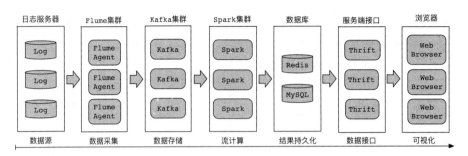

图 12-15 流程图

1. 数据源

游戏用户通过移动设备或者浏览器操作游戏产生的记录,会实时上报到日志服务器进行存储,数据格式会封装成 JSON 对象进行上报,便于后续消费解析。

2. 数据采集

在日志服务器中部署 Flume Agent 来实时监控上报的业务日志数据。当业务日志数据有更新(可通过文件 MD5 值、文件日期等来判断文件的变动)时,由 Flume Agent 启动采集任务,通过 Flume Sink 组件配置 Kafka 集群连接地址进行数据传输。

3. 数据存储

利用 Kafka 的消息队列特性来存储消息记录。将接收的数据按照业务进行区分,以不同的主题(Topic)来存储各种类型的业务数据。

4. 流计算

Spark 拥有实时计算的能力,使用 Spark Streaming 可将 Spark 和 Kafka 关联起来。

通过消费 Kafka 集群中指定的主题(Topic)来获取业务数据,并将获取的业务数据利用 Spark 集群来做实时计算。

5. 结果持久化

通过 Spark 计算引擎将统计后的结果存储到数据库,以方便可视化系统进行查询/展示。

选用 Redis 和 MySQL 来作为持久化的存储介质。在 Spark 代码逻辑中,使用对应的编程接口(如 Java Redis API 或 Java MySQL API)将计算后的结果存储到数据库。

6. 数据接口

如果数据库中存储的统计结果需要对外共享,则可以通过统一的接口服务对外提供访问。

可以选择 Thrift 框架来实现数据接口,并编写 RPC 服务供外界访问。

提示：

Apache Thrift 是一个软件框架，用来进行可扩展且跨编程语言服务的开发工作。

Apache Thrift 结合了功能强大的软件堆栈和代码生成引擎，可以与 Java、Go、Python 和 Ruby 等编程语言进行无缝连接。

7. 可视化

可视化是指：从 RPC 服务中获取数据库中存储的统计结果，然后在浏览器中将这些结果进行渲染，最终以报表和趋势图表的形式进行呈现。

从 12.5.3 小节开始，通过实战介绍数据采集、数据存储、流计算、结果持久化等功能模块。

12.5.3　编码步骤一　实现数据采集

Flume 代理通过 Sink 组件上报数据来充当生产者实例（Producer）角色。

（1）在日志服务器中配置 Flume 代理工具，将数据传输的目的地指向 Kafka 集群。即，在 $FLUME_HOME/conf 目录中新增一个 "flume-kafka.properties" 文件，具体配置见代码 12-7。

代码 12-7　Flume 代理配置信息

```
# 设置代理别名
agent.sources = s1
agent.channels = c1
agent.sinks = k1

# 设置收集方式
agent.sources.s1.type=exec
agent.sources.s1.command=tail -F /data/soft/new/game/logs/user_order.log
agent.sources.s1.channels=c1
agent.channels.c1.type=memory
agent.channels.c1.capacity=10000
agent.channels.c1.transactionCapacity=100

# 设置Kafka接收器
agent.sinks.k1.type= org.apache.flume.sink.kafka.KafkaSink
# 设置Kafka的broker地址和端口号
agent.sinks.k1.brokerList=dn1:9092,dn2:9092,dn3:9092
# 设置Kafka的Topic
agent.sinks.k1.topic=user_order_stream
# 设置序列化方式
agent.sinks.k1.serializer.class=kafka.serializer.StringEncoder
# 指定管道别名
agent.sinks.k1.channel=c1
```

（2）在 Kafka 集群中，使用 Kafka 系统创建命令创建一个新的主题（user_order_stream）。具体操作命令如下。

```
# 创建主题，3个副本，6个分区
[hadoop@dn1 ~]$ kafka-topics.sh --create --zookeeper dn1:2181,dn2:2181,dn3:2181 --replication-factor 3 --partitions 6 --topic user_order_stream
```

（3）在 Flume 代理节点启动 Flume 进程。具体操作命令如下。

```
# 在Flume代理节点启动Flume进程
[hadoop@dn1 ~]$ flume-ng agent -n agent -c conf -f $FLUME_HOME/conf/flume-game.properties -Dflume.root.logger=INFO,CONSOLE
```

（4）通过 Kafka 监控工具 Kafka Eagle 来查看主题（user_order_stream）中的消息数据，如图 12-16 所示。

图 12-16　查看主题中的消息数据

（5）从图 12-6 中可知，可以在 Kafka Eagle 系统中编写 SQL 语句来查看主题（user_order_stream）中的消息数据。具体 SQL 实现见代码 12-8。

代码 12-8　查询主题的 SQL 语句

```
# 指定主题名称和分区列表，并限制返回结果为3条记录
select * from "user_order_stream" where "partition" in (0,1,2,3,4,5) limit 3
```

（6）单击"Query"按钮后，会在"Result"子模块中展示查询的结果。

提示：

在 Kafka 集群中创建主题时，设置副本系数值需要保证该值小于或等于 Kafka 集群的代理节点总数。

12.5.4 编码步骤二 实现流计算

通过读取 Kafka 系统主题（user_order_stream）中的流数据，对平台号进行分组统计。每隔 10s，将相同平台号下的用户金额进行累加计算，并将统计结果写入 MySQL 数据库。具体操作步骤如下。

（1）实现一个 MySQL 工具类，具体实现见代码 12-9。

代码 12-9　MySQL 工具类 MySQLPool

```java
/**
 * 实现一个 MySQL 工具类
 * 
 * @author smartloli
 *
 *         Created by Jul 15, 2018
 */
public class MySQLPool {
    private static LinkedList<Connection> queues;        // 声明一个连接队列

    static {
        try {
            Class.forName("com.mysql.jdbc.Driver");      // 加载 MySQL 驱动
        } catch (ClassNotFoundException e) {
            e.printStackTrace();
        }
    }

    /** 初始化 MySQL 连接对象 */
    public synchronized static Connection getConnection() {
        try {
            if (queues == null) {
                queues = new LinkedList<Connection>(); // 实例化连接队列
                for (int i = 0; i < 5; i++) {
                    Connection conn = DriverManager
                            .getConnection("jdbc:mysql://nna:3306/game", "root", "123456");
```

```
                    queues.push(conn);                    // 初始化连接队列
                }
            }
        } catch (Exception e) {
            e.printStackTrace();
        }
        return queues.poll();
    }

    /** 释放MySQL连接对象到连接队列 */
    public static void release(Connection conn) {
        queues.push(conn);
    }
}
```

（2）实现按平台号分组统计用户金额，具体实现见代码12-10。

代码12-10　按平台号分组统计用户金额

```java
/**
 * 使用Spark引擎来统计用户订单主题中的金额
 *
 * @author smartloli
 *
 *         Created by Jul 14, 2018
 */
public class UserOrderStats {

    public static void main(String[] args) throws Exception {

        // 设置数据源输入参数
        if (args.length < 1) {
            System.err.println("Usage: GroupId <file>");
            System.exit(1);
        }

        String bootStrapServers = "dn1:9092,dn2:9092,dn3:9092";
        String topic = "user_order_stream";
        String groupId = args[0];
        SparkConf sparkConf = new SparkConf().setMaster("yarn-client").setAppName("UserOrder");
        // 实例化一个SparkContext对象，用来打印日志信息到控制台，便于调试
        JavaSparkContext sc = new JavaSparkContext(sparkConf);
        sc.setLogLevel("WARN");
```

```java
// 创建一个流对象,设置窗口时间为10s
JavaStreamingContext jssc = new JavaStreamingContext(sc,
Durations.seconds(10));
    JavaInputDStream<ConsumerRecord<Object, Object>> streams =
    KafkaUtils.createDirectStream(jssc,
        LocationStrategies.PreferConsistent(),
        ConsumerStrategies.Subscribe(Arrays.asList(topic),
        configure(groupId, bootStrapServers)));

// 将Kafka主题(user_order_stream)中的消息转化成键值对(key/value)形式
JavaPairDStream<Integer, Long> moneys =
    streams.mapToPair(new PairFunction<ConsumerRecord<Object, Object>,
    Integer, Long>() {
    /** 序列号ID */
    private static final long serialVersionUID = 1L;

    @Override
    public Tuple2<Integer, Long> call(ConsumerRecord<Object, Object> t)
        throws Exception {
        JSONObject object = JSON.parseObject(t.value().toString());
        return new Tuple2<Integer, Long>(object.getInteger("plat"),
        object.getLong("money"));
    }
}).reduceByKey(new Function2<Long, Long, Long>() {
    /** 序列号ID */
    private static final long serialVersionUID = 1L;

    @Override
    public Long call(Long v1, Long v2) throws Exception {
        return v1 + v2; // 通过平台号(plat)进行分组聚合
    }
});

// 将统计结果存储到MySQL数据库
moneys.foreachRDD(rdd -> {
    Connection connection = MySQLPool.getConnection();
    Statement stmt = connection.createStatement();
    rdd.collect().forEach(line -> {
        int plat = line._1.intValue();
        long total = line._2.longValue();
        String sql = String.format("insert into `user_order` (`plat`, `total`)
        values (%s, %s)", plat, total);
        try {
```

```java
                    // 调用MySQL工具类,将统计结果组装成SQL语句写入MySQL数据库
                    stmt.executeUpdate(sql);
                } catch (SQLException e) {
                    e.printStackTrace();
                }
            });

            MySQLPool.release(connection);       // 将MySQL连接对象重新放回MySQL连接池
        });

        jssc.start();     // 开始计算
        try {
            jssc.awaitTermination();             // 等待计算结果
        } catch (Exception ex) {
            ex.printStackTrace();
        } finally {
            jssc.close();                        // 发生异常,关闭流操作对象
        }
    }

    /** 初始化Kafka集群信息 */
    private static Map<String, Object> configure(String group, String brokers) {
        Map<String, Object> props = new HashMap<>();
        props.put("bootstrap.servers", brokers);        // 指定Kafka集群地址
        props.put("group.id", group);                   // 指定消费者组
        props.put("enable.auto.commit", "true");        // 开启自动提交
        props.put("auto.commit.interval.ms", "1000");   // 自动提交的时间间隔
        // 反序列化消息主键
        props.put("key.deserializer",
"org.apache.kafka.common.serialization.StringDeserializer");
        // 反序列化消费记录
        props.put("value.deserializer",
"org.apache.kafka.common.serialization.StringDeserializer");
        return props;
    }
}
```

12.5.5 编码步骤三 打包应用程序

完成功能模块代码的编写后,接着可以对项目进行编译与打包。

打包后的应用程序是通过Spark Submit的方式进行提交任务的,因此,在打包时只需要打包上述MySQLPool类和UserOrderStats类即可。

> **提示：**
> 应用程序执行期间所需要的依赖包，例如 Kafka 依赖包、MySQL 依赖包、Spark 依赖包等，可以集中上传到 Spark 集群节点。

打包应用程序的步骤如下。

（1）用鼠标右键单击"UserOrderStats.java"，在弹出的菜单中选择"Export"命令，如图 12-17 所示。

（2）在弹出的对话框中找到"Java"模块，并选择"JAR file"，单击"Next"按钮，如图 12-18 所示。

图 12-17　选择"Export"命令　　　　图 12-18　选择"JAR file"

（3）在弹出的对话框中勾选"MySQLPool.java"和"UserOrderStats.java"这两个类文件前的复选框，如图 12-19 所示。

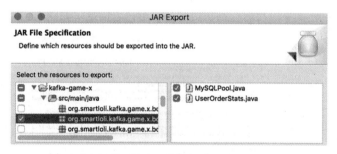

图 12-19　勾选待打包的类文件

（4）单击"Finish"按钮完成应用程序的打包。

12.5.6 编码步骤四 创建表结构

统计结果会存储到 MySQL 数据库，因此需要在执行应用程序之前，先到 MySQL 数据库中创建存储结果的表结构。具体实现见代码 12-11。

代码 12-11 表结构

```
-- ----------------------------
-- 存储统计结果的`user_order`表结构
-- ----------------------------
DROP TABLE IF EXISTS 'user_order';
CREATE TABLE 'user_order' (
  'id' int(11) NOT NULL AUTO_INCREMENT,
  'plat' int(11) NOT NULL,
  'total' bigint(20) NOT NULL,
  'timespan` timestamp NOT NULL DEFAULT CURRENT_TIMESTAMP ON UPDATE CURRENT_TIMESTAMP,
  PRIMARY KEY ('id')
) ENGINE=MyISAM AUTO_INCREMENT=11 DEFAULT CHARSET=utf8;
```

12.5.7 编码步骤五 执行应用程序

将打包好的应用程序上传到 Spark 集群的其中一个节点，然后通过 spark-submit 脚本来调度应用程序。具体操作命令如下。

```
# 执行应用程序
[hadoop@dn1 bin]$ ./spark-submit --master yarn-client --class
org.smartloli.kafka.game.x.book_11.jubas.UserOrderStats --executor-memory 512MB
--total-executor-cores 2 /data/soft/new/UserOrder.jar ke6
```

执行上述命令后，如果成功运行则在控制台输出日志信息，如图 12-20 所示。

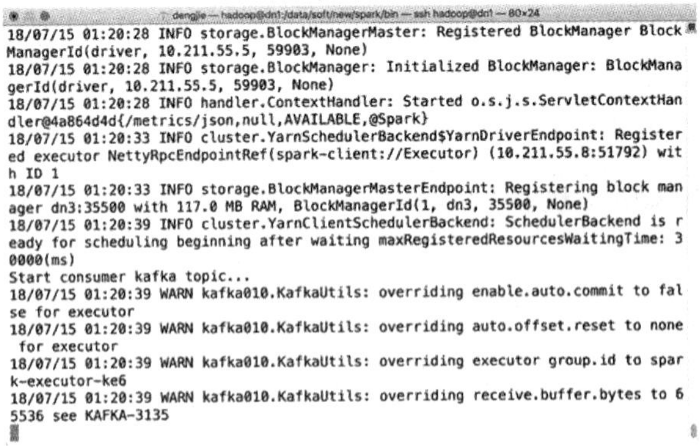

```
18/07/15 01:20:28 INFO storage.BlockManagerMaster: Registered BlockManager Block
ManagerId(driver, 10.211.55.5, 59903, None)
18/07/15 01:20:28 INFO storage.BlockManager: Initialized BlockManager: BlockMana
gerId(driver, 10.211.55.5, 59903, None)
18/07/15 01:20:28 INFO handler.ContextHandler: Started o.s.j.s.ServletContextHan
dler@4a864d4d{/metrics/json,null,AVAILABLE,@Spark}
18/07/15 01:20:33 INFO cluster.YarnSchedulerBackend$YarnDriverEndpoint: Register
ed executor NettyRpcEndpointRef(spark-client://Executor) (10.211.55.8:51792) wit
h ID 1
18/07/15 01:20:33 INFO storage.BlockManagerMasterEndpoint: Registering block man
ager dn3:35500 with 117.0 MB RAM, BlockManagerId(1, dn3, 35500, None)
18/07/15 01:20:39 INFO cluster.YarnClientSchedulerBackend: SchedulerBackend is r
eady for scheduling beginning after waiting maxRegisteredResourcesWaitingTime: 3
0000(ms)
Start consumer kafka topic...
18/07/15 01:20:39 WARN kafka010.KafkaUtils: overriding enable.auto.commit to fal
se for executor
18/07/15 01:20:39 WARN kafka010.KafkaUtils: overriding auto.offset.reset to none
 for executor
18/07/15 01:20:39 WARN kafka010.KafkaUtils: overriding executor group.id to spar
k-executor-ke6
18/07/15 01:20:39 WARN kafka010.KafkaUtils: overriding receive.buffer.bytes to 6
5536 see KAFKA-3135
```

图 12-20 应用程序提交日志信息

12.5.8　编码步骤六　预览结果

应用程序执行的窗口时间是每隔 10s 统计一次 Kafka 系统主题（user_order_stream）中的流数据，统计结果会存储在 MySQL 数据，如图 12-21 所示。

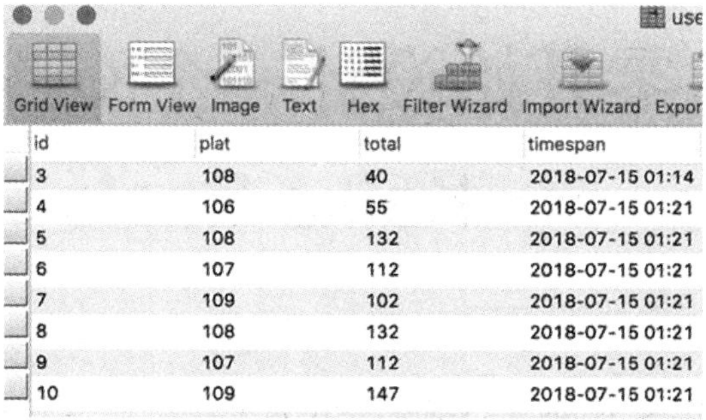

id	plat	total	timespan
3	108	40	2018-07-15 01:14
4	106	55	2018-07-15 01:21
5	108	132	2018-07-15 01:21
6	107	112	2018-07-15 01:21
7	109	102	2018-07-15 01:21
8	108	132	2018-07-15 01:21
9	107	112	2018-07-15 01:21
10	109	147	2018-07-15 01:21

图 12-21　统计结果预览

12.6　小结

熟练掌握 Kafka-Spark 项目开发流程（比如，数据采集、数据存储、流计算、统计结果持久化等），是学习 Kafka 和 Spark 开发的基本功。

本章介绍了这些流程。读者学习本章内容后，可以掌握 Kafka-Spark 项目的开发方法。在今后的工作当中，开发类似的 Kafka-Spark 项目能够得心应手、游刃有余。

第 13 章

实例68：从零开始设计一个Kafka监控系统——Kafka Eagle

在可视化方面，Kafka 和 Hadoop、Spark、HBase 有些不同。Kafka 自身没有提供可用来访问的可视化页面，如需观察 Kafka 系统的相关内容（例如，查看 Kafka 集群的状态、管理 Kafka 系统主题、操作 Kafka 系统元数据信息等），只能通过脚本。

本章将从零开始设计一个 Kafka 监控系统——Kafka Eagle。这个系统不仅可以监控 Kafka，同时，还可以展示消费者应用程序、偏移量和线程等内容。

> **提示：**
> Kafka Eagle 这款开源监控系统是由本书作者设计、开发的，目前该项目的源代码已经开源并托管在开源社区 Github 上，读者可以访问 https://github.com/smartloli/kafka-eagle 进行下载学习。

13.1 本章教学视频说明

视频内容：介绍 Kafka Eagle 监控系统的设计与实现，包含该系统的背景与应用场景、剖析系统架构、功能模块的设计，以及代码实现等内容。

视频时长：14 分钟。

视频截图见 13-1。

图 13-1　本章教学视频截图

13.2　了解 Kafka Eagle 监控系统

Kafka Eagle 监控系统可以监控 Kafka 集群和 Zookeeper 集群的相关情况，它可以监控以下内容：

- 生产者实例向 Kafka 系统主题写入数据的速率；
- 消费者实例从 Kafka 系统主题读取数据的速率；
- Kafka 系统主题分区的分布详情；
- 消费者实例读取 Kafka 系统主题所产生的偏移量（Offsets）。

13.2.1　设计的背景

在开发 Kafka 应用程序和运维 Kafka 集群时，需要时刻关注 Kafka 集群的健康状态和 Kafka 应用程序的运行情况。

1. 从开发者角度考虑

在开发 Kafka 应用程序时，需要关注当前应用程序读取 Kafka 系统主题的速率、写入 Kafka 系统主题的速率等，通过这些性能指标可以很直观地了解当前 Kafka 应用程序的性能状况，例如，是否有数据积压、是否需要对应用程序进行调优等。

当业务场景并不复杂时，开发者可以使用 Kafka 系统提供的命令工具，配合 Zookeeper 客户端命令，进行简单的查询。

随着业务场景的复杂化、消费者组合和 Kafka 系统主题的增加，如果再使用 Kafka 系统提供的命令工具可能就会不合适了，因为需要花费很多的时间来二次封装这些命令工具。

2. 从运维者角度考虑

在维护 Kafka 集群时，可能涉及 Kafka 系统主题的管理，例如主题的创建、删除、写入数据等操作。虽然 Kafka 系统提供了操作主题的相关脚本，但是，在管理大量主题时使用脚本会很不方便。所以，需要一款 Kafka 监控管理系统来满足开发者和运维者的日常工作需求。

当然，业界有很多杰出的 Kafka 开源监控系统。但随着业务的快速发展，以及互联网公司特有的一些需求，现有的 Kafka 开源监控系统在性能、扩展性、使用效率等方面已经无法胜任了。

因此，作者结合业界一些大的 Kafka 开源监控系统设计思想，从互联网的角度、开发者和运维者使用的经验及反馈建议出发，开发出 Kafka Eagle 这款开源的 Kafka 监控系统。

13.2.2 应用场景

Kafka Eagle 监控系统适用的场景包含：主题管理、集群监控、性能监控、应用告警、消费监控等，如图 13-2 所示。

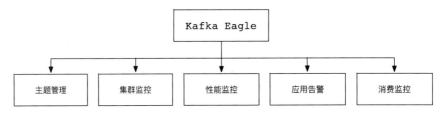

图 13-2 Kafka Eagle 的应用场景

1. 主题管理

通过 Kafka Eagle 监控系统，可以很方便地管理主题，例如创建主题、删除主题、使用 SQL 查询主题中的消息数据等。同时，还可以观察每个主题的分区数、副本数、Leader 等详情。

2. 集群监控

通过 Kafka Eagle 监控系统，可以实时监控 Kafka 集群的健康状态，还可以监控 Zookeeper 集群的健康状态，例如 Zookeeper 集群节点的 Leader 角色和 Follower 角色的分布情况。

3. 性能监控

通过观察 Kafka Eagle 监控系统绘制的性能指标趋势图，可以很直观地了解 Kafka 集群的性能情况。例如，通过对比这些性能指标历史监控曲线图可以判断集群的性能压力，进而分析出 Kafka 应用程序是否需要优化、Kafka 集群是否需要扩容等。

4. 应用告警

在 Kafka 应用程序在写数据到主题，以及读取主题中的数据时，可能会发生数据阻塞。此时，需要设置告警策略，通过配置告警策略可以实时监控 Kafka 应用程序的运行状态，以及 Kafka 集群系统主题的健康状态。如果应用程序读取消息数据时发生阻塞，可以通过发送告警消息通知管理员及时处理。

5. 消费监控

Kafka 应用程序在读取 Kafka 系统主题数据时，需要实时关注这些应用程序的运行状态和实例个数。例如，这些 Kafka 应用程序是否运行良好、是否有发生消息数据阻塞的现象、提交的消费者实例的个数等内容。

13.3 从结构上了解 Kafka Eagle

本节将从结构上介绍 Kafka Eagle 监控系统。

13.3.1 了解 Kafka Eagle 的整体架构和代码结构

在开发 Kafka Eagle 监控系统时，如果前期对项目整体架构和流程设计得当，则后续的项目开发和维护会很便利，可减少项目的维护成本，提升项目开发效率。

1. 整体架构

图 13-3 是 Kafka Eagle 监控系统整体架构图，描述了各个模块之间的依赖关系。

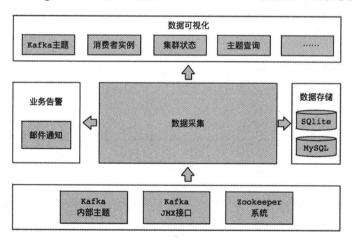

图 13-3　整体架构设计

从图 13-3 中可知，Kafka Eagle 监控系统的底层核心部分包含：数据采集、数据存储、业务告警、数据可视化等。

（1）数据采集。

在 Kafka 0.10.x 及以后的版本中，消费者实例产生的消息数据默认会被存储到 Kafka 系统内部主题中。而在此之前的版本中，会将消费者实例产生的消息数据存储到 Zookeeper 系统中。

因此，在进行数据采集时，需要先明确 Kafka 系统的版本号，然后在 Kafka Eagle 监控系统中配置相关属性完成数据采集。

 提示：

在 $KE_HOME/conf/system-config.properties 文件中配置 kafka.eagle.offset.storage 属性时，如果设置该属性值为 kafka，则 Kafka Eagle 监控系统在运行时会自动采集 Kafka 系统内部主题中的消息数据。

另外，Kafka 系统的性能指标数据源，可以通过访问 Kafka 系统的 JMX 接口来获取。例如，消息记录写入速率、访问主题的流量大小等。

（2）数据存储。

采集后的数据会存储到数据库。Kafka Eagle 监控系统默认使用 SQLite 数据库来存储数据。

如果需要使用 MySQL 数据库来存储数据，可以在$KE_HOME/conf/system-config.properties 文件中做简单的配置。具体配置内容见代码 13-1。

代码 13-1　配置 MySQL 数据库信息

```
# 设置数据库驱动
kafka.eagle.driver=com.mysql.jdbc.Driver
# 设置MySQL连接地址
kafka.eagle.url=jdbc:mysql://127.0.0.1:3306/ke?useUnicode=true&characterEncoding=UTF-8&zeroDateTimeBehavior=convertToNull
# 设置MySQL登录用户名
kafka.eagle.username=root
# 设置MySQL登录密码
kafka.eagle.password=smartloli
```

（3）业务告警。

对于消费者实例产生的消息阻塞，Kafka Eagle 监控系统会以邮件的形式进行告警通知。

默认情况下，告警功能是开启的。可以在$KE_HOME/conf/system-config.properties 文件中配置属性 kafka.eagle.mail.enable 来决定是否开启告警功能。具体配置内容见代码 13-2。

代码 13-2　配置告警功能

```
# 设置告警功能是否开启
kafka.eagle.mail.enable=true
# 设置邮件服务器管理员
```

```
kafka.eagle.mail.sa=smartloli_sa
# 设置邮件服务器登录用户名
kafka.eagle.mail.username=smartloli_sa@163.com
# 设置邮件服务器登录密码
kafka.eagle.mail.password=smartloli
# 设置邮件服务器域名地址
kafka.eagle.mail.server.host=smtp.163.com
# 设置邮件服务器端口号
kafka.eagle.mail.server.port=25
```

(4) 数据可视化

数据可视化主要用于展示 Kafka 系统的相关内容,例如 Kafka 系统主题、消费者实例、集群状态等。

可以在浏览器中输入 Kafka Eagle 监控系统的访问地址来查看这些内容。

2. 代码结构

Kafka Eagle 监控系统的源代码托管在 Github 开源社区,可以在 Github 官网中搜索 Kafka Eagle 关键字来查找源代码,或者直接访问 https://github.com/smartloli/kafka-eagle 地址来查看。

Kafka Eagle 监控系统源代码结构由五个部分组成,具体内容见表 13-1。

表 13-1 代码结构说明

名 称	说 明
kafka-eagle-api	应用接口实现,例如邮件接口
kafka-eagle-common	Kafka Eagle 系统公共模块,例如工具类、对象类等
kafka-eagle-core	核心模块实现,例如 Kafka 数据获取、Zookeeper 数据获取等
kafka-eagle-plugin	插件模块实现,例如版本控制、数据库类型切换等
kafka-eagle-web	可视化模块实现,例如操作主题、查看集群状态等

13.3.2 设计 Kafka Eagle 的 7 大功能模块

Kafka Eagle 监控系统包含的 7 大功能模块如图 13-4 所示。

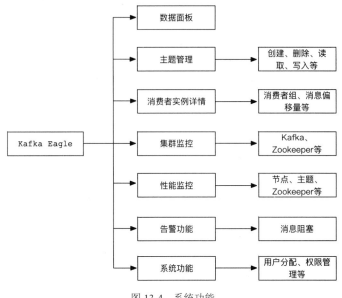

图 13-4　系统功能

1. 数据面板

数据面板主要展示了 Kafka 集群运行正常的节点总数、Kafka 系统主题总数、Zookeeper 集群运行正常的节点总数、消费者实例总数等，如图 13-5 所示。

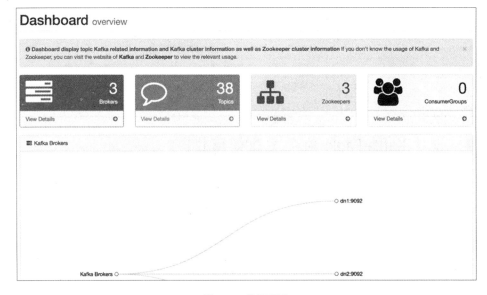

图 13-5　数据面板

2. 主题管理

主题管理模块包含的功能有：创建主题、展示主题详情、删除主题、从主题中读取数据、写入数据到主题等。

提示：

在创建主题时，设置主题副本系数必须小于或等于 Kafka 集群节点总数。

图 13-6 展示的是主题详细信息。

Topic list

List all topic information.

Topic List Info

Search:

ID	Topic Name	Partition Indexes	Partition Numbers	Created	Modify	Operate
27	user_order_stream	["0","1","2","3","4","5"]	6	2018-07-14 22:13:07	2018-07-14 22:13:07	Remove
7	ip_login_stream	["0","1","2","3","4","5"]	6	2018-07-14 15:47:42	2018-07-14 15:47:42	Remove
13	network_data	["0","1","2","3","4","5"]	6	2018-06-24 01:42:39	2018-06-24 01:42:39	Remove
19	kstreams_wordcount-counts-changelog	["0"]	1	2018-06-24 01:15:25	2018-06-24 01:15:25	Remove
35	kstreams_wordcount-counts-repartition	["0"]	1	2018-06-24 01:15:25	2018-06-24 01:15:25	Remove
10	streams_wordcount_input	["0"]	1	2018-06-24 01:13:18	2018-06-24 01:13:18	Remove
8	streams_wordcount-counts-changelog	["0"]	1	2018-06-24 01:05:00	2018-06-24 01:05:00	Remove
26	streams_wordcount-counts-repartition	["0"]	1	2018-06-24 01:05:00	2018-06-24 01:05:00	Remove
4	streams_wordcount_output	["0","1","2","3","4","5"]	6	2018-06-24 00:43:59	2018-06-24 00:43:59	Remove
17	streams_wordcount-Counts-repartition	["0"]	1	2018-06-24 00:43:30	2018-06-24 00:43:30	Remove

Showing 1 to 10 of 38 entries　Previous 1 2 3 4 Next

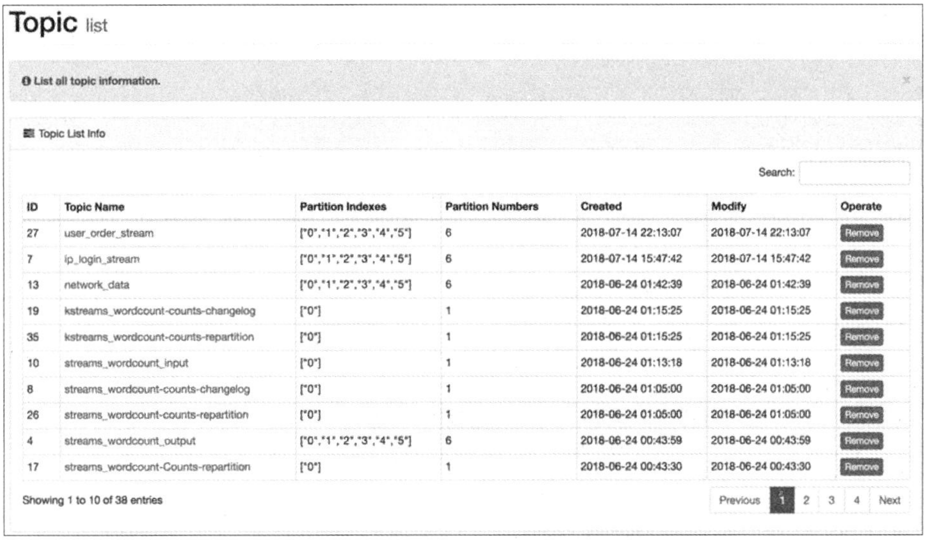

图 13-6　展示主题详情

3. 消费者实例详情

消费者实例详情模块，按照消费者组进行分组，不同的消费者组中包含若干个消费者实例。

当启动消费者实例时，消费者实例详情模块会监控并展示这些消费者实例。图 13-7 展示的是消费者组的相关内容。

单击消费者组中的超链接，会弹出如图 13-8 所示对话框，在其中可以选择需要查看的消费者实例。

单击实例后方的“Running”按钮则会进入对应的消费者实例，如图 13-9 所示。

图 13-7　消费者组

图 13-8　选择消费者实例

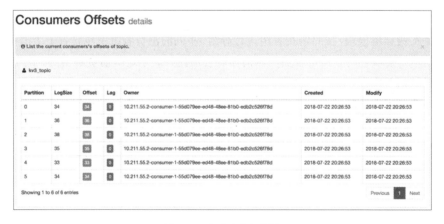

图 13-9　查看消费者实例

在图 13-6 中单击主题名称上的超链接，则可以查看该主题的读取速率和写入速率，如图 13-10 所示。

图 13-10　查看主题读取和写入速率

4. 集群监控

集群监控包含了对 Kafka 集群、Zookeeper 集群的健康状态的监控，如图 13-11 所示。

Kafka Eagle 监控系统支持管理多个 Kafka 集群，可以在集群监控模块中进行切换，如图 13-12 所示。

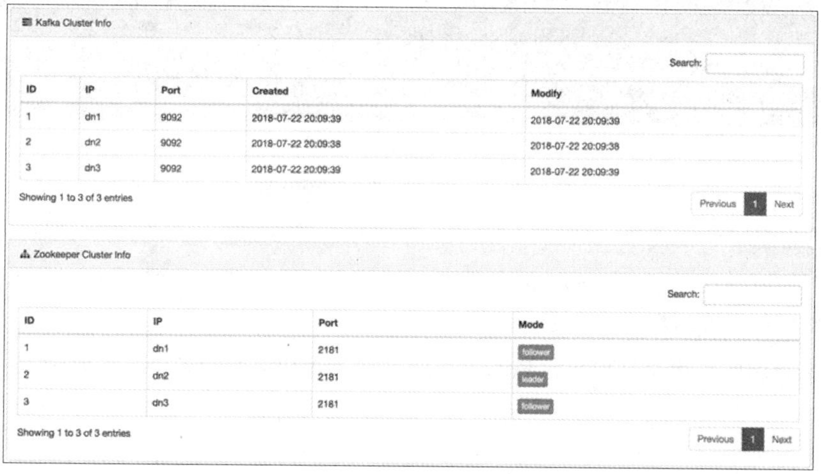

图 13-11　集群监控

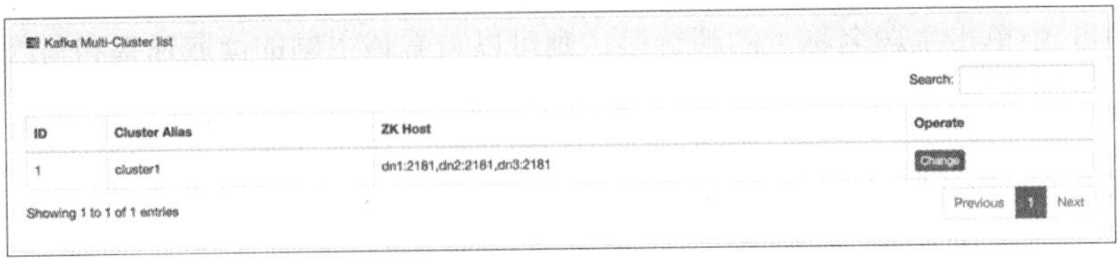

图 13-12 多个 Kafka 集群切换

另外，为了方便查看 Zookeeper 集群中的元数据信息，笔者开发了一个操作 Zookeeper 集群元数据的功能。可以直接在浏览器中使用 Zookeeper 客户端命令快速查看元数据，如图 13-13 所示。

图 13-13 查看 Zookeeper 元数据信息

5. 性能监控

性能监控功能，主要包含 Kafka 集群瞬时性能指标、Kafka 集群历史性能指标趋势图、Zookeeper 集群历史性能指标趋势图等。

Kafka 集群瞬时性能指标包含消息的写入速率、写入和读取的大小等，如图 13-14 所示。

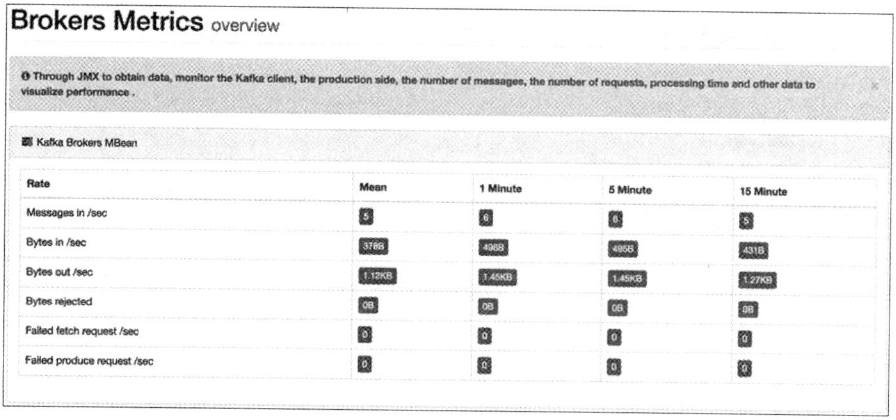

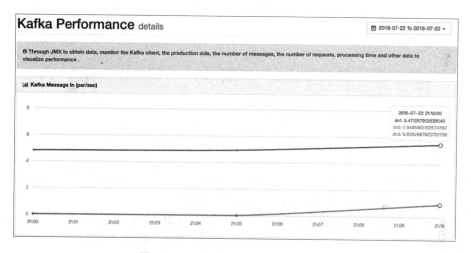

图 13-14　瞬时性能指标

Kafka 集群历史性能指标趋势图，如图 13-15 所示。

图 13-15　Kafka 集群历史性能指标趋势图

Zookeeper 集群历史性能指标趋势图，如图 13-16 所示。

6．告警功能

在 Kafka 应用程序运行过程中，读取 Kafka 系统主题中的数据时可能会产生消息阻塞。这时可以通过配置告警策略实时监控 Kafka 应用程序的运行情况，如图 13-17 所示。

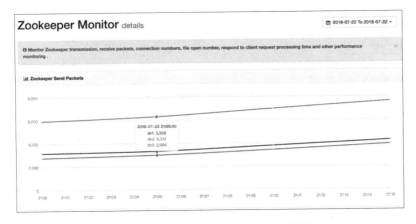

图 13-16　Zookeeper 集群历史性能指标趋势图

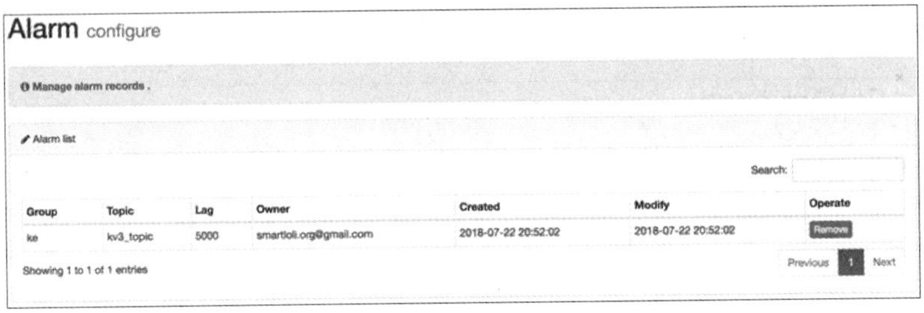

图 13-17　告警功能

7．系统功能

系统功能包括用于用户管理（例如新增用户、删除用户、密码重置等）、权限控制等。Kafka Eagle 监控系统在初始化时，会默认创建一个超级管理员用户。

超级管理员用户拥有该系统的所有权限，可以创建新用户、删除用户、给用户分配角色权限等。创建成功后的用户，可以在用户管理模块中进行查看，如图 13-18 所示。

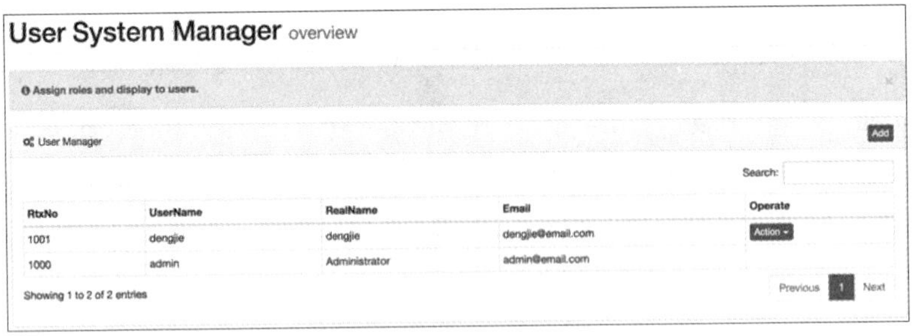

图 13-18　查看用户列表

另外，可以通过编辑 Kafka Eagle 监控系统的功能权限来控制访问入口。例如，新增了一个功能模块，需要将其划分到权限控制列表中，则可以在该模块中进行编辑，如图 13-19 所示。

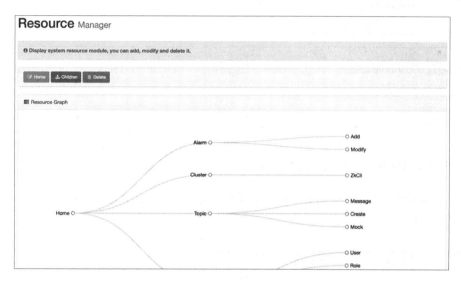

图 13-19　编辑功能权限列表

13.4　实现 Kafka Eagle 的功能模块

Kafka Eagle 监控系统主要使用 Java 编程语言来完成。利用 Kafka 系统提供的应用接口，以及在此基础上的二次开发，来实现监控系统的功能模块。

读者可以访问 https://github.com/smartloli/kafka-eagle 来下载源代码，或者使用以下 Git 命令直接在线下载源代码，来辅助本节内容的学习。

```
# 使用 Git 命令在线下载源代码
dengjiedeMacBook-Pro:~ dengjie$ git clone https://github.com/smartloli/kafka-eagle
```

以 7 大功能模块为基础，编码实现 Kafka Eagle 系统的功能模块。同时，通过 Kafka Eagle 系统来查看消费者应用程序详情、偏移量、每个主题的总数据量等。这些信息能帮助读者掌握应用程序的读/写性能，以及调试消费者应用程序和生产者应用程序的性能参数。

13.4.1　编码步骤一　实现数据面板

（1）定义一个数据面板接口 DashboardService，来提供统一的数据入口。具体接口内容见代码 13-3。

代码 13-3　DashboardService 接口

```
public interface DashboardService {
    /** 定义数据面板接口用来获取 Kafka 数据集 */
    public String getDashboard(String clusterAlias);
}
```

（2）通过 DashboardServiceImpl 类实现数据面板接口 DashboardService 中的接口函数，并在实现类中拓展私有方法。

提示：
　　接口函数通常定义为类的公有方法，它提供了程序与类的私有成员之间沟通的桥梁。可通过调用对象通过接口函数来访问私有成员。

具体实现见代码 13-4。代码 13-4 较长，所以没有在书中列出，请读者自行在"本书配套资源/代码/第 13 章/"中查看。

13.4.2　编码步骤二　实现主题管理

1. 编写主题管理业务逻辑代码

（1）定义一个主题管理接口 TopicService，来提供统一的数据入口。具体接口内容见代码 13-5。

代码 13-5　TopicService 接口

```
public interface TopicService {

    /** 定义一个判断接口，判断一个主题是否存在 */
    public boolean hasTopic(String clusterAlias, String topicName);

    /** 定义一个获取主题元数据信息的接口 */
    public String metadata(String clusterAlias, String topicName);

    /** 定义一个获取 Kafka 集群中主题数据集的接口 */
    public String list(String clusterAlias);

    /** 定义一个执行 Kafka SQL 来查询主题中数据的接口 */
    public String execute(String clusterAlias, String sql);

    /** 定义一个获取待写数据的主题集合的接口 */
    public String mockTopics(String clusterAlias, String name);
```

```
/** 定义一个写入数据到指定主题的接口 */
public boolean mockSendMsg(String clusterAlias, String topic, String message);
}
```

（2）通过 TopicServiceImpl 类，来实现 TopicService 中的接口函数，在接口函数中编写具体的业务逻辑。实现内容见代码 13-6。代码 13-6 较长，所以没有在书中列出，请读者自行在"本书配套资源/代码/第 13 章/"中查看。

> **提示：**
> Kafka 系统没有提供 SQL 查询功能，在读取 Kafka 系统主题中的数据时，只能调用 Kafka 系统底层的数据接口来实现。

2. 实现 Kafka SQL 查询引擎

为了方便操作 Kafka 系统主题中的数据，这里实现了一个用 SQL 操作 Kafka 系统主题数据的接口函数。Kafka SQL 查询主题消息数据功能采用 Apache Calcite 框架来实现。

Apache Calcite 是一个动态的数据管理框架，它将数据存储和数据处理进行了分离，通过自定义适配器使用 SQL 来访问任意类型的数据。

> **提示：**
> Apache Calcite 是一款大数据 SQL 中间件处理框架，它能够很好地支持应用程序的功能需求。例如，大数据分布式实时查询引擎 Apache Drill 底层的 SQL 实现，就是采用的 Apache Calcite 框架来完成的。

这里 Kafka SQL 查询主题功能的实现底层也是采用 Apache Calcite 框架来完成的，这得益于 Apache Calcite 框架优秀的特性。Apache Calcite 具体特性如下：

（1）支持多种查询优化；
（2）支持 JSON 格式来定义对象模型并进行数据加载；
（3）支持标准的函数；
（4）支持本地和远程 JDBC 驱动查询；
（5）支持 SQL 语法（如 SELECT、JOIN、COUNT、SUM、WHERE、GROUP BY 等）；
（6）支持多种适配器。

可以通过调用 Kafka 底层应用接口来获取主题中的数据，并在内存中对获取的数据进行建模，然后使用 Apache Calcite 框架进行数据封装，执行将用户提交的 SQL 语句并返回结果。具体实现内容见代码 13-7。代码 13-7 较长，所以没有在书中列出，请读者自行在"本书配套资源/代码/第 13 章/"中查看。

13.4.3 编码步骤三 实现消费者实例详情

（1）定义一个消费者实例详情接口 ConsumerService 来提供统一的数据入口。具体接口内容见代码 13-8。

代码 13-8 ConsumerService 接口

```
public interface ConsumerService {

    /** 定义一个获取处于消费状态的接口 */
    public String getActiveGraph(String clusterAlias);

    /** 定义一个从 Kafka 或者 Zookeeper 中获取偏移量数据的接口 */
    public String getActiveTopic(String clusterAlias, String formatter);

    /** 定义一个获取消费者实例详细信息的接口 */
    public String getConsumerDetail(String clusterAlias, String formatter, String group);

    /** 定义一个获取消费者实例数据分页接口 */
    public String getConsumer(String clusterAlias, String formatter, DisplayInfo page);

    /** 定义一个获取消费者实例总数的接口 */
    public int getConsumerCount(String clusterAlias, String formatter);
}
```

（2）通过 ConsumerServiceImpl 类来实现 ConsumerService 中的接口函数，在接口函数中编写具体的业务逻辑。具体实现见代码 13-9。代码 13-9 较长，所以没有在书中列出，请读者自行在"本书配套资源/代码/第 13 章/"中查看。

13.4.4 编码步骤四 实现集群监控

（1）定义一个集群监控接口 ClusterService，来提供统一的数据入口。具体接口内容见代码 13-10。代码 13-10 较长，所以没有在书中列出，请读者自行在"本书配套资源/代码/第 13 章/"中查看。

（2）通过 ClusterServiceImpl 类，来实现 ClusterService 中的接口函数，在接口函数中编写具体的业务逻辑。具体实现见代码 13-11。代码 13-11 较长，所以没有在书中列出，请读者自行在"本书配套资源/代码/第 13 章/"中查看。

13.4.5 编码步骤五 实现性能监控

（1）定义一个性能监控接口 MetricsService，来提供统一的数据入口。具体接口内容见代码 13-12。

代码 13-12　MetricsService 接口

```
public interface MetricsService {

    /** 定义一个获取所有Kafka代理节点性能指标数据集接口 */
    public String getAllBrokersMBean(String clusterAlias);

    /** 定义一个写入监控数据到数据库的接口 */
    public int insert(List<KpiInfo> kpi);

    /** 定义一个查询监控数据的接口 */
    public String query(Map<String, Object> params) throws ParseException;

    /** 定义一个定时清理无效数据的接口 */
    public void remove(int tm);
}
```

（2）通过 MetricsServiceImpl 类来实现 MetricsService 中的接口函数，在接口函数中编写具体的业务逻辑，实现内容见代码 13-13。代码 13-13 较长，所以没有在书中列出，请读者自行在"本书配套资源/代码/第 13 章/"中查看。

13.4.6 编码步骤六 实现告警功能

（1）定义一个性能监控接口 AlarmService，来提供统一的数据入口。具体接口内容见代码 13-14。

代码 13-14　AlarmService 接口

```
public interface AlarmService {

    /** 定义一个添加告警策略的接口 */
    public Map<String, Object> add(String clusterAlias, AlarmInfo alarm);

    /** 定义一个删除告警策略的接口 */
    public void delete(String clusterAlias, String group, String topic);

    /** 定义一个获取告警策略的接口 */
    public String get(String clusterAlias, String formatter);
```

```
    /** 定义一个展示告警策略列表的接口 */
    public String list(String clusterAlias);
}
```

（2）通过 AlarmServiceImpl 类来实现 AlarmService 中的接口函数，在接口函数中编写具体的业务逻辑。具体实现见代码 13-15。代码 13-15 较长，所以没有在书中列出，请读者自行在"本书配套资源/代码/第 13 章/"中查看。

消费者实例告警功能采用 Quartz 调度框架来实现。Quartz 调度框架是完全由 Java 语言开发的一个开源的任务调度管理器框架，支持自定义任务定义调度。

> **提示：**
> Quartz 调度框架定时调度策略的配置方式和 Linux 的 Crontab 定时调度策略的配置方式类似，例如，每五分钟定时执行任务配置方式为"0 0/5 * * * ?"。

（3）在 kafka-eagle-web 项目工程中，通过实现一个 OffsetsQuartz 调度类来完成告警功能。具体实现见代码 13-16。代码 13-16 较长，所以没有在书中列出，请读者自行在"本书配套资源/代码/第 13 章/"中查看。

13.4.7　编码步骤七　实现系统功能

（1）定义一个性能监控接口 RoleService，来提供统一的数据入口。具体接口内容见代码 13-17。代码 13-17 较长，所以没有在书中列出，请读者自行在"本书配套资源/代码/第 13 章/"中查看。

（2）通过 RoleServiceImpl 类来实现 RoleService 中的接口函数，在接口函数中编写具体的业务逻辑。具体实现见代码 13-18。代码 13-18 较长，所以没有在书中列出，请读者自行在"本书配套资源/代码/第 13 章/"中查看。

Kafka Eagle 监控系统的用户权限和认证采用的是 Apache Shiro 框架来实现的。

Apache Shiro 是一个强大且易用的的 Java 安全框架，提供了认证、授权、加密、会话管理等功能，可以为任何应用程序提供安全保障。

> **提示：**
> Apache Shiro 框架提供了保护应用程序的接口，例如认证（用于身份识别，常用于用户登录）、授权（访问权限控制）、加密（保护或者隐藏数据防止被监听）、会话管理（用于管理每个用户相关的时间敏感状态）。

（3）实现用户权限认证包含两部分——用户认证和权限管理。

其中，用户认证是校验用户登录系统的用户名和密码，但是不具有任何角色权限。用户访问具有权限控制的内容时，需要通过授权的方式对当前用户进行授权后才能访问。

具体SSORealm类的实现内容见代码13-19。代码13-19较长，所以没有在书中列出，请读者自行在"本书配套资源/代码/第13章/"中查看。

13.5 安装及使用Kafka Eagle监控系统

当用户安装了Kafka Eagle监控系统后，便可以查看当前消费者组，以及每个消费者组消费主题的偏移量、总记录数、阻塞记录数的位置。这些信息能够有效地帮助用户理解当前的应用程序读取消息队列的快慢程度。

同时，Kafka Eagle能够帮助用户调试Kafka生产者实例和消费者实例参数到达一个最优的状态。当前Kafka Eagle监控系统支持的Kafka系统版本为0.8.2.x、0.9.x、0.10.x和1.x。

13.5.1 准备环境

Kafka Eagle监控系统采用Java语言编写完成，所以在安装Kafka Eagle监控系统之前需要安装Java运行环境JDK。

1. 安装JDK

如果操作系统上已存在JDK环境，可以忽略此步骤，跳转到下面的步骤。

如果不存在JDK环境，需要先到Oracle官网下载JDK。

提示：

Oracle官网下载JDK的地址是http://www.oracle.com/technetwork/java/javase/downloads/index.html，推荐下载Java 8以上的JDK版本。

2. 配置JAVA_HOME环境变量

JDK安装包解压可以按照实际情况来解压到想要的路径下。本书解压的路径在/data/soft/new/jdk，具体操作步骤如下。

（1）将下载的JDK安装包解压缩到指定目录下（可自行指定），详细操作命令如下。

```
# 解压JDK安装包到当前目录
[hadoop@dn1 ~]$ tar -zxvf jdk-8u144-linux-x64.tar.gz
# 移动JDK到/data/soft/new目录下，并改名为jdk
[hadoop@dn1 ~]$ mv jdk-8u144-linux-x64 /data/soft/new/jdk
```

（2）添加JDK全局变量，具体操作命令如下。

```
# 打开当前用户下的.bash_profile 文件并进行编辑
[hadoop@dn1 ~]$ vi ~/.bash_profile

# 添加如下内容
export JAVA_HOME=/data/soft/new/jdk
export $PATH:$JAVA_HOME/bin

# 编辑完成后,进行保存并退出
```

(3) 保存刚刚编辑完成后的文件,若要使配置的内容立即生效,则需要执行如下命令。

```
# 使用 source 命令或者英文点(.)命令,立即让配置文件生效
[hadoop@dn1 ~]$ source ~/.bash_profile
```

(4) 验证安装的 JDK 环境是否成功,具体操作命令如下。

```
# 使用Java语言的version命令来检验
[hadoop@dn1 ~]$ java -version
```

如果操作系统终端上显示对应的 JDK 版本号,如图 13-20 所示,则认为 JDK 环境配置成功。

```
[hadoop@dn1 ~]$ java -version
java version "1.8.0_144"
Java(TM) SE Runtime Environment (build 1.8.0_144-b01)
Java HotSpot(TM) 64-Bit Server VM (build 25.144-b01, mixed mode)
[hadoop@dn1 ~]$
```

图 13-20　JDK 打印版本信息

13.5.2　快速部署

准备好 JDK 环境后,可以访问 http://download.smartloli.org 获取编译好的二进制安装包,也可以访问 https://github.com/smartloli/kafka-eagle 获取源代码,然后使用 Maven 工具进行编译和打包。

 提示:

　　Kafka Eagle 项目工程采用 Maven 工具来进行管理,可以使用 mvn clean && mvn package -DskipTests 命令来进行编译和打包。

1. 下载安装包

为了快速部署 Kafka Eagle 监控系统,这里直接访问 http://download.smartloli.org 来获取编译好的 Kafka Eagle 安装包,如图 13-21 所示。

图 13-21　Kafka Eagle 安装包下载界面

2. 解压 Kafka Eagle 安装包

根据实际情况，解压 Kafka Eagle 安装包到 /data/soft/new 目录，具体操作命令如下。

```
# 解压安装包
[hadoop@dn1 new]$ tar -zxvf kafka-eagle-web-1.2.3-bin.tar.gz
```

3. 配置 Kafka Eagle 环境变量

（1）在 ~/.bash_profile 文件中配置 Kafka Eagle 环境变量，具体操作命令如下。

```
# 打开~/.bash_profile 文件
[hadoop@dn1 ~]$ vi ~/.bash_profile

# 添加如下内容
export KE_HOME=/data/soft/new/kafka-eagle
export PATH=$PATH:$KE_HOME/bin

# 保存并退出
```

（2）保存刚刚编辑完成后的文件，若要使配置的内容立即生效，则需要执行如下命令。

```
# 使用 source 命令或者英文点(.)命令，立即让配置文件生效
[hadoop@dn1 ~]$ source ~/.bash_profile
```

4. 编辑 Kafka Eagle 系统文件

完成环境变量配置后，在 $KE_HOME/conf/system-config.properties 文件中配置相关信息。具体配置内容见代码 13-20。

代码 13-20　配置 system-config.properties 文件

```
######################################
# 配置多个 Zookeeper 集群地址
######################################
```

```
kafka.eagle.zk.cluster.alias=cluster1
cluster1.zk.list=dn1:2181,dn2:2181,dn3:2181
#cluster1.zk.list=127.0.0.1:2181

######################################
# 设置Zookeeper客户端最大连接数
######################################
kafka.zk.limit.size=25

######################################
# 设置浏览器访问端口
######################################
kafka.eagle.webui.port=8048

######################################
# 设置消息偏移量存储路径
######################################
kafka.eagle.offset.storage=kafka

######################################
# 设置是否开启监控
######################################
kafka.eagle.metrics.charts=true

######################################
# 是否自动修复SQL查询主题异常
######################################
kafka.eagle.sql.fix.error=false

######################################
# 配置邮件服务器
######################################
kafka.eagle.mail.enable=false
kafka.eagle.mail.sa=smartloli_sa
kafka.eagle.mail.username=smartloli_sa@163.com
kafka.eagle.mail.password=smartloli
kafka.eagle.mail.server.host=smtp.163.com
kafka.eagle.mail.server.port=25

######################################
# 设置告警用户接收者
######################################
kafka.eagle.alert.users=smartloli.org@gmail.com
```

```
#####################################
# 超级管理员删除主题的 token
#####################################
kafka.eagle.topic.token=keadmin

#####################################
# 如果 Kafka 集群配置了 SASL 协议，
# 开启该属性来监控 Kafka 集群
#####################################
kafka.eagle.sasl.enable=false
kafka.eagle.sasl.protocol=SASL_PLAINTEXT
kafka.eagle.sasl.mechanism=PLAIN

#####################################
# 设置 Kafka Eagle 存储地址
#####################################
kafka.eagle.driver=org.sqlite.JDBC
kafka.eagle.url=jdbc:sqlite:/data/soft/new/kafka-egale/db/ke.db
kafka.eagle.username=root
kafka.eagle.password=root
```

5. 启动 Kafka Eagle 系统

（1）执行 ke.sh 脚本启动 Kafka Eagle 系统，具体操作命令如下。

```
# 启动 Kafka Eagle 系统
[hadoop@dn1 ~]$ ke.sh start
```

（2）成功执行该启动命令后，Linux 控制台会打印出相关日志信息，如图 13-22 所示。

图 13-22 Kafka Eagle 系统启动日志信息

13.5.3　了解 Kafka Eagle 的基础命令

Kafka Eagle 监控系统中还包含一些其他的基础命令，具体见表 13-2。

表 13-2　Kafka Eagle 基础命令

命　令	描　述
ke.sh start	启动 Kafka Eagle 监控系统
ke.sh status	查看 Kafka Eagle 监控系统的运行状态
ke.sh stop	停止 Kafka Eagle 监控系统
ke.sh restart	重启 Kafka Eagle 监控系统
ke.sh stats	查看 Kafka Eagle 监控系统在 Linux 系统中所占用的句柄数量
ke.sh find [ClassName]	查找 Kafka Eagle 监控系统中类在 JAR 包中的位置

13.6　小结

本章介绍了 Kafka Eagle 监控系统的设计与实现细节，分别介绍了 Kafka Eagle 监控系统的背景和应用场景、Kafka Eagle 监控系统的整体架构和代码结构，以及 Kafka Eagle 监控系统功能模块的实现细节。

在本章的最后，介绍了 Kafka Eagle 监控系统的安装步骤和启动方法，以及 Kafka Eagle 监控系统的一些基础命令。

读者服务

轻松注册成为博文视点社区用户（www.broadview.com.cn），扫码直达本书页面。

- **提交勘误**：您对书中内容的修改意见可在 提交勘误 处提交，若被采纳，将获赠博文视点社区积分（在您购买电子书时，积分可用来抵扣相应金额）。
- **交流互动**：在页面下方 读者评论 处留下您的疑问或观点，与我们和其他读者一同学习交流。

页面入口：http://www.broadview.com.cn/35247